SCHALL 2021

Entwicklung und Anwendung der Schallemissionsanalyse und Zustands berwachung mit gef hrten Wellen

Berichtsband BB 175

Online
24-25 February 2021

ISBN: 978-1-7138-3712-1

Printed from e-media with permission by:

Curran Associates, Inc.
57 Morehouse Lane
Red Hook, NY 12571

Some format issues inherent in the e-media version may also appear in this print version.

Deutsche Gesellschaft Fuer Zerstoerungsfreie Pruefung (DGZfP)
Max-Planck-Str. 6
12489 Berlin
Germany

Phone: +49 30 67807-0
Fax: +49 30 67807-109

mail@dgzfp.de

Additional copies of this publication are available from:

Curran Associates, Inc.
57 Morehouse Lane
Red Hook, NY 12571 USA
Phone: 845-758-0400
Fax: 845-758-2633
Email: curran@proceedings.com
Web: www.proceedings.com

TABLE OF CONTENTS

SESSION 1: SCHALLEMISSION - ANWENDUNGEN 1

SESSION 2: ZUSTANDSÜBERWACHUNG MIT SCHALLEMISSION

SESSION 3: ORTUNG UND SENSOREN

Komplementäre Schallemissionsüberwachung quasi-statischer Belastungsversuche an einem A320 Flugzeugflügel im Rahmen des Horizon 2020 EU-Projekts "Development of Integrated MEasurement Systems (DIMES)"

Andreas J. BRUNNER [1], Erwin HACK [1], Eann PATTERSON [2], Richard J. GREENE [3], Liam CROSBIE [4]
[1] Empa, Überlandstrasse 129, CH-8600 Dübendorf, Schweiz
[2] University of Liverpool, School of Engineering, L69 3BX Brownlow Hill, Liverpool L69 3GH, Großbritannien
[3] Strain Solutions Ltd, 4 Dunston Rd, Chesterfield S41 8NG, Derbyshire, Großbritannien
[4] Dantec Dynamics GmbH, Kässbohrerstraße 18, D-89077 Ulm, Deutschland

Kontakt E-Mail: andreas.brunner@empa.ch

Kurzfassung. Im Rahmen des Horizon 2020 Clean Sky 2 Programms werden im EU-Projekt "Development of Integrated MEasurement Systems (DIMES)" unterschiedliche Systeme für integrierte Strukturüberwachung in quasi-statischen und zyklischen Belastungsversuchen an typischen Strukturelementen aus der Luftfahrt kombiniert. Projektpartner sind University of Liverpool (UK), Strain Solutions Limited (UK), Dantec Dynamics GmbH (Deutschland) und die Empa (Schweiz) mit Airbus als Topic Manager. In einer ersten Versuchsreihe ist das Testobjekt ein Flügelstück eines Airbus A320, der bei einem Absturz beschädigt worden war. Parallel zu Bildkorrelationssystemen, Infrarotkameras, faseroptischen Bragg-Sensoren und Dehnungsmessstreifen wurden auf der Flügeloberfläche resonante Schallemissionssensoren aufgebracht und die Signale bei stufenweiser und teilweise bei zyklisch schwingender Biegebelastung aufgezeichnet und soweit möglich die Signalquellen geortet. Der Beitrag zeigt ausgewählte Ergebnisse und diskutiert die Anwendung der Schallemission bzw. von geführten Wellen (niederfrequenter Ultraschall zur Überprüfung der Sensorkopplung) für die integrierte Strukturüberwachung solcher Bauteile. Die zyklische, schwingende Biegebelastung führte zwar zu Rissausbreitung ausgehend von einer Vorschädigung, ergab aber grosse Datenmengen durch signifikante Reibgeräusche in der Einspannung bzw. der Lasteinleitung, die einen Nachweis der Rissausbreitung mit

Schallemission erschwerten. Erst nachdem Sensoren im Bereich des Risses gekoppelt wurden, zeigte die Signalquellenortung den Riss an. Der dominante Quellenmechanismus war in diesem Fall mit hoher Wahrscheinlichkeit Rissuferreibung und nicht mikroskopisches Risswachstum.

Einführung

Grundsätzlich ist Schallemissions-Messtechnik für die kontinuierliche Überwachung komplexer Strukturen bezüglich Schädigungsentwicklung im Betrieb bzw. für die Bewertung der Strukturintegrität geeignet [1]. Allerdings sind bisher nur relativ wenige Beispiele für Schallemissionsüberwachung von Flugzeugstrukturen publiziert worden. Bei den meisten davon handelt es sich um Belastungstests an Flugzeugteilen am Boden, z.B. Helikopterzellen [2], Helikopter-Rotorsystemen bzw. deren Komponenten [3-5], oder Strukturtests an Kampfflugzeugen [6,7]. Zum Einsatz von Schallemission in Flugzeugen im Betrieb gibt es nur wenige Publikationen [8]. Erste Untersuchungen zur Nutzung von Schallemission in Flugzeugen stammen aus den 1970er Jahren [9-11]. Ein Bericht der U.S. amerikanischen FAA von 1994 zu diesem Thema [12] vergleicht Schallemission mit anderen zerstörungsfreien Methoden, nämlich Röntgen-Computertomografie, Röntgenstrahlungs-Compton-Rückstreuung, Röntgenradiografie mit "umgedrehter" Geometrie ("reverse geometry X-ray radiography"), elektromagnetischen Methoden wie z.B. Wirbelstromprüfung, optischen Verfahren, Ultraschallprüfung, Infrarot-Thermografie und visuellen Verfahren. Effektiv wurde Schallemission trotz der unbestrittenen Vorteile bisher nicht in kommerzielle Flugzeugflotten implementiert. Es gibt dafür eine Reihe möglicher Gründe. Die Nutzung von Schallemission bei Strukturtests ist wesentlich einfacher als die Integration von Schallemissions-Messtechnik in Flugzeuge zur Überwachung im Betrieb, u.a. auch wegen der dafür notwendigen Zertifizierung. Die Daten, die im Betrieb aufgezeichnet werden, enthalten wahrscheinlich auch viele Störeinflüsse, verursacht durch Betriebsgeräusche sowie durch Veränderungen der Umwelt (z.B. Temperaturschwankungen). Datenübertragung und Analyse können dadurch an technologische Grenzen stoßen, vor allem wenn es um Auswertung in Echtzeit geht. Ein wesentlicher Nachteil der Schallemission ist die beschränkte Genauigkeit der Bestimmung der Schadensgröße, die für eine Bewertung der zulässigen Betriebsdauer essentiell ist [12].

Die hier präsentierte Schallemissionsanalyse von Belastungsversuchen an einer Flugzeugkomponente im Labor erfolgte komplementär zu den im DIMES-Projekt verglichenen, zerstörungsfreien Methoden für die Überwachung schadenstoleranter Flugzeugstrukturen, d.h. digitale Bildkorrelation (Dehnungsfelder), Infrarotkamera (thermische Effekte) sowie faseroptische Braggsensoren und Dehnungsmesstreifen für lokale Dehnungsmessung. Es war das Ziel der Versuche, durch quasi-statische oder zyklische Belastung innerhalb gewisser Grenzen Risswachstum zu erzielen und dieses mit den unterschiedlichen zerstörungsfreien Prüfmethoden nachzuweisen bzw. zu charakterisieren. Damit sollten Grundlagen geschaffen werden, um zu entscheiden, mit welchen Methoden Zertifizierungsprüfungen für neue bzw. modifizierte Flugzeugtypen am besten überwacht werden können.

1. Versuchsaufbau und Schallemissionsüberwachung

1.1 Testobjekt und Versuchsaufbau für quasi-statische und schwingende Biegebelastung

Als Testobjekt für die unterschiedlichen zerstörungsfreien Prüfverfahren zum vergleichenden Schädigungsnachweis bei quasi-statischer bzw. zyklischer Biegebelastung wird ein

Flügel eines Airbus A320-111 verwendet, der 1988 abgestürzt war. Es handelt sich beim Testobjekt um die Flügelgrundstruktur ("Wing-Box") ohne Landeklappen und weitere bewegliche Teile. Visuelle Inspektion zeigt, dass das Testobjekt bereits vor den Belastungsversuchen diverse Schädigungen aufweist.

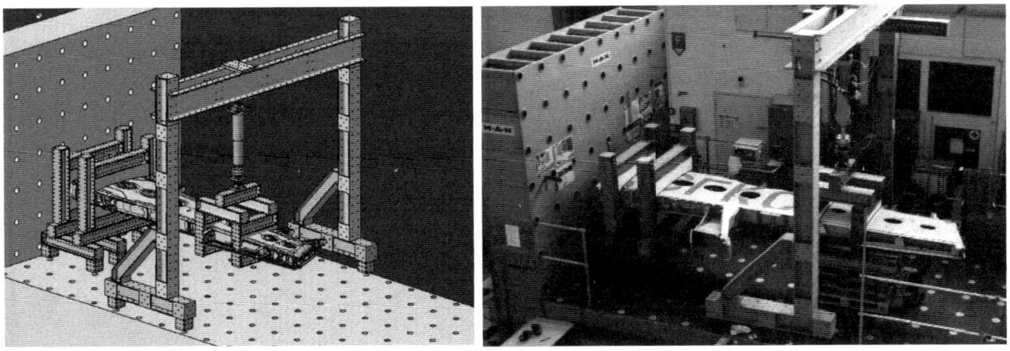

Abb. 1. (links) CAD Darstellung der Belastungsvorrichtung und (rechts) Flügel in die Vorrichtung auf dem Aufspannfeld eingebaut, jeweils mit der Einspannung links und dem Joch und dem Aktor zur Einleitung der Biegebelastung rechts. Der Flügel ist umgedreht eingebaut, die Flügelunterseite ist in der Vorrichtung oben.

Die Belastungsvorrichtung ist als Zwei-Punkt-Biegeversuch auf einem Aufspannfeld konzipiert (Abb. 1), auf dem das Testobjekt eingespannt und über ein Joch mittels einem servo-hydraulischen Aktor belastet wird. Abb. 1 zeigt links das Konzept des Versuchsaufbaus als CAD-Zeichnung und rechts den Flügel nach dem Einbau in die Testvorrichtung. Beim Einbau des Flügels liegt die Flügelunterseite in der Vorrichtung oben und die Flügeloberseite unten. Die Biegebelastung erfolgt vertikal, sowohl nach oben wie nach unten. Diese Belastung kann weg- oder last-gesteuert sowie quasi-statisch oder zyklisch erfolgen.

1.2 Schallemissionsüberwachung und Datenauswertung

Für die Schallemissionsüberwachung wurde ein Gerät des Typs AMSY-6 (Vallen Systeme GmbH) verwendet. Die Signalparameter wurden mit siebzehn Resonanzsensoren (Typ SE-150M von DECI, VS-150M von Vallen, R15 von PAC, alle mit 150 kHz Resonanzfrequenz) aufgezeichnet. Die Sensoren (Durchmesser ca. 20 mm) wurden mit silikonfreiem Vakuum-Schlifffett auf die Flügeloberfläche gekoppelt und mit Klebeband (Typ "Duct-Tape") fixiert (Abb. 2). Auf der Unterseite des Flügels (in der Vorrichtung oben) wurden je drei Sensoren über die Breite nahe bei der Einspannung und nahe beim Belastungsjoch (Abb. 1) gekoppelt. Die übrigen Sensoren wurden auf der Oberseite des Flügels (in der Vorrichtung unten), je vier links bei der Einspannung und rechts beim Joch sowie drei in der Mitte gekoppelt. Damit konnten unterschiedliche, planare Sensorkombinationen für die Ortung der Signalquellen definiert werden. Nahe bei der Einspannung bzw. dem Joch kann ein Teil der Sensoren als "Guard"-Sensoren benutzt werden, um Störsignale aus der Einspannung zu unterdrücken. Längere zyklische Belastungen wurden mit Schallemission nicht überwacht, da so sehr große Datenmengen, die mehrheitlich Störsignale enthalten, generiert wurden. Im Folgenden werden ausgewählte Daten ausgewertet und diskutiert. Mit wenigen Ausnahmen wurden nur die Schallemissions-Signalparameter, aber keine Wellenformen, aufgezeichnet, und daher basiert die Auswertung im Wesentlichen darauf.

Zwischen einzelnen Belastungsstufen wurde die Kopplung der Sensoren jeweils mit der Autokalibrationsfunktion des Schallemissionsgeräts überprüft. Diese Daten entsprechen im Prinzip einer Prüfung mit niederfrequenten Ultraschallwellen. Diese können für Schädigungsnachweis genutzt werden, indem die von den Wandlern angeregten bzw. aufgezeichneten Wellenformen in der zeitlichen Abfolge der Belastung verglichen werden. Wie an einem früher publizierten Laborbeispiel gezeigt, erfordert dies Mustererkennungsalgorithmen, um einen Schädigungsparameter zu quantifizieren [13].

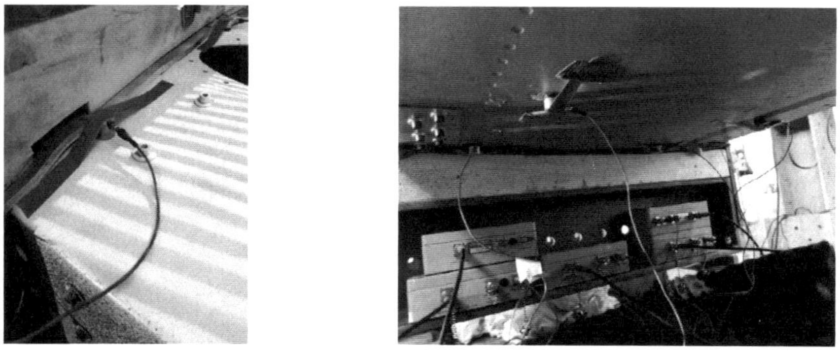

Abb. 2. Kopplung der Schallemissions-Sensoren (links) auf der Unterseite des Flügels nahe der Einspannung und (rechts) auf der Oberseite des Flügels (der Sensordurchmesser beträgt ca. 20 mm), die Vorverstärker befinden sich auf dem unteren Träger der Einspannung.

2. Ergebnisse und Diskussion

2.1 Schallemissionsaktivität und Schallemissionsintensität

Die erste Auswertung betrachtet die Schallemissionsaktivität und Schallemissionsintensität in Funktion einer quasi-statischen, stufenweisen Biegebelastung bis 60 mm, in Stufen von je 5 mm (jeweils mit 5 mm/min). Abb. 3 zeigt (links) die kumulative Anzahl Signale und die Deformation in Funktion der Zeit, und (rechts) die Amplitudenverteilung.

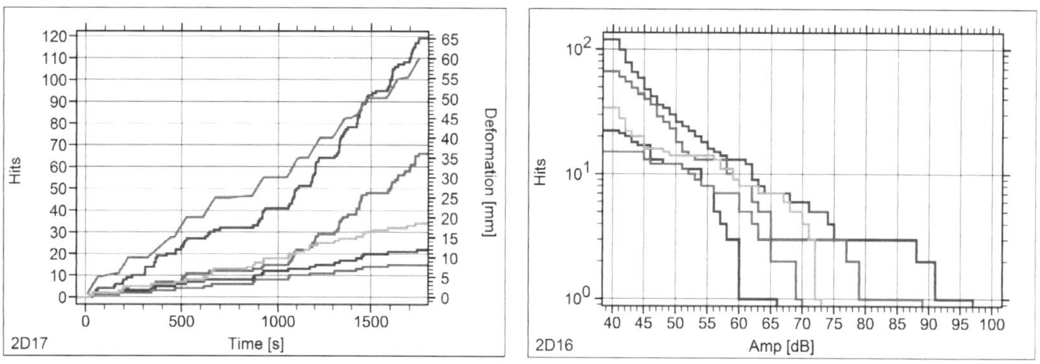

Abb. 3. Schallemissionsaktivität (links) als Anzahl kumulative Signale und Schallemissionsintensität (rechts) als Amplitudenverteilung für ausgewählte Sensoren auf der Flügelunterseite eines quasi-statischen Biegeversuchs, die gelb-olivfarbene Kurve in der Grafik links zeigt die stufenweise Deformation. Die Sensoren sind farbig codiert (rot und lila Sensor 1 und 2, blau Sensor 10, hell- und dunkelgrün Sensor 5 und 6).

Die ausgewählten Sensoren sind alle auf der Flügeloberseite gekoppelt. Sensor 1 und 2 (rot und lila) befinden sich nahe der Einspannung, Sensor 5 und 6 (hell- und dunkelgrün) nahe der Lasteinleitung und Sensor 10 (dunkelblau) etwa in der Mitte dazwischen. Die Anzahl Signale steigt etwa proportional zur Deformation an, aber nicht für jeden Sensor im gleichen Maß. Die Sensoren 1 und 2 nahe der Einspannung zeigen die deutlich höchste Aktivität, die übrigen sind etwa vergleichbar. Die Anzahl Signale pro Sensor ist aber gering. Die Amplitudenverteilung zeigt, dass Sensor 1 und 2 auch die höchste Intensität (in dB_{AE}) aufweisen. Sensor 10 ist mit einer Maximalamplitude von 65 dB_{AE} jener mit der niedrigsten Intensität. Es ist unwahrscheinlich, dass die relativ geringe Deformation von 60 mm zusätzliche Schädigung im Flügel bewirkt hat. Spätere, zyklische Versuche zeigen, dass die Ausbreitung bestehender bzw. die Bildung neuer Risse länger dauernde Belastungszyklen benötigt. Dies deutet, auch unter Berücksichtigung der Sensorpositionen, darauf hin, dass die Signale wahrscheinlich von der Einspannung herrühren und nicht als Schädigungszunahme interpretiert werden dürfen.

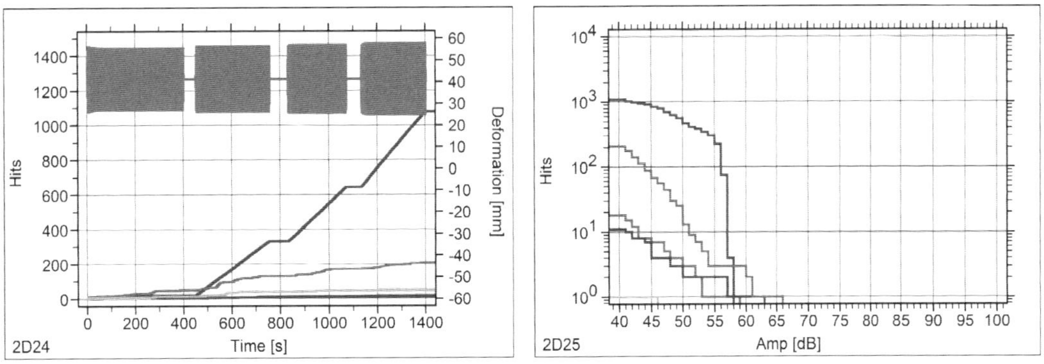

Abb. 4. Schallemissionsaktivität (links) als Anzahl kumulative Signale und Schallemissionsintensität (rechts) als Amplitudenverteilung für ausgewählte Sensoren auf der Flügelunterseite eines zyklischen Biegeversuchs, analog zum quasi-statischen Versuch in Abb. 3, die gelb-olivfarbene Kurve in der Grafik links zeigt die Deformation (die Schwingungszyklen werden nicht aufgelöst dargestellt). Die Sensoren sind farbig codiert (rot und lila Sensor 1 und 2, blau Sensor 10, hell- und dunkelgrün Sensor 5 und 6).

Abb. 4 zeigt dieselben Grafiken, aber für einen zyklischen Biegeversuch mit einer quasi-statischen Deformation von 50 mm und zyklischer Belastung von ±15 mm in vier Blöcken mit Frequenzen von 1.00, 1.25 und 1.50 Hz. Sensor 1 zeigt einen deutlichen Anstieg der Aktivität. Diese ist wahrscheinlich auf einen Störeffekt zurückzuführen, die übrigen Sensoren zeigen eine zum quasi-statischen Versuch vergleichbare Aktivität. Die Amplituden sind dagegen bei allen Sensoren im zyklischen Versuch niedriger und betragen maximal 66 dB_{AE}. Diese Auswertung zeigt, dass es für die Schallemissionsüberwachung solcher Strukturtests essentiell ist, Störsignale zu identifizieren, damit Signale, die auf Schädigung der Struktur hinweisen eindeutig erkennbar sind. Damit dies in Echtzeit möglich ist, braucht es effiziente, wenn möglich automatisierte Auswertealgorithmen.

2.2 Ortung von Schallemissionsquellen

Die Ortung der Schallemissionsquellen in der komplexen Flügelstruktur mit der ursprünglichen Sensoranordnung ist nur beschränkt möglich, da diese nicht den kompletten Flügel abdeckt. Abb. 5 zeigt daher ein Beispiel einer planaren Ortung, für die vier Sensoren im Bereich eines durch länger dauernde zyklische Biegebelastung erzeugten Risses gekoppelt wurden. Dessen Wachstum (auf eine Länge von ca. 6 cm) war visuell erkennbar. Diese Belastung bei einer quasi-statischen Auslenkung von -80 mm umfasste total 69'000 Zyklen bei 1.25 Hz und ±15 mm Auslenkung, die nicht mit Schallemission überwacht wurden. Für die Schallemissionsmessung wurde der Flügel dann -80 mm quasi-statisch verformt und mit einer Amplitude von ±10 mm mit einer Frequenz von 1.25 Hz während 400 Zyklen belastet. Die Lage der Quellenortungen entspricht innerhalb der Genauigkeit dem visuell beobachteten Rissverlauf. Wenn man die zeitliche Verteilung der Signale betrachtet, treten zu Beginn der Belastung tendenziell höhere Amplituden auf, die mit der Zeit abnehmen. Eine direkt im Anschluss aufgebrachte zyklische Belastung bei -80 mm Deformation mit einer Amplitude von ±15 mm bei 1.25 Hz ergab ein vergleichbares Ortungsbild, nur mit niedrigeren Signalamplituden (hier nicht dargestellt). Während beiden Belastungen wurde kein messbarer Rissfortschritt beobachtet. Da die zeitlich früher auftretenden Signale hoher Amplitude (Abb. 5 rot) sich über den gesamten Ortungsbereich verteilen, ist mit hoher Wahrscheinlichkeit davon auszugehen, dass die Signale im Wesentlichen auf Rissuferreibung zurückzuführen sind. Es ist möglich, dass die Risskanten durch die Belastung etwas deformiert wurden, was die beobachtete Abnahme der Signalamplituden durch geringere Kontaktflächen bzw. reduzierten, lokalen Kontaktdruck erklären würde.

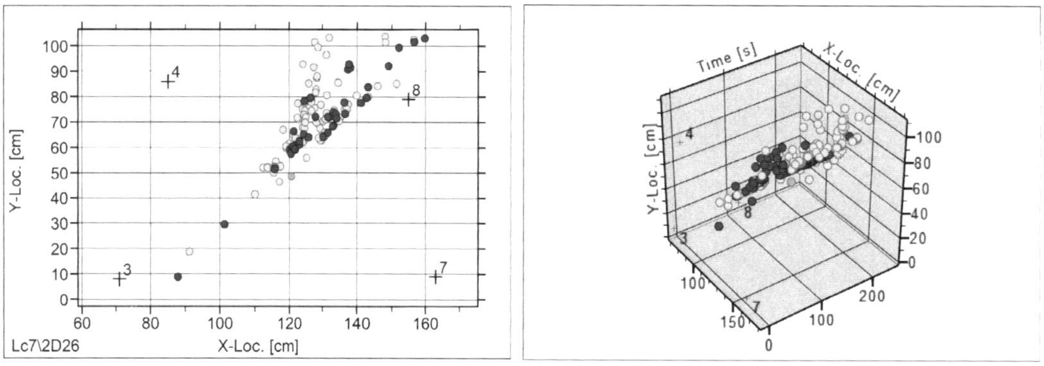

Abb. 5. Planare Ortung der Schallemissionsquellen entlang dem Ermüdungsriss. Die Signalamplituden sind farbig codiert (grün 40-65 dB_{AE}, gelb >65-80 dB_{AE} und rot >80 dB_{AE}).

2.3 Identifikation von Schallemissionsquellen

Da während der Versuche keine Wellenformen der Schallemissions-Signale aufgezeichnet wurden, kann die Identifikation der Quellenmechanismen nur über die Analyse der Signalparameter erfolgen. Abb. 6 zeigt die Signaldauer in Funktion der Signalamplitude und die Anzahl Überschwingungen in Funktion der Signaldauer für alle Signale, die während des zyklischen Versuchs, der im vorangehende Abschnitt beschrieben wurde, eine Signalquellenortung ergeben haben. Die erste Grafik (Abb. 6 links) zeigt eine signifikante Anzahl Signale mit relativ hoher Signaldauer (mehrere Hundert bis mehrere Tausend Mikrosekunden) bei niedrigen Amplituden (weniger als 60 dB_{AE}).

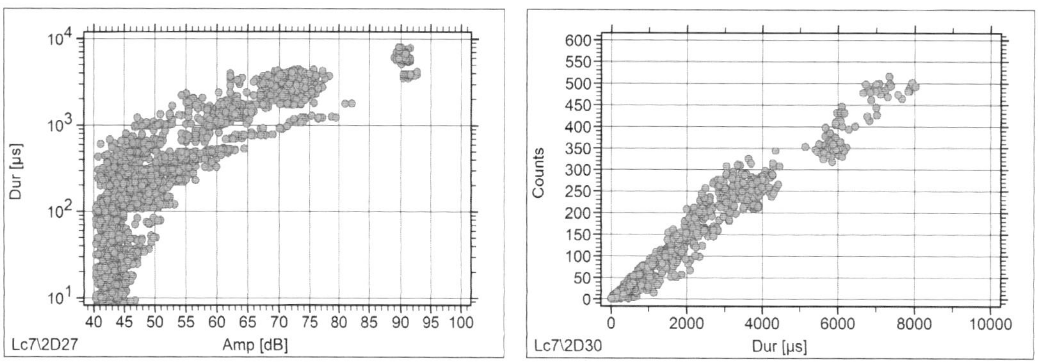

Abb. 6. Signale georteter Signalquellen aus einem kurzzeitigen zyklischen Belastungsversuch: (links) Signaldauer ("Dur") in Funktion der Signalamplitude ("Amp") und (rechts) Anzahl Überschwingungen ("Counts") in Funktion der Signaldauer ("Dur").

Die Grafik in Abb. 6 rechts zeigt, dass diese Signale niedrige Frequenzen aufweisen (berechnet aus der Anzahl Überschwingungen geteilt durch die Signaldauer), diese liegen mit 60 bis 70 kHz deutlich unterhalb der nominellen Sensor-Resonanzfrequenz (150 kHz). Die Kombination beider Grafiken weist daher auf niederfrequente Signale mit niedriger Magnitude und längerer Dauer hin, was mit Reibung auf bzw. zwischen Metallflächen als Quellenmechanismus konsistent ist [19].

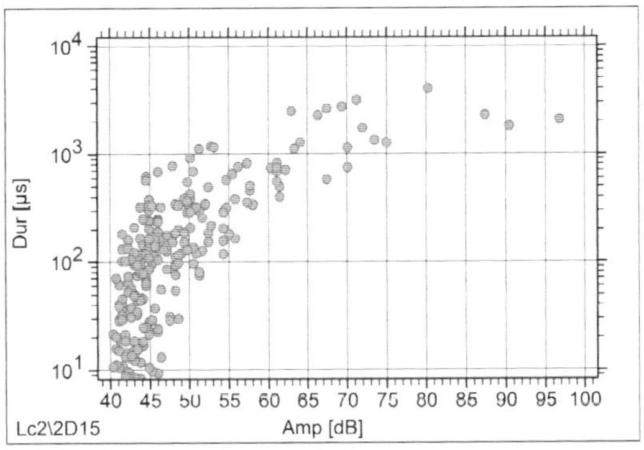

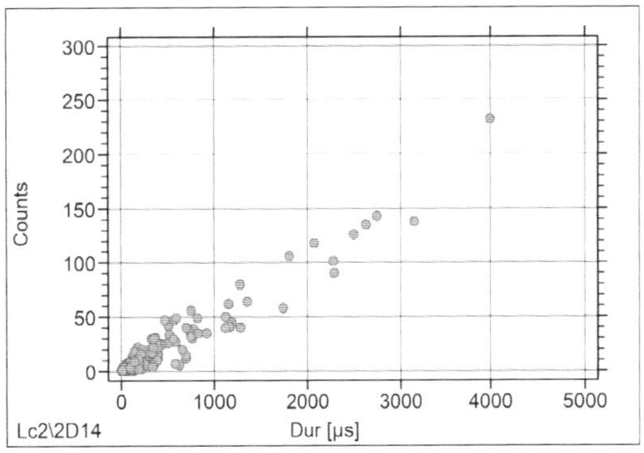

Abb. 7. Signale georteter Signalquellen aus einem quasi-statischen Biegeversuch: (links) Signaldauer ("Dur") in Funktion der Signalamplitude ("Amp") und (rechts) Anzahl Überschwingungen ("Counts") in Funktion der Signaldauer ("Dur").

Dieselbe Auswertung (Abb. 7) für Signale eines quasi-statischen Biegeversuchs am Flügel (Auslenkung mit 5 mm/min) in Stufen von je 5 mm bis maximal 60 mm zeigt (allerdings bei deutlich geringerer Signalzahl) dasselbe Ergebnis. Hier zeigen die meisten Signale mit einer Dauer von einigen Hundert bis etwa 1000 Mikrosekunden niedrige Amplituden (<50 dB_{AE}) und Frequenzen ebenfalls bei etwa 60 kHz. Somit ist wahrscheinlich, dass auch diese Signale eher von Reibungsgeräuschen zwischen bestehenden Schäden (z.B. Rissen) als von Rissausbreitung stammen.

3. Perspektiven für Schallemissionsüberwachung von Zertifizierungsprüfungen

Schallemission kann, wie bereits vor fünfzig Jahren gezeigt wurde [12], als zerstörungsfreie Methode für Bodentests an Flugzeugstrukturen bzw. Komponenten genutzt werden, um die Zunahme der Schädigung, falls notwendig, quasi in Echtzeit zu überwachen und Bereiche mit Risswachstum grob zu orten. Dafür sind effiziente Datenanalyse-Algorithmen vorteilhaft, die es erlauben, Störsignale schnell und mit hoher Zuverlässigkeit zu erkennen und aus dem Datensatz zu eliminieren. Weiter sind Algorithmen für die "genügend genaue" Ortung der Schallemissionsquellen jener Signale, die von Schädigungsmechanismen stammen, wichtig. "Genügend genau" ist je nach Zweck des Versuchs zu definieren. Wenn eine Ortung ausreicht, die kritische Bereiche unterscheiden kann, die z.B. aus Spannungsanalysen der Struktur ermittelt werden, sind die Anforderungen geringer, als wenn die Ortungsgenauigkeit für quantitative Rissgrößenbestimmung zwecks Vergleich mit bruchmechanischen Modellen genutzt werden soll. Für Identifikation der Quellenmechanismen, wenigstens zur Klassierung als Störsignal oder Schädigung, wie für die Quellenortung bietet die Entwicklung künstlicher Intelligenz mögliche Lösungen, Beispiele dafür sind in [16-19] beschrieben. Es scheint, dass bezüglich Störsignalidentifikation vermutlich vor allem Ansätze, die für die Prozessüberwachung entwickelt wurden, gut geeignet sind.

Für den Transfer dieser Methodik und deren Integration in Flugzeugstrukturen für eine kontinuierliche Überwachung im Betrieb sind, neben den bereits erwähnten Punkten weitere Entwicklungen notwendig. Die Messtechnik inklusive Datenspeicherung und Auswertung muss integrationsfähig sein. Zusätzlich sind Nachweise der Langzeitbeständigkeit, der Nachweiswahrscheinlichkeit und Zuverlässigkeit sowie Konzepte für die Selbstüberwachung des Systems und seine Reparatur sinnvoll. Bei der Datenauswertung müssen natürlich auch die Umgebungseinflüsse (Temperaturvariation, Vibrationen, etc.) berücksichtigt werden, wie in einer Publikation [20] zu Dehnungsmessungen im Flug diskutiert wird. Im Luftfahrtbereich ist zudem eine entsprechende Zertifizierung notwendig [21].

4. Zusammenfassung und Ausblick

Schallemissionsüberwachung wurde bereits vor vielen Jahren bei Strukturprüfungen von Flugzeugen eingesetzt, hat sich aber nicht als Standardmethode durchgesetzt. Mit den Entwicklungen in der Datenanalyse der letzten zehn Jahre kann Schallemission nun die Anforderungen im Prinzip gut erfüllen. Die Integration der Methode in Flugzeuge zur kontinuierlichen Überwachung im Betrieb bedingt aber eine Weiterentwicklung der Technologie sowie eine formelle Zertifizierung. Die Implementierung von Überwachungssystemen mit Schallemission in Drohnen als nächster Entwicklungsschritt, analog zu einem Dehnungsmesssystem [22], ist dafür ein sinnvoller Ansatz.

Danksagung:

Dieses Projekt erhielt eine Finanzierung durch das Clean Sky 2 Joint Undertaking im Rahmen des EU Horizon 2020 Forschungs- und Innovationsprogramms unter der Vertragsnummer 820951. Die Unterstützung von Hr. Walter Bollier, Dipl.-Ing. Silvain Michel, Hr. Wilfried Schlegel, und Hr. Alex Stutz für die Entwicklung der Belastungsvorrichtung, den Testaufbau und die Durchführung der Belastungsversuche wird ebenfalls verdankt.

Referenzen

[1] K. Ono "Review on Structural Health Evaluation with Acoustic Emission", Applied Science, 8, 958, 1-33 (2018)

[2] A. Urbahs, K. Carjova "Bolting Elements of Helicopter Fuselage and Tail Boom Joints Using Acoustic Emission Amplitude and Absolute Energy Criterion", Journal of Aerospace Engineering, 32(3), 04019005, 1-12 (2019)

[3] US Patent 4,524,620 "In-flight Monitoring of Composite Structural Components such as helicopter rotor blades", 25. Juni (1985)

[4] P.M. Pawar, R. Ganguli "Helicopter rotor health monitoring – a review". Proceedings of the Institution of Mechanical Engineers Part G: Journal of Aerospace Engineering, 221, 631-647 (2007)

[5] F. Elasha, M. Greaves, D. Mba "Planetary bearing defect detection in a commercial helicopter main gearbox with vibration and acoustic emission", Structural Health Monitoring, 17(5), 1192–1212 (2018)

[6] M. Lindahl, D. Knuutti "Acoustic Emission Monitoring of the JAS 39 Gripen Combat Aircraft" Conference of USAF Aircraft Structural Integrity Program (1999)

[7] R.D. Finlayson, M. Friesel, M. Carlos, P. Cole, J.C. Lenain "Health monitoring of aerospace structures with acoustic emission and acousto-ultrasonics", Insight, 43(3), 155-158 (2001)

[8] E. Mendoza, J. Prohaska, C. Kempen, Y. Esterkin, S.J. Sun "In-flight fiber optic acoustic emission sensor (FAESense) system for the real time detection, localization, and classification of damage in composite aircraft structures" Proceedings SPIE 8720, Photonic Applications for Aerospace, Commercial, and Harsh Environments IV, 87200K, 1-9 (2013)

[9] C.D. Bailey "Acoustic Emission for In-Flight Monitoring of Aircraft Structure", Materials Evaluation, 34, 165-171 (1976)

[10] M.E. Mizell, W.T. Lundy, Jr. "In-Flight Crack Detection System for the C-135 Lower Center Wing Skin", ISA Proceedings 22nd International Instrumentation Symposium, 259-268 (1976)

[11] S.L. McBride "Canadian Forces In-Flight Acoustic Emission Monitoring Program", Proceedings of the ARPA/AFML Review of Progress in Quantitative NDE, 101-102 (1978)

[12] A. Beattie, L. Dahlke, J. Gieske, B. Hacsche, G. Phipps, D. Roach, R. Shagam, K. Thompson "Emerging Nondestructive Inspection for Ageing Aircraft", DOT/FAA/CT-94/11, 1-166 (1994)

[13] M. Barbezat, A.J. Brunner, Ch. Huber, P. Flüeler "Integrated Active Fiber Composite Elements: Characterisation for acoustic emission and acousto-ultrasonics", Journal of Intelligent Material Systems and Structures, 18, No. 5, 515-525 (2007)

[14] Md. Yeasin Bhuiyan, V. Giurgiutiu "The signatures of acoustic emission waveforms from fatigue crack advancing in thin metallic plates", Smart Materials and Structures, 27, 015019, 1-15 (2018)

[15] G. Serin, B. Sener, A.M. Ozbayoglu, H.O. Unver "Review of tool condition monitoring in machining and opportunities for deep learning", The International Journal of Advanced Manufacturing Technology, 109, 953–974 (2020)

[16] V. Pandiyan, S. Shevchik, K. Wasmer, S. Castagne, T. Tjahjowidodo "Modelling and monitoring of abrasive finishing processes using artificial intelligence techniques: A review" Journal of Manufacturing Processes, 57, 114-135 (2020)
[17] W.-R. Si, Q.-Y. Lu, C.Z. Fu, Z.-Y. Hu, K. Gao, H.-L. Bao "Research on a General Fast Analysis Algorithm Model for PD Acoustic Detection System: Experimental Research", Proceedings 3rd International Conference on Smart City and Systems Engineering (ICSCSE), IEEE, 613-617 (2018)
[18] S. Kalafat, M.G.R. Sause "Acoustic emission source localization by artificial neural networks", Structural Health Monitoring, 14(6), 633–647 (2015)
[19] N. Fürstenau, D.D. Janzen, W. Schmidt "In-flight strain measurements on structurally integrated composite plates using fiber-optic interferometric strain gauges", Smart Materials and Structures, 2, 147-156 (1993)
[20] P. Swindell, J. Doyle, D. Roach "Integration of structural health monitoring solutions onto commercial aircraft via the Federal Aviation Administration structural health monitoring research program", AIP Conference Proceedings 1806, 070001 (2017)
[21] J. Alvarez-Montoya, A. Carvajal-Castrillón , J. Sierra-Pérez "In-flight and wireless damage detection in a UAV composite wing using fiber optic sensors and strain field pattern recognition", Mechanical Systems and Signal Processing, 136, 106526, 1-26 (2020)

Fibre reinforced AlSi12CuMgNi alloy under compression

Franziska BAENSCH [1], Sergej EVSEVLEEV [1]
[1] Bundesanstalt für Materialforschung und -prüfung, Berlin

Kontakt E-Mail: franziska.baensch@bam.de, sergei.evsevleev@bam.de

Kurzfassung

Typically, the near-eutectic Al-Si alloys consist of highly interconnected three-dimensional network of the eutectic Silicon (Si) and intermetallics embedded into Aluminium (Al) matrix. For further improvement of the mechanical properties of such alloys, often, one single ceramic reinforcement phase, e.g. silicon carbide (SiC) or aluminium oxide (Al_2O_3) in the form of fibres or particles is added. However, hybrid reinforcements (fibres and particles) can further improve wear resistance and fracture toughness, and additionally, reduce anisotropy of the material. The engineering of metal matrix composites (MMC) for specific application requirements benefits from a comprehensive knowledge of the failure behaviour. Therefore, damage evolution under compression was investigated on:

- pure near-eutectic AlSi12CuMgNi matrix alloy
- type I: matrix reinforced with random-planar oriented Al_2O_3 short fibres (15 vol.%)
- type II: matrix reinforced with random-planar oriented Al_2O_3 short fibres (7 vol.%) and additional SiC particles (15 vol.%)

The analysis of damage mechanism was carried out in two rather independent but complementary studies. First, selected sister samples of every material were exposed to quasi-static compression (traverse control). The compression tests were interrupted at different strain levels. Miniature cylinders with a diameter of 1mm were extracted from the pre-strained samples and investigated by synchrotron computed tomography (SX-µCT) with a spatial resolution of about 0.7 µm. For the pure matrix alloy, microcracks are confined to the intermetallic particles and to the eutectic Si, hence no damage was observed in the Aluminium. The composite type II revealed a more effective strain accumulation (less damage) than type I at low plastic strain (up to 5 %), but a more catastrophic damage development due to cracking of the SiC clusters at higher strain levels.

The second approach to study the damage initiation and accumulation in the materials subjected to compressive load was Acoustic Emission (AE) analysis. In this case the in-situ monitoring of the acoustic emission signal was performed during compression tests on specimens with dimension of several mm. For all three material types, AE activity set at 2% strain. Differences in AE behaviour of the three materials was proven based on AE hitrate, signal peak amplitudes as well as weighted peak frequencies (WPF). Future work focuses on combination of AE and SX-µCT aiming for more detailed knowledge on damage mechanism of metal matrix composites.

BAM
Bundesanstalt für Materialforschung und -prüfung

Sicherheit in Technik und Chemie

February 2021

ACOUSTIC EMISSION OF FIBRE REINFORCED AlSi12CuMgNi ALLOY UNDER COMPRESSION

Franziska Baensch, Sergei Evsevleev

www.bam.de

1

Introduction

BAM

Metal matrix composites (MMCs):

- Light weight material Al-Si alloys
- High temperature strength by Ni, Cu

→ Automotive and aerospace industry

Most MMCs are produced with single ceramic reinforcement phase (fibres/whiskers or particles)

Hybrid reinforcement can improve wear resistance and fracture toughness and reduce anisotropy of the material.

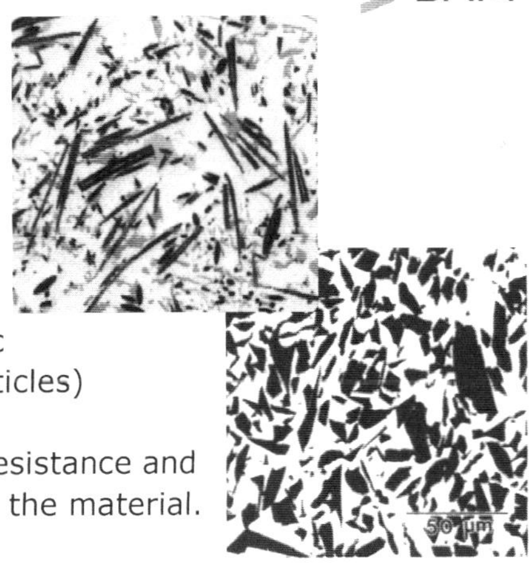

February 2021 franziska.baensch@bam.de, sergei.evsevleev@bam.de 2

2

Motivation

BAM

MMC's micromechanical behavior under load

Microstructure
- 3D network of eutectic Si
- Intermetallics
- 1 or 2 ceramic phases

Load partition
Evolution of the phase-specific stresses

Damage mechanism
- Cracks initiation
- Damage evolution
- Amount of induced damage

NDT
- Computed tomography
- Acoustic emission

3

Materials under investigation

BAM

Matrix | Type I | Type II

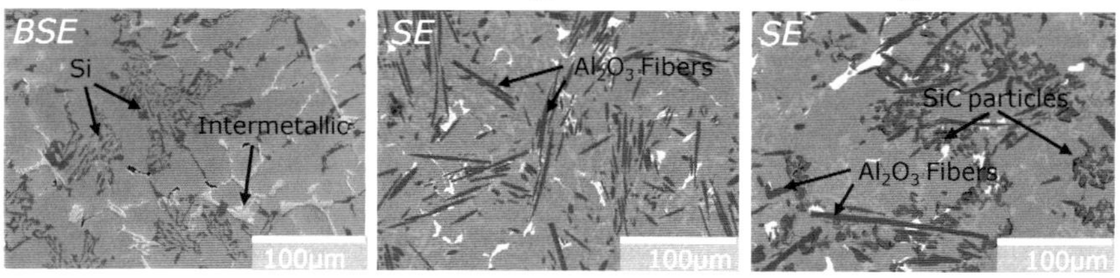

AlSi12CuMgNi alloy

AlSi12CuMgNi alloy + 15% vol. Al_2O_3 fibers*

AlSi12CuMgNi alloy + 7% vol. Al_2O_3 fibers* + 15% vol. SiC particles

** random-planar oriented*
BSE Back scattered electron image
SE Secondary electron image

4

Test setup
Synchrotron X-ray computed tomography (SX-CT)

BAM

Synchrotron BESSY II, Berlin

BAMline

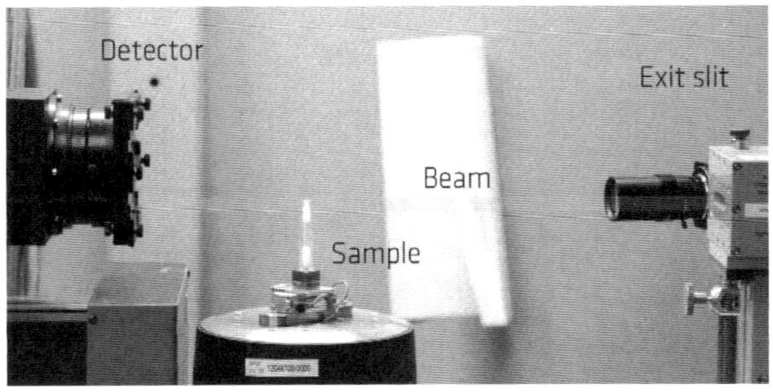

- Sample diameter: 1mm
- Effective pixel size: 0.44μm
- Spatial resolution: <1μm

Published: Evsevleev, S., Cabeza, S., Mishurova, T. et al., J Mater Sci 55, 1049–1068 (2020). https://doi.org/10.1007/s10853-019-04069-4

5

5

Micro-Tomographic analysis
Damage accumulation within AlSi12CuMgNi alloy

BAM

- Microcracks: Intermetallic (IM), Silicon (Si)
- No damage observed: Aluminium (Al)

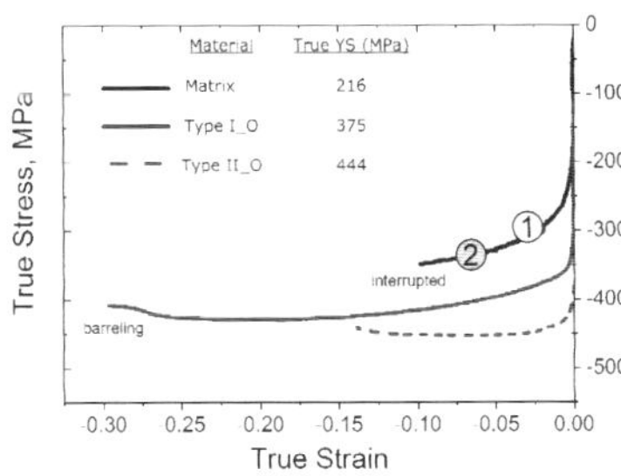

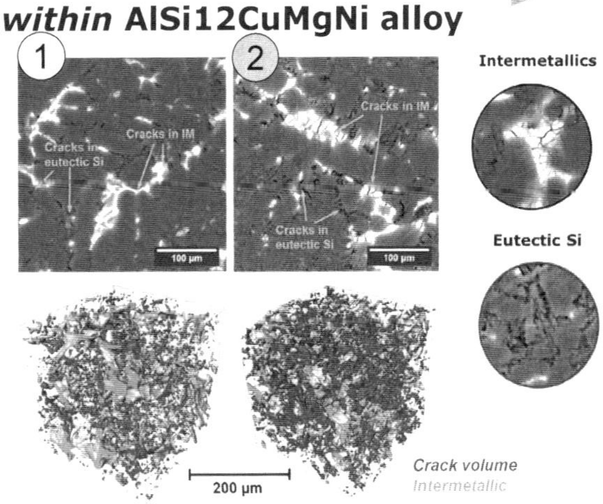

Volume Fraction of cracks

VF_{cracks} = 1.6±0.1% VF_{cracks} = 3.4±0.1%

6

Micro-Tomographic analysis
Damage accumulation within type I and II

BAM

- Type II generated less crack volume at low plastic strain than Type I
- No damage in Al of I & II

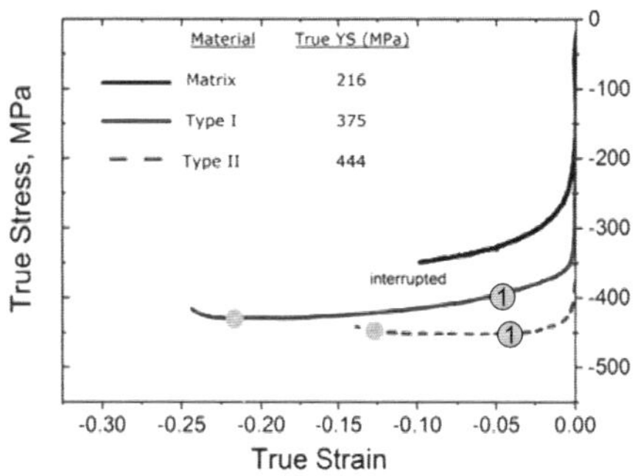

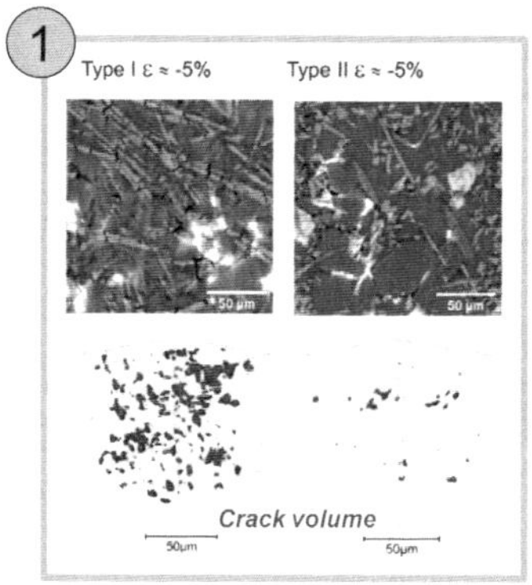

February 2021 franziska.baensch@bam.de, sergei.evsevleev@bam.de 7

7

Micro-Tomographic analysis
Damage accumulation within type I and II

BAM

- A more catastrophic damage development in Type II due cracking in SiC clusters
- No damage in Al of I & II

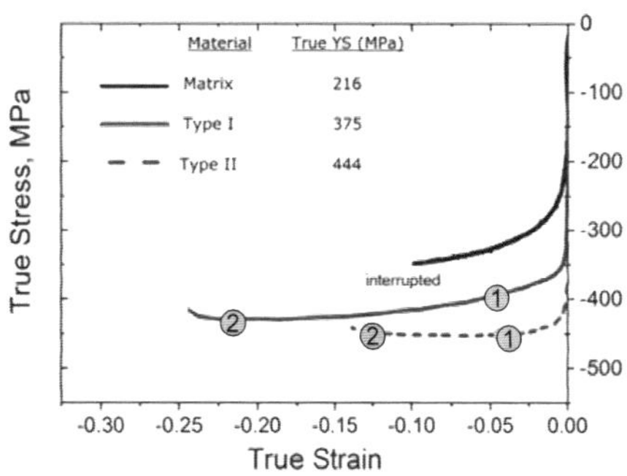

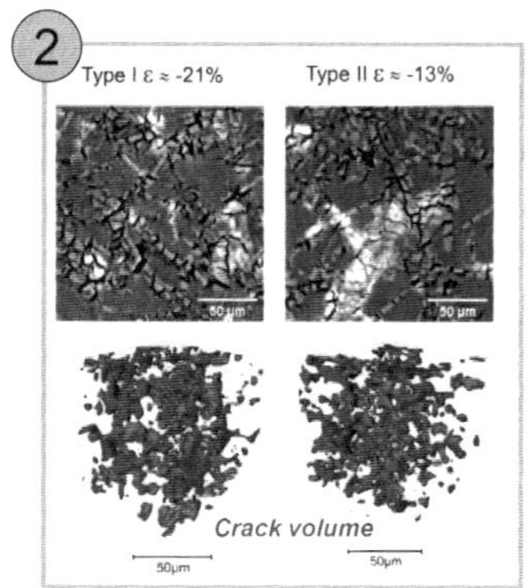

February 2021 franziska.baensch@bam.de, sergei.evsevleev@bam.de 8

8

Micro-Tomographic analysis
Damage types in fibre reinforced MMC's

BAM

Dimension of components:

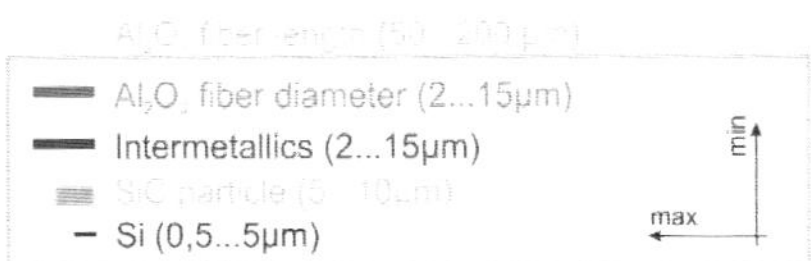

Damage types in material:

Cracking of	Matrix	Type I	Type II
Si	x	x	x
IM	x	x	x
Fibres		x	x
SiC, SiC particles, SiC clusters			x

9

Test setup
AE measurement during compression test

BAM

- 2 specimens of each type (8 x 8 x 16 [mm^3])
- Test with/without Teflon sheets btw. sample and holding device
- Testing device Instron 4505, compression with 100µm/min traverse speed
- AE sensor PICO S/N 5259 (PAC, Ø 5 mm x H 4 mm)
- AMSY6, continuous mode, threshold-free, sampling rate 5 MHz, digital Filter: 120 kHz ... 1 MHz

10

Acoustic emission analysis
Definition of 2 testing states

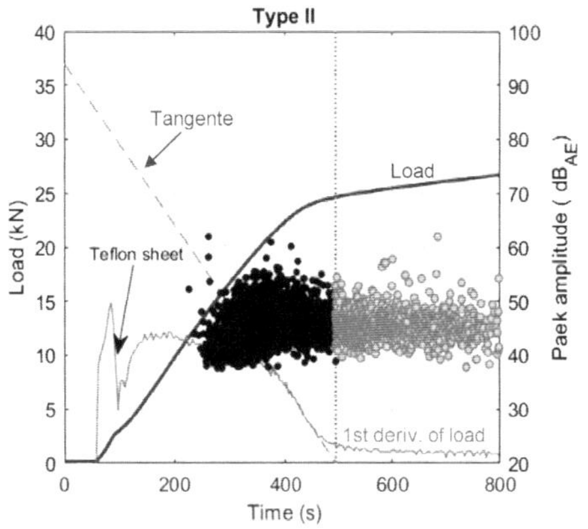

Test states 1 and 2:

- Tangent along the decrease in load
- Intersection of x-axis with tangente

11

Acoustic emission analysis
Hits vs. strain

- AE activity starts at 2% strain for all materials
- Test state 1: peak in hitrate for matrix and type > 200 hits/sec
  flat peak in hitrate for type I with ca. 100 hits/sec
- Test state 2: lowest hitrate at 6% strain for matrix, decreasing peak amplitdue

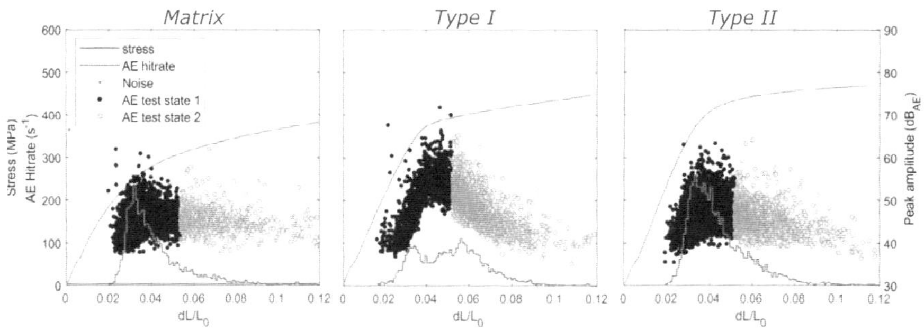

12

Acoustic emission analysis
Total AE activity

BAM

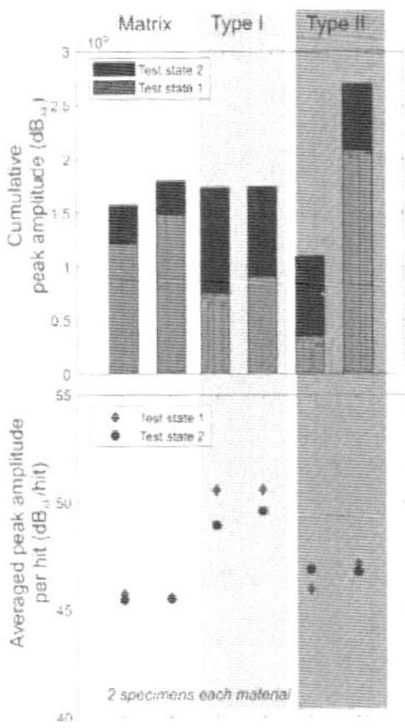

- Outlier in cumulative peak amplitude

  → sample 1 of type II underwent early failure
- Cumulative peak amplitude:
  - Low for type I in test state 1
  - Similar for matrix & type I in test state 2
- Highest averaged peak amplitude per hit found for type I (test state 1 > test state 2)
- Averaged peak amplitude for matrix similar to type II
- Few, but „larger" AE hits in type I
- Many „small" AE hits in type II

February 2021 franziska.baensch@bam.de, sergei.evsevleev@bam.de 13

13

Acoustic emission analysis
Weighted peak frequency

BAM

- Detected signals range from 300 kHz to 550 kHz
- 3(4) clusters are formed in weighted peak frequency (WPF) vs. Peak amplitude for each material
- Differences in the scatters for each material, f.e. above 450 kHz (WPF)

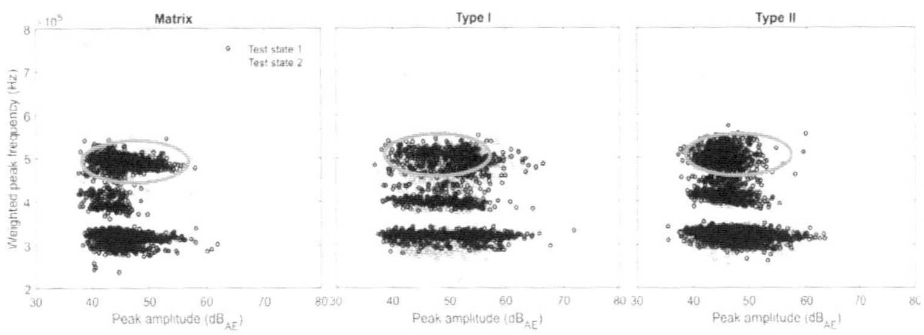

February 2021 franziska.baensch@bam.de, sergei.evsevleev@bam.de 14

14

Acoustic emission analysis
Weighted peak frequency

BAM

Matrix: signals with WPF of 220 kHz or 440 kHz at 3% strain, ~30% of hits with WPF 220 kHz, ~30% of hits with WPF 440 kHz

Type I: 15% of hits with 220 kHz WPF, additional peak in hits with 320 kHz WFP , increase in hits with 450 kHz WPF at strain >6%

Type II: >30% of hits with 230 kHz WPF

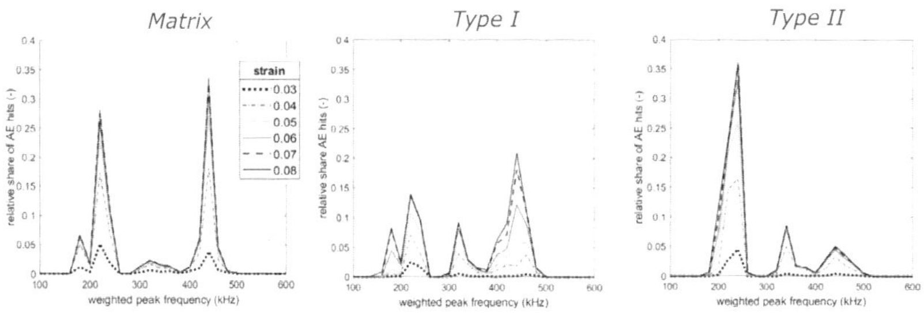

15

Conclusion

BAM

- The here presented study is rather levelled to a pre-test.
- Materials: Matrix → AlSi12CuMgNi matrix
  Type I → Matrix +15%vol. Al_2O_3 fibers
  Type II → Matrix + 7%vol. Al_2O_3 fibers + 15%vol. SiC particles
- Computed tomography (CT) and Acoustic Emission (AE) were not performed for the same specimen, yet. Therefore, a more precise testing setup is required.
- Based on tomograms, crack types are identified.
- Differences in AE behaviour of the three materials are observed. AE sources (damage types) need to be identified. → **NEW Setup AE+CT**
- NDT detection limit regarding damage of MMC's ? (Modelling)

16

Zerstörungsfreie Detektion von Schädigungsprozessen bei Ermüdungsbelastung von Polymermatrix-Faserverbundwerkstoffen

Christian SCHNEIDER [1], Johannes WIENER [1], Clemens SPERLING [1], Gerald PINTER [1], Andreas J. BRUNNER [2]

[1] Montanuniversität Leoben, Leoben, Österreich

[2] Empa - Swiss Federal Laboratories for Materials Science and Technology, Dübendorf, Schweiz

Kontakt E-Mail: christian.schneider@unileoben.ac.at

Kurzfassung. In den letzten Jahrzehnten wurden Verbundwerkstoffe in fast allen Industriezweigen eingesetzt. Insbesondere die Ermüdungsbeanspruchung beeinflusst die Bruchspannung in Abhängigkeit von der steigenden Anzahl der Zyklen [1, 2]. Wegen der hohen Material- und Herstellungskosten von Verbundwerkstoffen ist es notwendig, einen Mittelweg aus gutem Design und moderaten Kosten bei ausreichender Lebensdauer zu finden.

Der effizienteste Weg, die Lebensdauer eines Bauteils abzuschätzen, ist die Simulation, kombiniert mit der Charakterisierung des Ermüdungsverhaltens von Verbundwerkstoffen. Dafür ist es wichtig, viele grundlegende Informationen über Rissinitiierung und Schadensausbreitung innerhalb des Verbundwerkstoffs zu erhalten. Mit Hilfe des spannungsbasierten Ansatzes mit experimentellen S/N-Kurven (Spannungsamplitude vs. Lastspielzahl) ist eine erste Abschätzung der Lebensdauer von Bauteilen möglich [3-5]. Um Vorhersagen von Versagensprozessen im Detail vergleichen zu können, sind jedoch Methoden zur Schädigungserkennung während der Prüfung erforderlich.

Der Schwerpunkt dieser Arbeit liegt auf zerstörungsfreien Prüfmethoden, die während der Strukturprüfung anwendbar sind. Neben der visuellen Detektion sind hierfür vor allem die Methoden der Schallemission (SE), der Infrarot-Thermographie (IR) und der digitalen Bildkorrelation (DIC) relevant, die aufgrund ihrer unterschiedlichen Stärken in Kombination zur umfassenden Schadensdetektion eingesetzt werden können. Vor allem die SE macht die Kombination aus hoher Empfindlichkeit für die Erkennung des Auftretens mikroskopischer Schäden und der in-situ-Anwendbarkeit zu einer idealen Methode für die zerstörungsfreie Charakterisierung von Schadensakkumulation [6, 7].

Im Rahmen dieser Arbeit wurden einerseits quasistatische Zugversuche, andererseits Ermüdungsversuche im zugschwellenden Bereich an glasfaserverstärkten Kunststoffen mit diversen Lagenaufbauten durchgeführt. Um Aussagen über die Schädigungsentwicklung mit der Schallemissionsanalyse treffen zu können, wurden neben SE-Sensoren auch ein DIC-System, sowie ein Thermosensor eingesetzt. Damit war es möglich, die Abfolge von Versagensvorgängen für fortschreitende Schädigungen, wie beispielsweise die Entwicklung der Steifigkeit bzw. der Poissonzahl im Ermüdungsversuch, darzustellen. In weiterer Folge wurden die Ergebnisse aus den eingesetzten Messmethoden verglichen und mit Signalen aus der SE korreliert.

Einführung

Faserverbundwerkstoffe (FVW) sind allgegenwärtig. In den letzten Jahrzehnten haben Composites in nahezu jeder Branche Einzug gehalten. Waren Composites anfangs nur in sogenannten Hochleistungsbauteilen eingesetzt, so wurde das Einsatzgebiet mit Erfüllung diverser technischer Anforderungen immer größer. Spätestens mit der Entwicklung der Möglichkeit zur Serienfertigung von Composite-Bauteilen wurden auch die Luftfahrt- und später die Automobilindustrie auf diese Werkstoffe aufmerksam. War der Massenanteil von Verbundwerkstoffen in der Luftfahrtindustrie in den 2000er Jahren noch bei etwa 20 % des Gewichts, beträgt er heute über 50 %.

In nahezu allen Einsatzgebieten von Composites wirken mechanische Ermüdungslasten auf die Bauteile ein. Diese üben großen Einfluss auf die Versagensbeanspruchung von Composites, da die Bruchspannung mit steigender Zyklenzahl deutlich reduziert wird [1, 2]. Der effizienteste Weg, die Lebensdauer eines Bauteils abzuschätzen, ist die Simulation, welche mit einer fundierten Materialcharakterisierung des Ermüdungsverhaltens von FVW untermauert sein muss. In diesem Beitrag liegt der Fokus auf der Detektion von Rissinitiierung und Schadensausbreitung im Werkstoff.

1 Überlegungen aus der Betriebsfestigkeit

Eine Möglichkeit zur Beschreibung von definierten Belastungssituationen in Bauteilen ist der spannungsbasierte Ansatz, der auf experimentellen S/N-Kurven basiert (Spannungsamplitude vs. Anzahl der Zyklen). Hierbei werden definierte Probekörper unter zyklischer Belastung mit variierender Belastungshöhe beaufschlagt und entweder bis zum finalen Versagen oder bis zu Anrissbildung belastet. So entstehen die sogenannten Wöhler-Diagramme, die unter Nutzung der Schadensakkumulationstheorie von Miner eine Lebensdauerabschätzung von Bauteilen ermöglichen (siehe Abb.1) [3-5, 8].

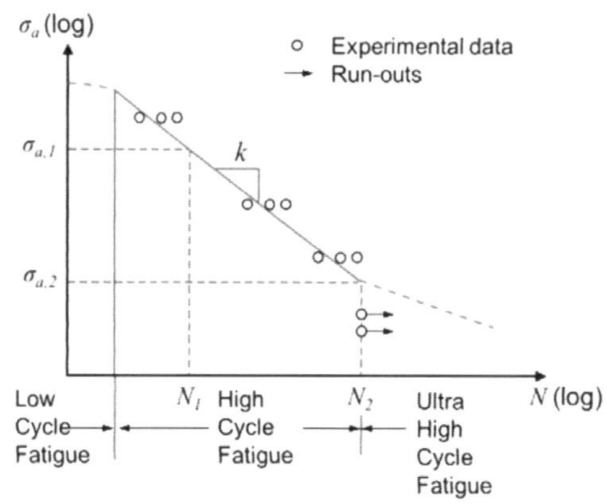

Abb. 1: Schematische Darstellung eines S/N-Diagramms, auch bekannt als Wöhler Diagramm [3].

1.1 Betriebsfestigkeit bei faserverstärkten Kunststoffverbunden

Eigentlich aus dem Bereich der metallischen Werkstoffe kommend, wird dieser Ansatz seit einiger Zeit auch für Composites unter Berücksichtigung der Versagenskriterien nach Puck angewendet. Diverse Versuche haben bereits gezeigt, dass mit dem oben erwähnten Ansatz eine Lebensdauerabschätzung für unidirektional verstärkte Polymere möglich ist. Für einen multiaxiales Lagenaufbau korreliert die Lebensdauervorhersage jedoch nicht mit den Ergebnissen aus den Tests [9-12].

Bei der Ermüdungsbelastung an Composites kann von der Rissinitiierung, die meist von Matrixrissen entlang der Fasern ausgeht, bis zum Eintreten des endgültigen Versagens noch eine große Anzahl von Lastspielvorgängen möglich sein. Die entstehenden Risse haben zwar einen Abfall der Steifigkeit des Verbundes zur Folge, der sich aber nach einiger Zeit stabilisiert. Dieses Verhalten ist ein Zusammenwirken von Risswachstum, interlaminarer Rissausbreitung und letztendlich resultierend in Delamination im Prüfkörper. Erst mit fortschreitender Delamination und beginnenden Faserbrüchen steigt die Schädigungsgeschwindigkeit wieder an und der Prüfkörper versagt [2, 13]. Abbildung 2 links zeigt schematisch den relativen Abfall der Steifigkeit über die Lebensdauer; rechts sind schematisch die Zunahme der Schädigung sowie die dazugehörigen Mechanismen dargestellt. Diese entstehenden Risse haben zwar einen Abfall der Steifigkeit des Verbundes zur Folge, der sich aber nach einiger Zeit stabilisiert und erst kurz vor dem Versagen des Prüfkörpers wieder abfällt. Dieses Verhalten ist ein Zusammenwirken von Risswachstum interlaminarer Rissausbreitung und beginnender Delamination im Prüfkörper. Erst mit fortschreitender Delamination und beginnenden Faserbrüchen steigt die Versagensgeschwindigkeit wieder an und der Prüfkörper versagt.

Da aber dieser stabilisierte Bereich abhängig vom Lastniveau bis zu 80 % der gesamten Lebensdauer erreichen kann, ist die Verwendung der Rissinitiierung als End-of-Life-Kriterium bei faserverstärkten Kunststoffverbunden nicht weiter zielführend.

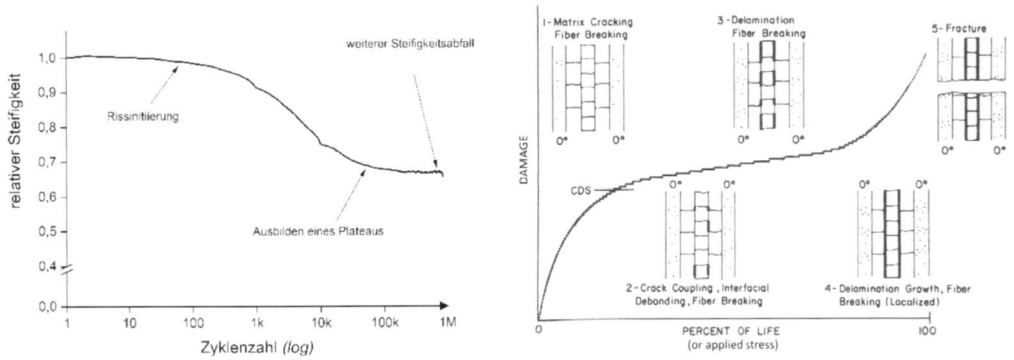

Abb. 2: Links: Schematische Darstellung des Steifigkeitsabfalles an FVW bei Ermüdungsbelastung. Rechts: Schematische Darstellung der Schädigungsentwicklung und Moden im Ermüdungsversuch [2, 13]

2 Einbeziehung zerstörungsfreier Prüfmethoden

Eine deutlich bessere Definition für End-of-Life wäre der oben beschriebene Abfall der Steifigkeit vor Versagen des Prüfkörpers. Hierfür ist aber die Identifizierung der Versagensmechanismen und der entsprechenden Wirkungsabfolge unerlässlich. Wenn es gelingt, die im laufenden Versuch auftretenden Versagensmechanismen zu detektieren und zu identifizieren, kann der Steifigkeitsabfall kurz vor dem Versagen des Prüfkörpers genauer beschrieben werden und in weiterer Folge das Versagen vorhergesagt werden. Um jedoch den gesamten Versagensprozess nachweisen zu können, ist es notwendig, die Abfolge der Versagensereignisse und die damit verbundenen Steifigkeitsänderungen während der Prüfung verfolgen zu können. Neben der visuellen Detektion sind hierfür vor allem die Schallemission (SE), die Infrarot-Thermografie und die Digitale Bildkorrelation (DIC) relevant, die aufgrund ihrer unterschiedlichen Stärken für eine umfassende Schadensdetektion kombiniert werden können.

2.1 Warum Schallemission?

Die hohe Empfindlichkeit für die Erkennung von mikroskopischen Schädigungen im laufenden Versuch macht die SE zu einer idealen Methode für die zerstörungsfreie Prüfung von Schadensakkumulationen in vielen Materialien [6]. Die wohl größten Nachteile der SE bei der Verwendung in faserverstärkten Kunststoffen sind einerseits die mäßige Genauigkeit bei der Lokalisierung von AE-Signalquellen und die vergleichsweise hohe Dämpfung von Signalen. Darüber hinaus war die eindeutige Identifikation spezifischer Schädigungsmechanismen in FVW anhand der SE-Signalparameter lange Zeit schwierig [14]. Dank der Entwicklung einer Methodik kann mittels einer neuen Art von Mustererkennung unter Einbeziehung von künstlicher Intelligenz [7] eine Zuteilung von SE-Signalen in diverse Klassen erreicht werden. Mit Hilfe von zusätzlichen Informationen aus anderen zerstörungsfreien Prüfmethoden oder aus Finite-Elemente-Simulationen können diese Klassen in weiterer Folge bestimmten Mechanismen zugeordnet werden.

2.2 Warum Digitale Bildkorrelation?

Die beschriebene Zuteilung der Klassen für sich alleine, kann noch keine Zuordnung zu verschiedenen Schädigungsmechanismen gewährleisten. Dafür sind zusätzliche Informationen notwendig. Eine Möglichkeit hierfür ist die Ermittlung von Längs- und Querdehnungsverteilungen über die Lebensdauer, die ebenfalls Aussagen über das Auftreten von Schädigungen und deren Wachstum liefern können. Durch Korrelation dieser Verteilungen mit den akustischen Signalen wird die Erkennung und Zuordnung von Schädigungen über den Ermüdungsversuch möglich.

3 Experimentelles

Im Folgenden wird neben der Beschreibung des verwendeten Materials auch kurz auf die Herstellung der Prüfkörper eingegangen. In weiterer Folge werden auch der Prüfaufbau, sowie die Prüfprozedur näher beschrieben.

3.1 Material

Für die experimentellen Versuche wurde ein glasfaserverstärkter Kunststoff verwendet. Als Matrixwerkstoff wurde ein Epoxidharz der Marke EPIKOTE™ MGS® LR160 Harz mit einem EPIKURE™ MGS® LH160 Härter der Fa. Lange + Ritter GmbH (Gerlingen, Deutschland) gewählt. Die Faserverstärkung wurde mit einem unidirektionalen Gewebe UD 92145 der Fa. Porcher Industries Germany GmbH (Erbach, Deutschland), das ein Flächengewicht von 220 g/m^2 aufweist, realisiert.

3.2 Prüfkörper

Für die Versuche im Rahmen dieser Arbeit wurde ein Lagenaufbau von +/- 45° gewählt. Insgesamt wurden 12 Lagen verwendet und symmetrisch um die Mittelebene angeordnet, sodass der Lagenaufbau [$(+45)_3/(-45)_3$/symm.] entstand. Die Aushärtung erfolgte in einer hydraulischen Presse bei einer Temperatur von 80 °C und einer Flächenpressung von 1 MPa für 3 Stunden. Im Anschluss an die Aushärtung wurde eine Nachhärtung im Wärmeofen für 15 Stunden bei 80 °C eingehalten. Die so hergestellten Platten wurden mit angeschrägten Aufleimern aus Aluminium beklebt. Anschließend wurden rechteckige Prüfkörper mit den Abmessungen L x B x H = 200 x 20 x 2 mm aus den Platten geschnitten.

3.3 Prüfaufbau

Für die Durchführung der Ermüdungsversuche wurde eine servo-hydraulische Zug/Druck-Universalprüfmaschine mit einem 250 kN Lastrahmen, hydraulischen Klemmbacken und einer dazu passenden Kraftmessdose der Fa. MTS Systems Corporations (Minnesota, USA), benützt. Um Aussagen über Dehnungsverteilung treffen zu können wurde zusätzlich ein DIC System mit einer hochauflösenden Kamera der Fa. Sobriety Mercury d.o.o. (Blanenská, Tschechien) aufgebaut. Die Temperaturverteilung über die Versuchsdauer wurde mittels berührungslosem Infrarotsensor gemessen. Alle Versuche wurden unter Normklima durchgeführt, in dem auch die Prüfkörper vorab mindestens 24 Stunden gelagert wurden.

Für das SE Setup wurden zwei Physical Acoustics wideband differential (WD) Sensoren der Fa. MISTRAS Group Inc. (New Jersey, USA) auf die Prüfkörper nahe der Aufleimer platziert. Als dritter Sensor wurde ein Nano30 Sensor, welcher als Guard-Sensor fungierte, auf die bewegte Klemmbacke positioniert. Die Sensoren wurden mit handelsüblichem Gewebeklebeband auf dem Prüfkörper fixiert, wobei silikonfreies Schlifffett als Koppelmittel diente (siehe Abb. 3).

Abb. 3: Prüfkörper inkl. befestigter WD Sensoren

Alle Signale wurden mit 40 dB vorverstärkt und mit einer Aufzeichnungsrate von 5 MSPS aufgezeichnet. In der Software AEwin der Fa. MISTRAS Group Inc. (New Jersey, USA) wurde ein Schwellenwert von 40 dB_{AE} eingestellt, um etwaige Hintergrundgeräusche von den zyklischen Bewegungen der servo-hydraulischen Prüfmaschine zu eliminieren. Weiter wurde eine Peak Definition Time von 50 µs, eine Hit Definition Time von 100 µs und eine Hit Lockout Time von 300 µs eingestellt. Die Event Definition Time wurde so gewählt, dass nur Events innerhalb der freien Klemmlänge detektiert werden, die bei allen Versuchen bei ungefähr 97 mm lag.

3.4 Prüfprozedur

Die in dieser Arbeit verwendete Prüfprozedur, ist eine Abwandlung der ursprünglich in [15] beschriebenen Ermüdungsprüfung mit zyklischen Zugversuchen (siehe Abb. 4). Hierbei wird vor Beginn der zyklischen Belastung ein weggeregelter quasistatischer Zugversuch bis etwa σ_{mean} gefahren (Bereich 1). Anschließend wird eine kraftgeregelte zyklische Belastung mit einem R-Verhältnis ($\sigma_{min}/\sigma_{max}$) von 0,1 und einer Prüffrequenz von 3 Hz aufgebracht (Bereich 2). Nach Ende des zyklischen Intervalls wird weggeregelt entlastet und abermals ein quasistatischer Zugversuch gefahren (Bereich 3), bevor wieder eine zyklische Belastung aufgebracht wird (Bereich 4). Die Punkte im den Bereichen 1 und 3 stellen schematisch die Aufnahme von Bildern mit dem DIC-System dar.

Da gerade im Anfangsbereich der Ermüdungsversuche ein relativ großer Steifigkeitsabfall im Prüfkörper stattfindet, wurden für die zyklischen Bereiche drei unterschiedliche Intervalle gewählt. So wurde bis zu einer Lastspielzahl von 1‘000 Zyklen für den Bereich 2 bzw. 4 eine Intervallgröße von 25 Zyklen zwischen den einzelnen quasistatischen Zugversuchen gewählt. Für die Lastspielzahlen zwischen 1‘000 und 10‘000 Zyklen wurde eine Intervallgröße von 100 Zyklen und für Lastspielzahlen über 10‘000

Zyklen wurde eine Intervallgröße von 1'000 Zyklen zwischen den zyklischen Zugversuchen eingestellt.

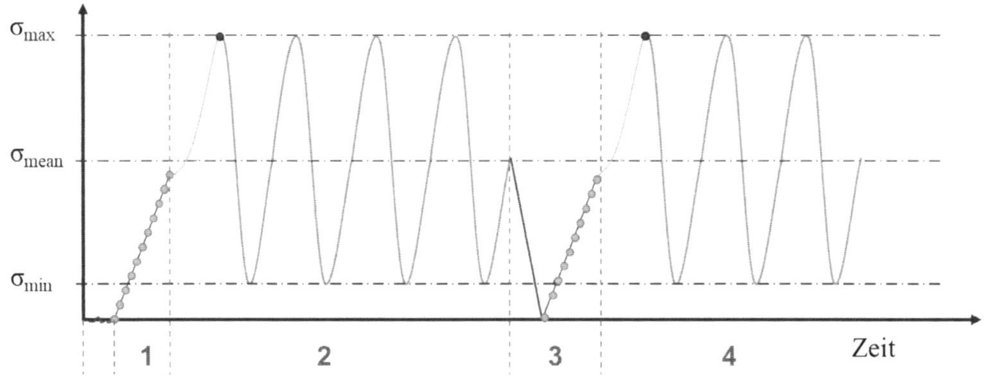

Abb. 4: Schematische Darstellung der Prüfprozedur.

4 Ergebnisse

Insgesamt wurde eine Reihe von Prüfkörpern mit einer Variation der maximalen Spannung im Rahmen dieser Arbeit geprüft. Beispielgebend wurden für die Diskussion der Ergebnisse zwei Versuche gewählt, die sich einerseits am unteren Ende der Belastung und somit einer großen Lastspielzahl befinden. Andererseits wurde ein Prüfkörper am oberen Ende der Belastung gewählt, der eine niedrige Lastspielzahl aufweist.

4.1 Ermüdungsversuch am unteren Lastniveau

In Abb. 5 sind die Entwicklungen von relativer Steifigkeit und Oberflächentemperatur dargestellt und mit der Zunahme der kumulativen Events (also der von beiden WD-Sensoren gemeinsam detektierten Hits) am Prüfkörper mit niedrigem Lastniveau verglichen. Es ist gut zu erkennen, dass die relative Steifigkeit bereits von Beginn an stark abfällt und nach etwa 50'000 Zyklen in ein Plateau mündet. Betrachtet man die Temperaturentwicklung genauer, so erkennt man einen leichten Anstieg über die fortschreitende Lastspielzahl. Dieser Anstieg kann mit der größeren hysteretischen Erwärmung in Folge von Rissöffnungsvorgängen und dem Auftreten von Reibung bei längeren Intervallen erklärt werden. Allerdings tritt hier eine Temperaturerhöhung von max. 10 °C auf, was erfahrungsgemäß keinen signifikanten Einfluss auf das Schädigungsverhalten hat.

Ein Blick auf die Entwicklung der Events zeigt vor allem am Beginn des Versuches kaum Detektionen von Ereignissen. Da aber ein Steifigkeitsabfall auf Grund von Matrixrissen erkennbar ist, scheint die Sensitivität der SE mit den gewählten Parametern nicht ausreichend zu sein. Erst mit Ausbildung des Plateaus beim relativen Steifigkeitsverlauf steigt die Anzahl der Ereignisse deutlich an und weist kurz vor dem Versagen des Prüfkörpers einen Wendepunkt auf, um in weiterer Folge nahezu ein Plateau auszubilden. Dieser Wendepunkt kann mit steigender Anzahl von Rissen, zunehmender Delamination, ersten Faserbrüchen und einer damit verbundenen Dämpfung der Ausbreitung von Schallereignissen im Prüfkörper zwischen den beiden Sensoren erklärt werden.

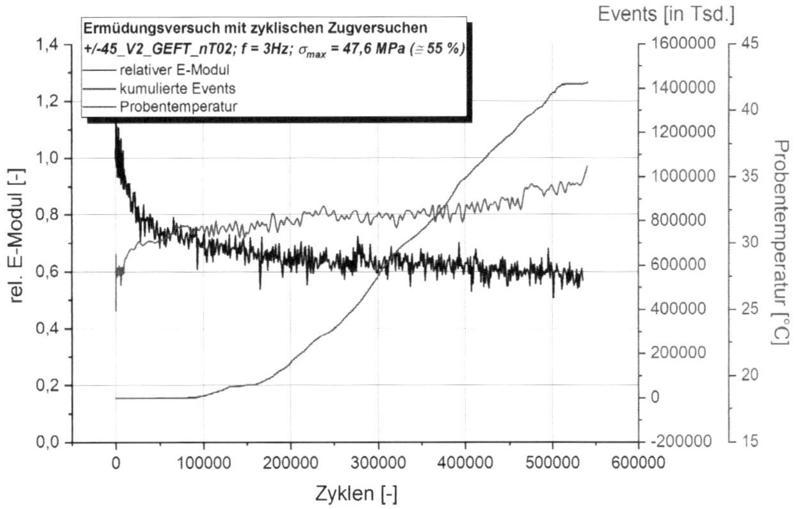

Abb. 5: Vergleich der relativen Steifigkeit sowie der Temperaturentwicklung mit akustischen Signalen an einem Ermüdungsversuch am unteren Lastniveau

4.2 Ermüdungsversuch am oberen Lastniveau

In Abb. 6 ist der Vergleich zwischen relativer Steifigkeit und kumulativer Events am Prüfkörper im oberen Lastniveau dargestellt. Auch hier ist der Abfall der relativen Steifigkeit gut zu erkennen, der allerdings bereits deutlich früher, nämlich bei etwa 10'000 Zyklen, in ein Plateau mündet. Die im Vergleich dazu aufgetragenen kumulativen Events beginnen auch bei diesem Lastniveau erst bei Ausbildung dieses Plateaus zu steigen. Interessant ist, dass auch bei diesem Versuch, im höheren Lastspielbereich ein Wendepunkt in der Darstellung der Events entsteht.

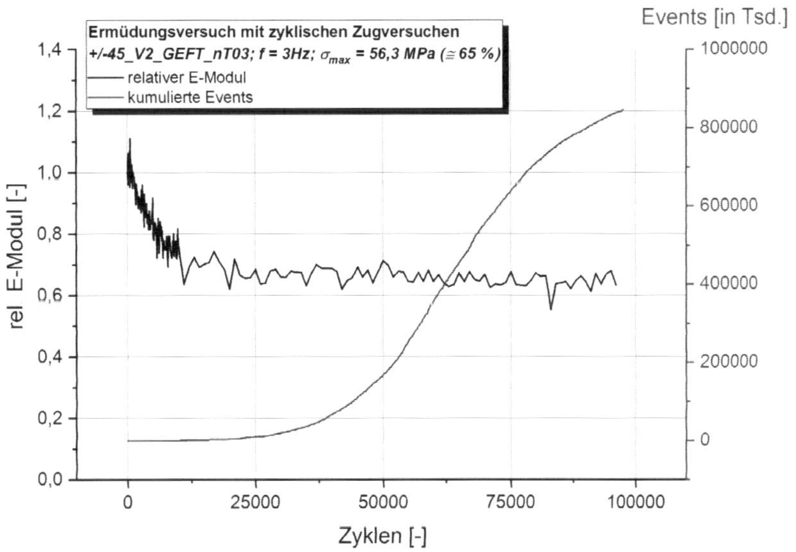

Abb. 6: Vergleich der relativen Steifigkeit mit akustischen Signalen an einem Ermüdungsversuch am oberen Lastniveau

5 Zusammenfassung

Verschiedene zerstörungsfreie Prüfmethoden wurden angewandt, um das Schädigungsverhalten von FVW während Ermüdungsversuchen mit zyklischen Zugversuchen zu charakterisieren. Dabei war es das Ziel, ein sinnvolles Abbruchkriterium noch vor der vollständigen Zerstörung der Probe festzulegen. Der Verlauf des E-Moduls mit steigender Zyklenzahl konnte dabei nur bedingt genutzt werden, da der größte Abfall gleich zu Beginn des Versuchs stattfand, während sich bis zum Versuchsende ein konstantes Plateau ausbildete. Durch die Messung der Probentemperatur konnte die hysteretische Erwärmung während des Versuches veranschaulicht werden. Obwohl dadurch Erwärmungseffekte als Fehlerquelle ausgeschlossen werden können, eignet sich die Temperaturmessung im betrachteten Fall auch nicht als Abbruchkriterium. Der beste Indikator für ein bevorstehendes Versuchsende konnte durch Schallemissions-Messungen gefunden werden. Durch die fortschreitende Schädigung des Materials (Delaminationen, Mikrorisse etc.) werden die Signale zunehmend gedämpft. Dies führte im Endstadium des Versuches zu einem Plateau der aufgezeichneten Events. Durch die Detektion eines solchen Plateaus in Ermüdungsversuchen kann das Ende der Lebenszeit also frühzeitig erkannt werden.

References

[1] N.E. Dowling: Mechanical behavior of materials, Prentice Hall, Upper Saddle River, NJ (1999)

[2] K.L. Reifsnider: Fatigue of composite materials, Elsevier, Amsterdam, New York (1991)

[3] E. Haibach: Betriebsfestigkeit, Springer, Berlin (2006)

[4] D. Radaj: Ermüdungsfestigkeit, Springer, Berlin (2003)

[5] J.M. Hodgkinson: Mechanical testing of advanced fibre composites, CRC Press, Boca Raton, FL, Cambridge, England (2000)

[6] H.A. Kishawy, H. Hegab, U. Umer, A. Mohany: *Int J Adv Manuf Technol* 98 (2018) 1391. DOI:10.1007/s00170-018-2341-y

[7] M.G.R. Sause, T. Müller, A. Horoschenkoff, S. Horn: *Composites Science and Technology* 72 (2012) 167. DOI:10.1016/j.compscitech.2011.10.013

[8] H. Schürmann: Konstruieren mit Faser-Kunststoff-Verbunden, Springer-Verlag Berlin Heidelberg, Berlin, Heidelberg (2005)

[9] J. Brunbauer, C. Gaier, G. Pinter: *Composites Part B: Engineering* 80 (2015) 269. DOI:10.1016/j.compositesb.2015.06.002

[10] J. Brunbauer, G. Pinter: *Composites Part B: Engineering* 70 (2015) 167. DOI:10.1016/j.compositesb.2014.11.015

[11] A. Puck: Festigkeitsanalyse von Faser-Matrix-Laminaten: Modelle für die Praxis, Hanser, München (1996)

[12] J. Brunbauer: Fatigue of continuously fibre reinforced composites, Leoben (2015)

[13] R. Talreja, in: H. Altenbach, W. Becker (Eds.), Modern Trends in Composite Laminates Mechanics, Springer Vienna, Vienna, s.l. (2003), 281. DOI:10.1007/978-3-7091-2544-1_6

[14] N. Godin, G. Fantozzi, P. Reynaud: Acoustic emission and durability of composite materials, Wiley; ISTE Ltd, Hoboken, NJ, London, UK (2018)

[15] J. Brunbauer, F. Arbeiter, S. Stelzer, G. Pinter: *AMR* 891-892 (2014) 166. DOI:10.4028/www.scientific.net/AMR.891-892.166

Schallemissionsprüfung im Rahmen der Biegeumlaufprüfung von Fahrzeugrädern

Alexander PIETZSCH [1], Mareike STEPHAN [1], Eberhard SCHULZE [1], Ulrich HOLDER [2], Jörg IHNE [3], Henning BLUMENTHAL [3], Sven BOSE [3], Lars SCHUBERT [1]

[1] Fraunhofer-Institut für Keramische Technologien und Systeme (IKTS), Dresden

[2] Porsche Dr. Ing. h.c. F. Porsche AG, Weissach

[3] OTTO FUCHS KG, Meinerzhagen

Kontakt-E-Mail: alexander.pietzsch@ikts.fraunhofer.de

Kurzfassung. Bei der Entwicklung von Fahrzeugrädern bildet die Biegeumlaufprüfung (BUP) auf einfache Weise die Belastung auf das Rad durch Kurvenfahrten über die gesamte Fahrzeuglebensdauer ab. Sie ist somit eine wichtige Prüfmethode zur Verifizierung einer betriebssicheren Bauteilauslegung.

Bei BUP-Prüfständen wird ein umlaufendes Biegemoment, das der Belastung bei Kurvenfahrt entspricht, über einen rotierenden Stab in den Nabenbereich des Rades eingeleitet. Das heute gängige Versagens- & Prüfstandabschalt-Kriterium ist dabei eine definierte Schwingwegerhöhung dieses rotierenden Stabes, die durch Strukturschäden im Rad und damit über eine globale Steifigkeitsänderung des am Innenhorn fest eingespannten Rades hervorgerufen wird.

Ziel der vorgestellten Arbeiten war es, die Schallemissionsprüfung (AT) als prüfstandbegleitendes In-Situ-Bewertungsverfahren zur zeitgenauen Identifizierung der Entstehung von Strukturschäden während der BUP zu validieren. Das Verfahren wurde sowohl an Rädern aus Verbundwerkstoffen als auch an Aluminium-Schmiederädern angewendet. Die Schallemissionsprüfung kann sowohl eine Lokalisierung von Schädigungen als auch die frühzeitige Erfassung der räumlichen Schadensentwicklung während des dynamischen Belastungsversuches liefern.

Bei Aluminium-Schmiederädern konnte durch die Nutzung der AT der Zeitpunkt der für die Bauteilauslegung relevanten Initial-Rissbildung, die aber durch teilweise signifikant unterschiedliche Risswachstumsgeschwindigkeiten deutlich vor einem Anstieg der Schwingwegerhöhung auftreten kann, im Rad identifiziert werden und ein entsprechendes Abschaltsignal für den Prüfstand erzeugt werden.

Bislang war die Ermittlung der Initialriss-Lastwechselzahl nur durch zeitaufwändige visuelle Zwischenkontrollen möglich. Die prüfungsbegleitende AT bietet den entscheidenden Vorteil der frühzeitigen Detektion von Strukturschäden. Es erfolgten Untersuchungen zur Mindestanzahl von Schallemissionssensoren, die pro Rad instrumentiert werden müssen, um Initialrisse sicher zu erfassen.

Vorteil bei der Anwendung der AT im Rahmen von Fatigue-Tests an Faserverbundwerkstoffen ist es, dass Faserbrüche und Delaminationsprozesse sehr starke Schallemissionen erzeugen. Um den Schädigungsverlauf von Komposit-Rädern zu erfassen, wurden quasi-statische Belastungstests mit Last-Steigerung und –Abfall innerhalb unterschiedlicher Lastrampen durchgeführt. Dabei wurde die Schallemissions-prüfung sowohl während zerstörender Lasten als auch während nicht-zerstörender Lasten (so genannten Proof-Loads) angewendet. Es wurde untersucht, inwiefern eine im niedrigen Lastbereich „angeschwungene“ BUP und Aufnahme der AE-Parameter geeignet ist, den Schädigungsverlauf zu erfassen.

Einführung

Die Technik der Schallemissionsprüfung oder Acoustic emission testing (AET oder AT) basiert darauf, dass dynamische Verschiebungen im Nanometer-Bereich an der Oberfläche von belasteten Prüfobjekten mittels hochempfindlicher piezoelektrischer Sensoren im Frequenzbereich von ca. 50 kHz bis 1 MHz detektiert und in elektrische Signale umgewandelt werden. Diese Oberflächenverschiebungen werden durch akustische Wellen (elastische Spannungswellen) verursacht, welche durch kurzzeitige, sehr kleine Materialverschiebungen, zum Beispiel infolge Rückfederung des Materials bei schnell ablaufenden Prozessen, wie Mikrorissbildung, Rissfortschritt, Rissuferreibung etc. entstehen. Aus der Laufzeit der Signale von den einzelnen schallemittierenden Quellen (aktive Risse, Verbundstörungen, Reibung) zu einer Vielzahl von Sensoren (mindestens drei bei ebener Ortung), kann die Position der aktiven Schädigung berechnet werden. Die wesentliche Herausforderung bei der Anwendung der Schallemissionsanalyse bei dynamischer Strukturbelastung ist das starke Umgebungsrauschen. Dieser Anforderung begegnet das akustische Messsystem durch Speicherung und Bewertung der vollständigen Wellenformen mittels spezieller Filteralgorithmen [4].

Die Biegeumlaufprüfung (BUP) wird als Betriebsfestigkeitsversuch bei der Entwicklung von Fahrzeugrädern eingesetzt. Sie bildet auf einfache Weise die Belastung durch Kurvenfahrten über die gesamte Fahrzeuglebensdauer auf das Rad unter Berücksichtigung entsprechender Sicherheitsfaktoren ab (Abbildung 1). Bei BUP-Prüfständen wird ein umlaufendes Biegemoment, das der Belastung bei Kurvenfahrt entspricht, über einen rotierenden Stab in die Radnabe des Rades eingeleitet. Beim Eintrag zerstörender Lasten ist das Versagens- & Prüfstandabschalt-Kriterium aktuell eine definierte Schwingwegerhöhung dieses Stabes, die durch Strukturschäden im Rad und damit einer globale Steifigkeitsänderung des am Innenhorn fest eingespannten Rades hervorgerufen wird. Alternativ bzw. attributiv wird auch eine Veränderung der Drehzahl des Biegestabes genutzt, um ein Abschaltsignal für die BUP zu erzeugen. Ursächlich für diese Drehzahländerung ist ebenfalls einen Steifigkeitsänderung im Prüfobjekt durch Rissbildungen.

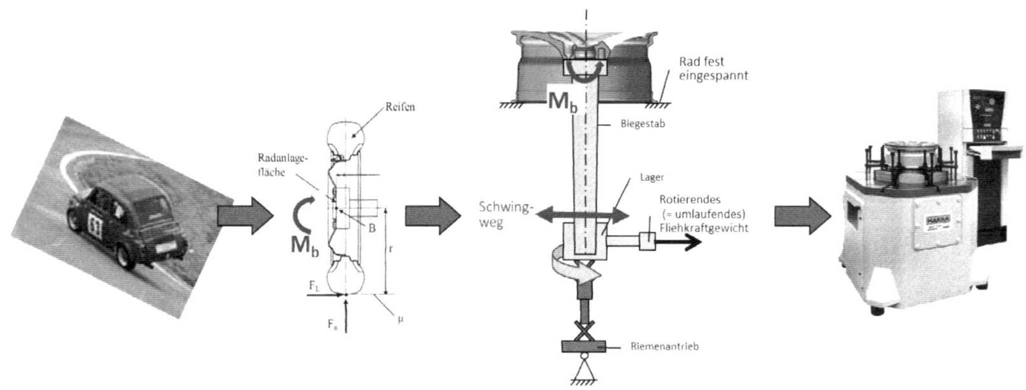

Abb. 1. Prinzip der Biegeumlaufprüfung (BUP) für Räder

Da die Risswachstumsgeschwindigkeit und damit auch der Zeitpunkt vom Auftreten der ersten Initialrisse bis zum Eintreten einer messbarem globale Steifigkeitsänderung durch Bauteilschäden über die Messung einer Schwingwegänderung je nach Risslage im Rad stark variieren kann, war die Ermittlung der für eine präzise FEM-Verifizierung für zukünftige Bauteilauslegung entscheidenden Initialriss-Lastwechselzahl aber bislang nur durch zeitaufwändige visuelle Zwischenkontrollen in festgelegten Intervallen und somit auch nur mit einer gewissen Unschärfe möglich. Durch die Nutzung der AT soll der Zeitpunkt der Initial-Rissbildung im Rad genauer identifiziert werden und ein entsprechendes Abschaltsignal für den Prüfstand erzeugt werden.

Somit lässt sich die Aufgabenstellung für Aluminium-Schmiederäder, wie in Abbildung 2 dargestellt, zusammenfassen.

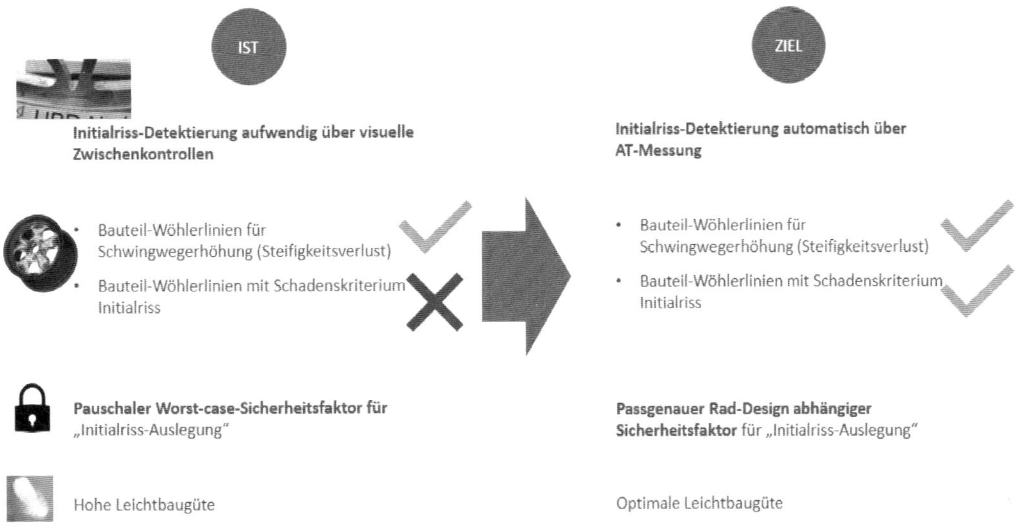

Abb. 2. Zielsetzung des Einsatzes der AT bei der Biegeumlaufprüfung von Aluminium-Schmiederädern

Schallemissionsanalyse im Rahmen der Biegeumlaufprüfung von Aluminium-Schmiederädern

Bei der Instrumentierung eines Rades mit einer Vielzahl von Sensoren kann die Schallemissionsprüfung sowohl eine Lokalisierung von Schädigungen als auch die frühzeitige Erfassung der räumlichen Schadensentwicklung während des dynamischen Belastungsversuches liefern. Um den Prüfaufwand in der späteren Anwendung zu minimieren, erfolgten an Aluminium-Schmiederädern Untersuchungen zur Mindestanzahl von Schallemissionssensoren, die pro Rad instrumentiert werden müssen, um erste sichtbare Strukturschäden in Form von Oberflächen Initialrissen zu erfassen und ein frühzeitiges Abschalten der Prüfmaschine zu realisieren.

Typischerweise treten Risse bei Aluminium-Schmiederädern bei der BUP im Bereich der Radschüssel und im Übergangsbereich der Radschüssel in den Felgenring auf, weshalb diese Bereiche bei der Schadensdetektion über AT auch im Fokus stehen. Die in der BUP erreichten Mindest-Lastwechselzahlen der Aluminium-Schmiederäder entsprechen dabei einem Vielfachen der Lastwechselzahlen, die über die Fahrzeuglebensdauer im realen Fahrbetrieb im Extremfall auftreten können.

Abb. 3. Messaufbau für die AT-Sensorik während der BUP von Aluminium-Schmiederädern mit breiten Speichen

In einer ersten Versuchsreihe wurde die Anwendbarkeit der AT auf Aluminium-Schmiederäder anhand zwei typischer Fünf-Speichen-Designs untersucht. Die Speichen bei diesen Rädern waren relativ breit, somit war genügend Platz für die Applikation der AT-Sensoren mittels Jochs auf der Sichtseite der Speichen, siehe Abbildung 3. Für einen optimalen Halt der Sensoren unter der teils sehr hohen dynamischen Belastung durch Umlauf-Biegemomente von bis zu 10.000 Nm bei Drehzahlen von ca. 1.500-1.800 U/min wurden die Joche der Speichengeometrie angepasst. Zusätzlich wurden zwei Sensorgürtel mit jeweils fünf AT-Sensoren im Felgenbett in Innen- und Außenhornnähe fixiert. Während der AT-Messung wurden mehrere Zwischenstopps eingelegt, um eine genaue visuelle Inspektion auf mögliche Initialrisse durchzuführen. Die Anstiege in der Eventanzahl und der Energiekurve über die Lastwechselanzahl korrelierten hier sehr gut mit dem zeitlichen Verlauf der visuell festgestellten Schadensereignisse. In Abbildung 4 ist die logarithmierte Anzahl der lokalisierten Schallemissionen (Events) bis zu ca. 1 Mio. Lastwechseln als Ortungsplot dargestellt. Auf der rechten Bildseite ist das Protokoll der visuellen Inspektionsergebnisse abgebildet. Auch die per Ortungsmodell ausgegebenen Risslagen korrelierten sehr gut mit den visuell detektierten Risslagen.

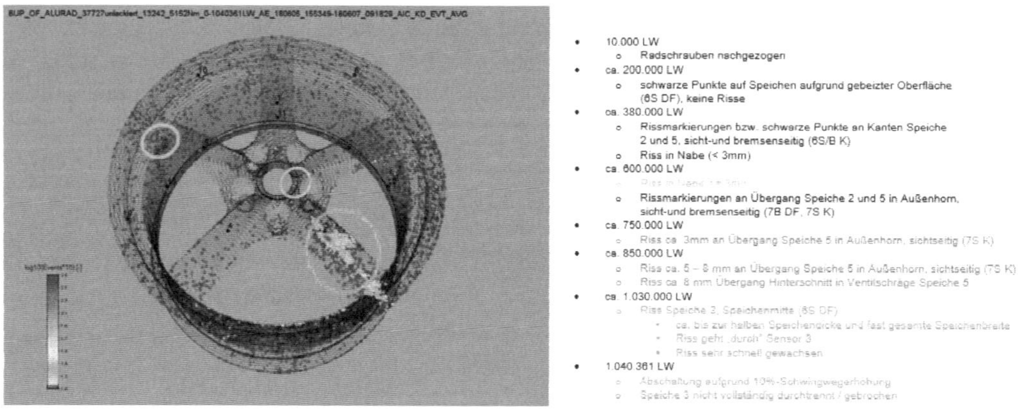

Abb. 4. Ortungsplot eines Aluminium-Schmiederades aus der 1. Messreihe mit begleitender AT und Protokoll der visuellen Inspektion.

Die Schadensortung konnte mit steigender Sensoranzahl präziser durchgeführt werden. In Abbildung 5 sind die Ergebnisse der Messungen mit unterschiedlichen Sensoranordnungen im Parameterbereich zwischen 0 und 1 Mio. Lastwechsel abgebildet. Farblich dargestellt sind die Anzahl der Events über dem Winkel des Quellorts in Polar-Koordinaten in Grad. An den Speichen zeichnete sich die Lokalisation der Schadensereignisse gut erkennbar ab, weiterhin waren auch Lastumlagerungen im Prüfungsverlauf erkennbar. Bei der Variante mit 3 AT-Gürtel-Sensoren konnten trotz einfachem Ortungsmodell Schadensereignisse lokalisiert werden, allerdings mit der Positions-Unschärfe von bis zu einer Speiche. Die Messung mit 20 Sensoren auf 2 Sensorgürteln beinhaltete eine 6-mal höhere Eventdichte gegenüber der 3 -Sensor-Variante auf einem Gürtel, wodurch auch eine präzisere Lokalisierung der Initialrissbildung möglich war. Die Bewertung der Messergebnisse ergab ferner, dass selbst bei einer alleinigen Analyse der Signale des Sensorgürtels mit 3-AT-Sensoren eine frühzeitige Initialriss-Detektion gegeben war.

Eine genaue Schadensortung steht für die industrielle Anwendung der AT-Messung bei metallischen Rädern während der BUP aber nicht primär im Fokus, da Bauteilschäden immer in Form von Oberflächenrissen auftreten und diese im Rahmen einer visuellen Rissprüfung nach Versuchsende z.B. über Farbeindringverfahren standardmäßig ermittelt werden müssen.

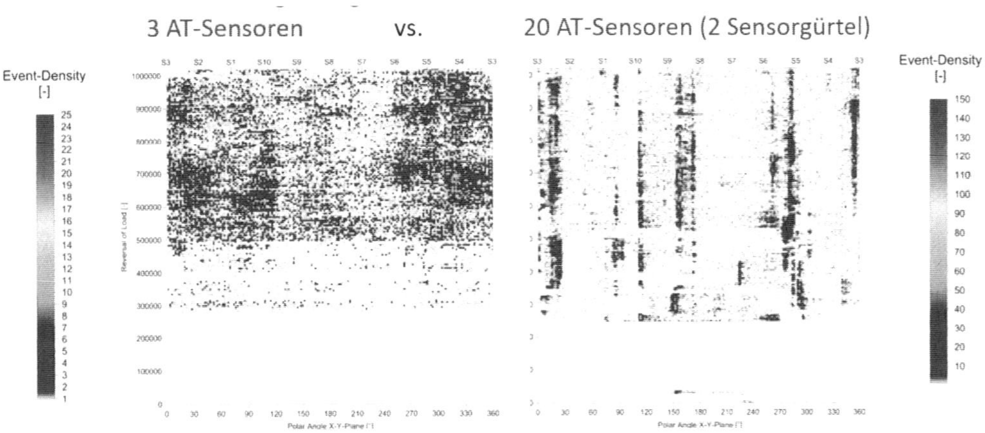

Abb. 5. AT-Daten im Parameterbereich zwischen 0 und 1.020.006 Lastwechseln über dem Winkel des Quellorts der Events in Polar-Koordinaten in Grad, farbkodiert: Anzahl der Events.

Zur Verifizierung der positiven Ergebnisse für den ersten beispielhaften Radtyp mit breiten steifen Speichen, aber auch zur genaueren Ermittlung der mindestens erforderlichen Anzahl an Sensoren und deren ideale Positionierung am Rad, wurde eine zweite Versuchsreihe mit einem weiteren Radtyp durchgeführt. Neben der Ermittlung der optimalen Sensoranzahl (1-, 3- oder 10-AT-Sensoren) stand auch die Anwendbarkeit der AT-Messung auf filigranere Raddesigns mit schmalen Speichen im Fokus. Die Applikation, bei der die AT-Sensoren mittels eines spannbaren Sensorgürtels (3- und 10-AT-Sensoren) um den Felgenring und mittels Joch auf der Speiche fixiert (1-AT-Sensor) wurden, war ähnlich robust wie bei der ersten Versuchsreihe mit breiten Speichen. Der Sensorgürtel mit 3- und 10-AT-Sensoren war dabei radschüsselnah zum Außenhorn fixiert, siehe Abbildung 6. Diese drei unterschiedlichen Sensorkonzepte waren an jeweils drei unabhängig voneinander arbeitenden AT-Prüfsystemen angeschlossen. Insgesamt wurden jeweils zwei AT-Messungen auf zwei unterschiedlichen Lastniveaus (3760 und 4512 Nm Biegemoment) durchgeführt. Die Drehzahl der BUP-Prüfmaschinen lag im Bereich von zirka 1500 U/min. Bei der 10 AT-Sensor-Variante ergab sich erwartungsgemäß ein signifikant deutlich höherer Instrumentierungsaufwand und ein sehr hohes Datenaufkommen im Vergleich zur 1- und 3-AT-Sensor-Variante.

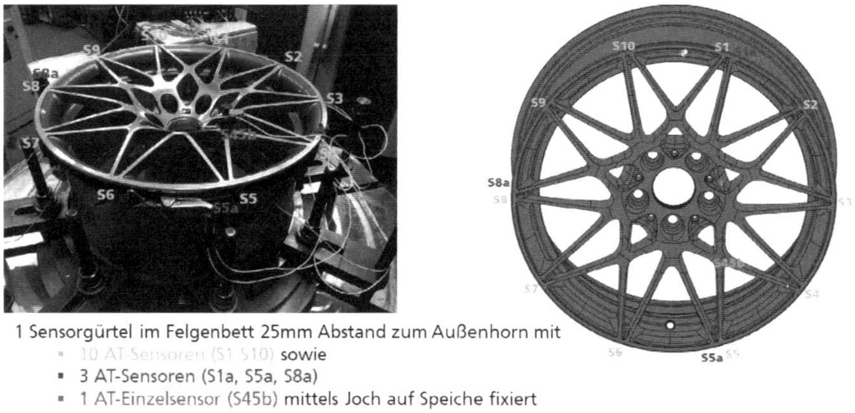

Abb. 6. Rechts: Sensorkonzepte für AT an Aluminium-Schmiederädern
links: Aluminium-Schmiederad mit schmalen Speichen auf BUP-Prüfstand

In Abbildung 7 sind die beiden Methoden der Prüfstandabschaltung mittels Schwingwegerhöhung und mittels AT-Sensorik gegenübergestellt. Die konventionelle Technologie der Prüfstandabschaltung über eine 10%-ige Schwingwegerhöhung führt zu einer ermittelten Ausfall-Lastwechsel-Zahl von ca. 675.000 Lastwechseln. Gegenüber der 1-AT-Sensor-Variante, bei der bei ca. 525.000 Lastwechseln ein deutlicher Signalanstieg eintritt, zeigten die Versuchsergebnisse mit 3 und 10 AT-Sensoren eine zeitlich deutlich frühere Detektion von Schallemissionssignalen (Hits) bei bereits ca. 125.000 – 150.000 Lastwechseln, die durch allererste Initialrisse, sogenannte Pittings, erzeugt werden, welche noch deutlich vor Erreichen einer Risslänge im Bereich von technischen Anrissen auftreten. Lastumlagerungen im Rad waren mit 10 AT-Sensoren, aber auch bereits mit nur 3 AT-Sensoren erkennbar.

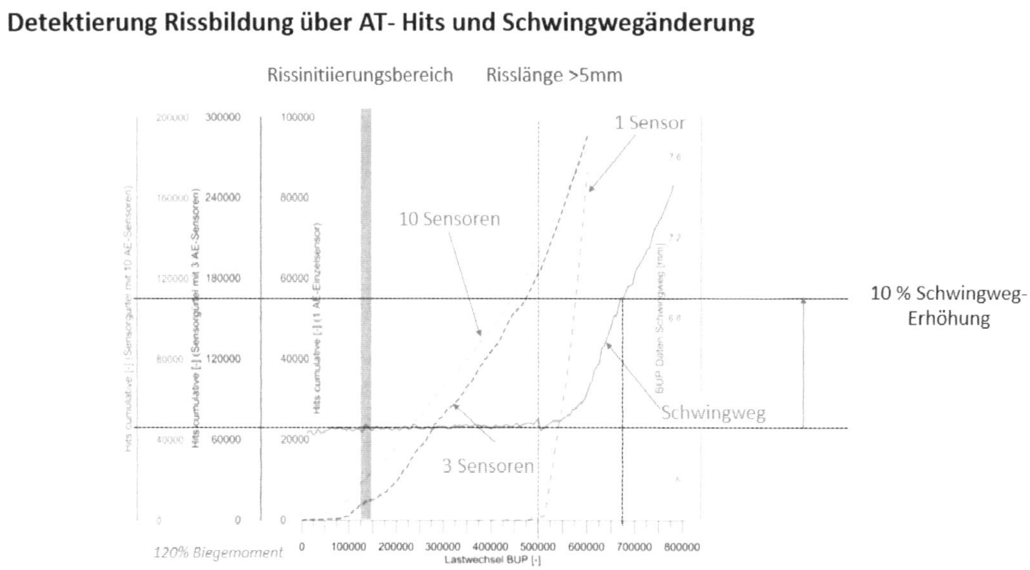

Abb. 7. Exemplarischer Vergleich AT-Hits für verschiedene Sensoranzahl-Konzepte über Lastwechselzahlen bei der BUP (120% Lastniveau) eines Aluminium-Schmiederades und Schwingweg des BUP-Stabes.

Für eine hinreichend genaue Generierung eines Abschaltsignales über Schallemissionsmessung für die BUP von Aluminium-Schmiederädern stellt somit eine Anzahl von 3 AE-Sensoren den bestmöglichen Kompromiss hinsichtlich einer handhabungsfreundlichen, wirtschaftlichen und präzisen Signalerzeugung dar (siehe Abbildung 8).

Vor- und Nachteile der angewendeten Sensorkonzepte

Kriterien	[illegible]	3-AE-Sensoren	20/10-AE-Sensoren
zuverlässige „frühzeitige Schadensindikation“	👎	👍	👍👍
Handling/Praktikabilität (Instrumentierung)	👍👍	👍	👎👎
Datenaufkommen (Menge, Speicher)	👍	👍	👎👎
Positionsabhängigkeit auf der Radgeometrie	👎👎	👍	👍👍
Lastumlagerungen im Rad abbildbar/erkennbar	👎👎	👍	👍👍
Σ	👎👎	👍👍👍👍👍	👍👍

Abb. 8. Zusammenfassende Bewertung der verschiedenen Sensorkonzepte hinsichtlich Handhabungsfreundlichkeit, Datenaufkommen, Positionsabhängigkeit und Wirksamkeit in Aluminium-Schmiederädern

Die Versuchsergebnisse belegen damit anschaulich, dass durch Einsatz der Schallemissionsprüfung mit mindestens 3-AT-Sensoren deutlich früher Riss-Indikatoren generiert und zu einer Prüfstandabschaltung genutzt werden können als dies durch die heute gängige, aber aufwändige visuelle Inspektion hinsichtlich Rissbildung mit Zwischenhalten in festen Intervallen oder durch die Messung der Veränderung des Schwingweges möglich ist.

Schallemissionsprüfung als prüfstandsbegleitendes Bewertungsverfahren für die Integrität und den Zustand von CFK-Rädern

Die Ableitung von restlebensdauerbezogenen AE-Größen ist nur am spezifischen Gesamtbauteil (Rad) möglich, da das Lastszenario die Schadensentwicklung bestimmt. In komplexen Bauteilen treten bei der Schadensentwicklung Lastumlagerungen auf, die wiederum zu Beanspruchungen in anderen Strukturbereichen führen, d.h. Ort und Zeit der Schadensentwicklung ist essenziell. Um den Schädigungsverlauf von CFK-Rädern zu erfassen, wurden quasi-statische Belastungstests mit Schallemissionsmessungen (AT) begleitet. Es erfolgten zyklische Versuche mit Laststeigerung und –abfall, wobei die Maximalkraft der Lastrampen stufenweise bis zum Bauteilversagen gesteigert wurde. Zwischen die Rampen mit zerstörenden Lasten waren Proof-Loads (1 kN bis 5 kN Rampen) zwischengeschaltet, um zu klären, ob sich die Änderungen in den Schallemissionsparametern nach zerstörenden Lasten auch bei Proof-Load-Belastung abzeichnen.

Im Unterschied zu metallischen Werkstoffen, bei deren Belastung Schallemissionen bis zum Überschreiten der vorangegangenen maximalen Belastung ausbleiben (Kaiser-Effekt) treten bei Verbundwerkstoffen signifikante Schallemissionsereignisse bereits bei einer Belastung unter der vorangegangenen Maximallast auf. Dieser als Felicity-Effekt

eingeführte Wirkmechanismus ist in der Hauptsache auf Reibungsvorgänge im vorgeschädigten Kompositmaterial zurückzuführen.
Der Hauptteil der bei Belastungstests beobachteten Burst-Ereignisse tritt erwartungsgemäß in den Phasen der Lastspitzen auf. Aus der bei den quasistatischen Tests pro Laststufe umgesetzten kumulativen Energie und dem Zeitpunkt der vor der vorherigen Maximallast einsetzenden Schallemissionen kann der Grad der Materialschädigung im jeweiligen Belastungszyklus abgeschätzt werden. Das Felicity-Verhältnis berechnet sich bei größer werdenden Lastrampen als Quotient von der Kraft, ab der beim Lastanstieg nennenswerte Schallemission auftrat, und der Maximallast des vorangegangenen Belastungszyklus. Im Ergebnis der quasistatischen Belastungstests zeigte sich, dass neben dem Felicity-Verhältnis die kumulierte Anzahl der georteten Schallereignisse bzw. die an den Quellort rückgerechneten Werte der kumulierten Burstenergie zur Erfassung des Schädigungsgrades der Struktur herangezogen werden können. Proof-Loads emittieren vergleichbare Schallemissionen in den geschädigten Zonen, wie während der schädigenden Lasten auftreten.

Während der schädigenden BUP können Ergebnisse der Schallemissionsanalyse den Ort und Art/Grad der Schadensentwicklung aufzeigen. Abbildung 9 zeigt den Messaufbau einer AT-Instrumentierung an einem Kompositrad.

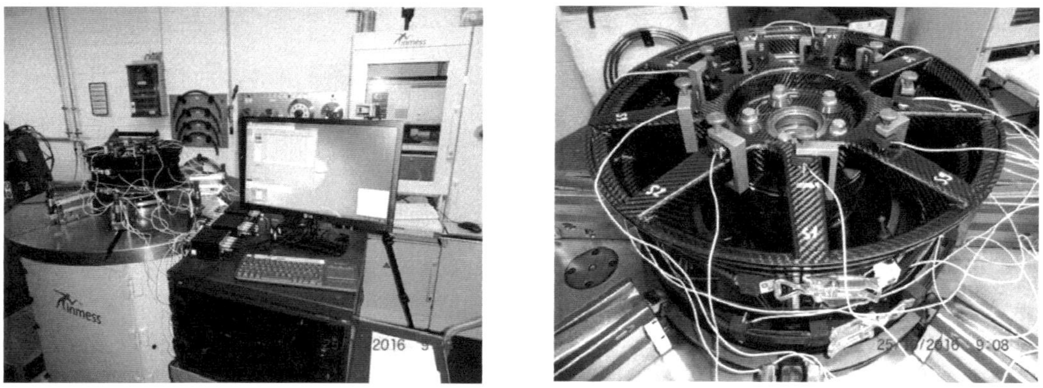

Abb. 9. Messaufbau AT während der BUP eines Komposit-Rads mit optimierten Winkel-Kopfstücken der Sensoren auf den Speichen und zwei Sensorgürteln im Felgenbett [5]

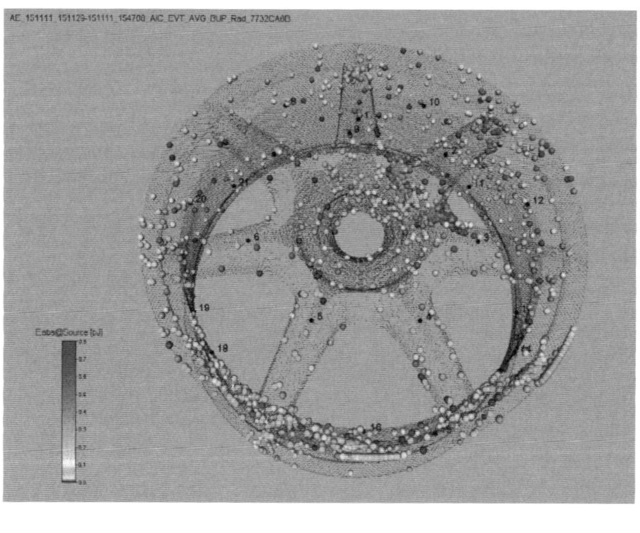

Abb. 10. AT während BUP mit zerstörenden Lasten am vorgeschädigten Kompositrad, Ortungsplot, farbcodiert: Burstenergie am Quellort [5]

Der Ortungsplot in Abbildung 10 zeigt, dass eine Schallemissionsmessung während der BUP mit zerstörenden Lasten am vorgeschädigten Kompositrad erfolgreich durchgeführt werden kann. Wichtig sind angepasste Filter- und Sortieralgorithmen. Die Verteilung der Burstenergie am Quellort weist auf die Bildung neuer Schäden an Stellen hin, die vorher gering geschädigt waren (Nabenanbindung Speiche 2).

Unterschiede zwischen vorgeschädigten und neuen Bauteilen sind vor allem in der Frequenzverteilung sichtbar. Die Gewichtete Vorzugsfrequenz der akustischen Burstsignale gibt auch bei Bauteiluntersuchungen Hinweise auf die Art der Schäden, Reibgeräusche und Delaminationen zeichnen sich durch niederfrequente Burstsignale < 100 kHz ab, Faserrisse oder Faser-Matrix-Debonding durch hochfrequente Signale mit Frequenzen >160 kHz. Im Unterschied zu den Coupon-Belastungsversuchen zeichnet nur ein Cluster im Frequenzbereich >160 kHz ab, der Indikationen auf Faserauszugs- bzw. Faserversagen gibt. Schallwellenanteile mit hohen Frequenzen werden an den Inhomogenitäten im Komposit stark gestreut. Aufgrund der deutlich längeren Laufwege im Bauteil, in Verhältnis zur Couponprobe, sind deshalb am Bauteil kaum faserrisstypische Frequenzen >220 kHz beobachtbar. In der im rechten Teil von Abbildung 11 dargestellten Verteilung der gewichteten Peak-Frequenz, in der die WPF der Burstsignale entsprechend der genannten Clustergrenze farbcodiert ist, zeichnet sich ein zunehmender Schädigungseintrag im Bereich niedriger WPF-Werte ab, initialisiert durch mehr Reibungsvorgänge. Der Verlauf des Felicity Ratio untermauert die Aussagen, ähnlich wie die Steifigkeit, ist jedoch nicht im Proof-Load Bereich anwendbar.

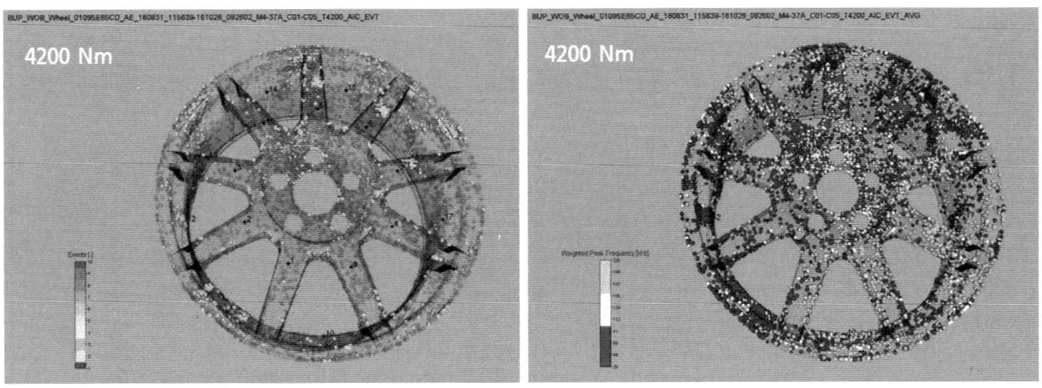

Abb. 11. Ortungsplots im Ergebnis der Schallemissionsprüfung am Kompositrad im Volllastbereich bis zum Versagen, Lasteintrag BUP 4200 Nm, mehrfach 80.000 LW; farbcodiert links: Anzahl georteter Ereignisse in den ca. 1 mm³ großen Voxeln, farbcodiert rechts: gewichtete Peak-Frequenz [5]

Bei nicht-zerstörender Belastung können die Ergebnisse der Schallemissionsanalyse im Rahmen von Steifigkeitstests den Ort und Art/Grad der Vorschädigung abbilden. Abbildung 12 erlaubt einen Vergleich zwischen den bei axialen und radialen 3 kN Belastungen des Rades (Ort der Lasteinleitung am jeweiligen Label) ermittelten Steifigkeiten und den bei diesen Belastungen auftretenden Schallemissionen. Teilweise sind sehr geringe Steifigkeitsänderungen im 0,4% Bereich zu beobachten, aber auch bis zu 10% zwischen geschädigten und ungeschädigten Speichen. Die Steifigkeitswerte korrelieren gut mit AT Parametern. Die Schallemissionsanalyse visualisiert bereits Schäden in Speiche 7, obwohl der dort ermittelte Steifigkeitswert relativ hoch ist, ein Mehrwert im Ergebnis der AT!

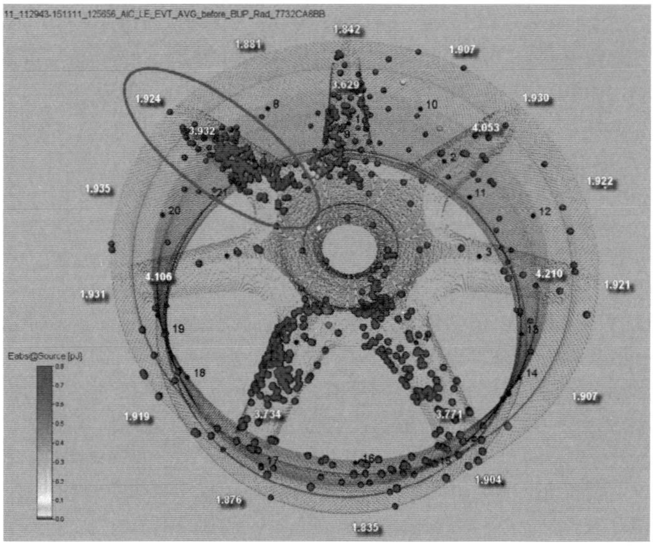

Abb. 12. AT bei nicht-zerstörender Belastung eines Kompositrads auf dem Steifigkeitsprüfstand, Ortungsplot, farbkodiert: Burstenergie am Quellort, Steifigkeiten in kN/mm im Ergebnis der axialen und radialen 3 kN Belastungen [5]

Es erfolgten Messkampagnen am Biegeumlaufprüfstand, um die Eignung der BUP, wiederholbar Proof-Loads einzubringen, zu testen. Die Auswertung der Versuche zeigte jedoch, dass der BUP-Prüfstand bei niedrigen Biegemomenten unterschiedliche Strukturbereiche anregt. Die Ergebnisse der Schallemissionsprüfung im Proof-Load-Bereich sind sowohl von dem angefahrenen Drehmoment (750, 1500 Nm) als auch vom Zeitpunkt innerhalb der eingestellten Lastspielzahl abhängig. UPM, Biegemoment und Auslenkung korrelieren linear. Niedrige Drehzahlen führen zu Schallemissionen im Nabenbereich und in spezifischen Speichenanbindungen, höhere Biegemomente regen stärker Felgenbett und Außenhorn an. Das in Abbildung 13 dargestellte Messbeispiel ist ein Beleg dafür, dass die BUP nicht zur reproduzierbaren Anregung von Proof-Loads geeignet ist und somit keinen Ersatz zum Steifigkeitsprüfstand bietet.

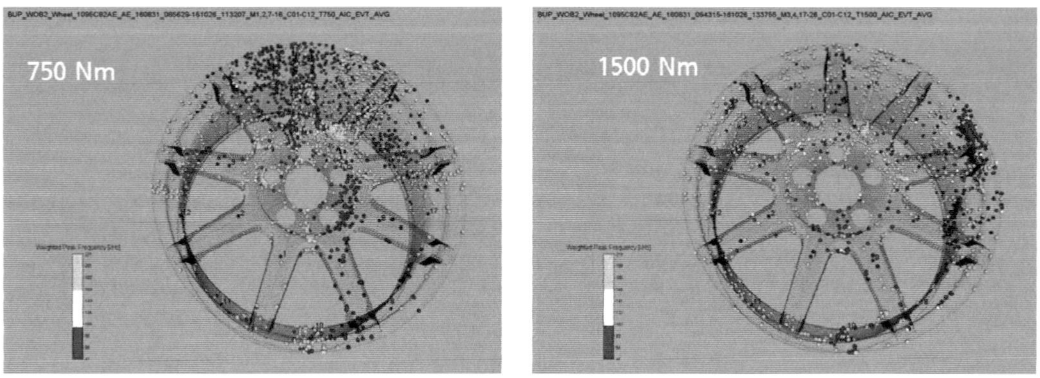

Abb. 13. Ortungsplots im Ergebnis der Schallemissionsprüfung am Kompositrad bei nicht-zerstörender Belastung, BUP 750 Nm (links) und 1500 Nm (rechts), jeweils 12-fach 5000 LW, farbcodiert: gewichtete Peak-Frequenz [5]

Fazit

Die Anwendung der Schallemissionsprüfung während der BUP kann sowohl für die Steuerung des Ermüdungsversuches als auch zur Strukturintegrität wichtige Zusatzinformationen liefern:

Unabhängig vom konkreten Sensorkonzept liefert die Schallemissionsprüfung (AT) zeitlich weit vor der schwingwegerhöhungs- bzw. drehzahländerungsbasierten Abschaltung der Biege-Umlauf-Prüfmaschine Burstsignale, die auf sich entwickelnde Strukturfehler im Rad zurückzuführen sind.

Die Ergebnisse der BUP begleitenden Versuche belegen zudem, dass mittels der Schallemissionsprüfung mit mindestens 3-AT-Sensoren - im Rahmen der Versuche im Felgenbett über einen Sensorgürtel angekoppelt - auch deutlich früher Schallemissionssignale detektiert wurden, bevor Risse durch eine visuelle Inspektion in den festgelegten BUP-Zwischenhalten nachweisbar waren. Somit bietet die Anwendung der AT im Auslegungsprozess neue und verbesserte Möglichkeiten für eine weiter verfeinerte Bauteilauslegung über eine optimierte Korrelation zwischen BUP-Prüfergebnissen und der Lebensdauervorhersage der Räder mittels FEM-Berechnung.

Zudem besteht die Möglichkeit mit AT lastinduzierte Lastumlagerungen im Rad während der BUP zu erkennen, wenn mindestens 3 AT-Sensoren während der Prüfung zum Einsatz kommen und eine Ortung der Signale erfolgt.

Referenzen

[1] Schulze, E.: Schallemissionsanalyse im Rahmen dynamischer Ermüdungstests von Faserverbundbauteilen, DGZfP, 19. Kolloquium Schallemission, Statusberichte zur Entwicklung und Anwendung der Schallemissionsanalyse, 12. – 13. September 2013, Augsburg

[2] Hönig, U., Holder, U., Pietzsch, A., Schulze, E., Frankenstein, B., Schubert, L.: Definition of requirements for reference experiments to determine and evaluate various damage mechanisms in fibre composites by acoustic emission, 19th World Conference on Non Destructive Testing, München, Paper, 2016

[3] K. Tschöke, T. Gaul, F. von Dungern und L. Schubert, „Integrierte Strukturüberwachung sicherheitsrelevanter Fahrzeugkomponenten aus kohlefaserverstärkten Kunststoffverbundwerkstoffen," in Smarte Strukturen und Systeme, M. Wiedemann und T. Melz, Hrsg., Shaker Verlag, 2017, pp. 63-72.

[4] E. Schulze, A. Pietzsch, L. Schubert, A. Ulbricht, Schallemissionsprüfung an einem neuartigen Leichtbau-Drehgestellrahmen aus Kohlenstofffaserverbundwerkstoff während statischer und dynamischer Ermüdungstests, DGZfP, 22. Kolloquium Schallemission und 3. Anwenderseminar Zustandsüberwachung mit geführten Wellen, 27. – 28. März 2019, Karlsruhe

[5] Holder, U.: Zerstörungsfreie Prüfung von Faserverbundwerkstoffen mittels Schallemissionsanalyse, Dissertation TU-Dresden, 2018

Anwendung der Schallemissionsanalyse zur Identifikation der Betriebsbedingungen von Strömungsmaschinen

Burkhard Ziegler
Technische Hochschule Mittelhessen, FB ME
Wiesenstr. 14, 35390 Gießen

burkhard.ziegler@me.thm.de

Kurzfassung Für den sicheren und ökonomischen Betrieb von Strömungsmaschinen sind fortlaufend Informationen über deren Betriebszustand notwendig. Die Schallemissionsanalyse als integrales Messverfahren bietet sich an, Betriebszustände, die sonst nur durch das Messen von mehreren physikalischen Größen (z.B. Volumenstrom, Druck) detektierbar wären, mit einem optimal positionierten Schallemissionssensor und geeigneten Auswertealgorithmen zu identifizieren. Die Untersuchung möchte einen Beitrag leisten, dies zu realisieren. Dazu werden an einem Kreiselpumpenprüfstand unterschiedliche, praxisübliche Betriebszustände gefahren und jeweils die hydraulischen Parameter mit der synchron gemessenen Schallemission verglichen und die Abhängigkeiten aufgezeigt.

1 Einleitung

Der Anteil der Kreiselpumpen an den elektromotorisch angetriebenen Systemen in der EU im Jahre 2012 belief sich nach Angaben des Bundesministeriums für Wirtschaft [1] auf 21,9 Prozent. Für den Antrieb von Pumpen entfielen im Jahr 2017 in Deutschland 12% (26TWh) des industriellen Stromverbrauchs [2]. Aufgrund der sehr großen Bedeutung für die Versorgungssicherheit und deren ökonomischen Betrieb ist die fortlaufende Überwachung der Pumpen angezeigt [3]. Auf der hydraulischen Seite sind dabei die Drücke im Saug- sowie im Druckstutzen der Pumpe als auch der jeweilige Volumenstrom von Interesse, Drehzahl, Drehmoment und Leistung hingegen auf der Antriebsseite. Smarte Zustandsüberwachungssysteme mit kontaktloser Datenübertragung und zentraler, automatischer Auswertung als Dienstleistung liegen im Trend [4]. Am aussagekräftigsten aber auch aufwendigsten ist die kontinuierliche Messung der hydraulischen Messwerte in Kombination mit Drehzahl und Antriebsleistung, wobei in bestimmten Anwendungsfällen, z.B. im Abwasserbereich, die Betriebssicherheit durch die mögliche Verschmutzung der Sensoren eingeschränkt ist. Abhilfe schafft hier die indirekte Erkennung der Betriebszustände durch die kontinuierliche, softwaretechnische Analyse der Betriebsparameter des Antriebsmotors, wie z.B. beim System Rag-Buster [5]. Strömungsmaschinen, wie die hier untersuchte Kreiselpumpe, arbeiten immer zusammen mit den unterschiedlichsten Rohrleitungsanlagen (Rohre, Behälter, Absperrorgane, etc.). Veränderungen der Charakteristik der Rohrleitungsanlage wirken sich direkt auf die Betriebsparameter der Pumpe aus, vice versa. Wie schon vom Autor untersucht, lässt sich das integrale Messverfahren Schallemissionsanalyse sehr gut zur Bestimmung der Betriebsbedingungen bei saugseitiger Drosselung (ΔH-3%, Kavitation) in Kreiselpumpen ohne direkten Kontakt mit dem Förderfluid, einsetzen [6]. Diese Untersuchung möchte das Wissen um die Abhängigkeiten der generierten Schallemission (SE) während der Zusammenarbeit von Pumpen und Rohrleitungsanlagen erweitern, wobei die Charakteristik beider Partner variiert wird. Dazu korreliert man die, je nach Betriebspunkt in verschiedenen Stärken, generierte SE mit den synchron gemessenen hydraulischen und mechanischen Werten von Pumpe und Antrieb. Die in den Untersuchungen gefundenen Zusammenhänge sollen die Basis für geeignete Auswertealgorithmen (KI, künstliche neuronale Netze) [7] bilden, die dann in einer höheren Programmiersprache implementiert und praktisch einsetzbar gemacht werden.

2 Versuchsaufbau

2.1 Kreiselpumpenprüfstand

Die Versuche wurden im Labor für Technische Fluidmechanik und Strömungsmaschinen des Instituts für Mechanik und Materialwissenschaften der THM, Campus Gießen durchgeführt. Der verwendete Prüfstand verfügt über einen geschlossenen Wasserkreislauf, siehe Abb. 1. Ausgehend vom vertikalen Vorratsbehälter wälzt eine Kreiselpumpe (KSB, 80-250) Wasser durch verschiedene Rohrleitungen und Absperrorgane um. Die Zulaufhöhe des Wassers zur Pumpe lässt sich über den Wasserstand im Behälter einstellen. Die hydraulischen Messwerte können mittels Volumenstrommessgeräte (CMD, MID) und Drucksensoren in der Saug- und Druckleitung bestimmt werden. Der Antrieb der Pumpe erfolgt durch einen drehzahlgeregelten E-Motor, Drehzahl und Antriebsdrehmoment werden kontinuierlich erfasst. Eine software-gesteuerte, mehrkanalige Anlage (Ahlborn AMR ES 5590-N1) erfasste die Messwerte synchron, mittelte sie über 3 Sekunden und transferierte die Daten anschließend zur Verarbeitung und Speicherung an einen Messrechner.

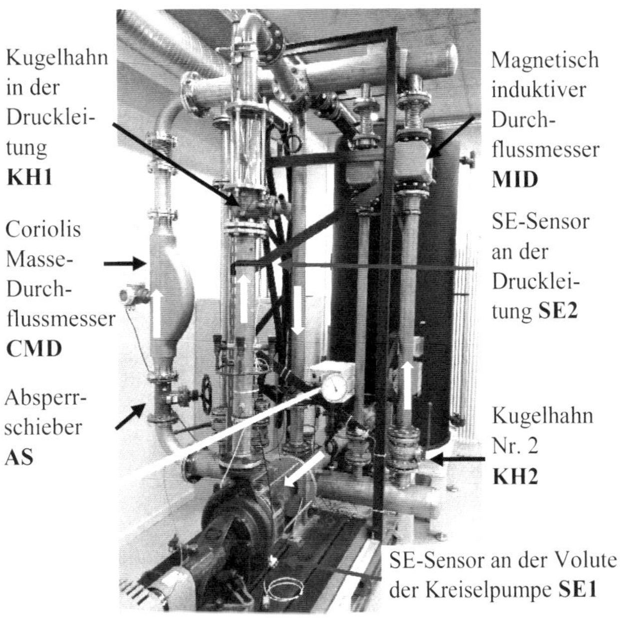

Abb. 1. Kreiselpumpenprüfstand mit den jeweiligen Strömungsrichtungen ⇨ und dem verwendeten Messequipment

2.2 Schallemissionsmessung

Die generierten Schallemissionen wurden mit zwei identischen Messketten der Fa. Mistras detektiert. Jede Messkette bestand aus einem WD-Breitbandsensor, einem Vorverstärker (26dB) und einem 1283-USB-AE Node™ Modul. Die Software AEwin™ for USB diente der Steuerung der USB-AE Node Module sowie der Datenspeicherung, -verarbeitung und –darstellung [8]. Folgender Hardware-Setup wurde bei beiden Kanälen verwendet: Auflösung 16Bit, feste Triggerschwelle 25dB, Bandpass 20kHz bis 1MHz, Abtastrate 5MSPS. Time

Driven Channel Data: RMS. Time Driven Rate: 50ms. Die Betriebspunkte wurden jeweils über 10s abgetastet. Die Berechnung der Mittelwerte erfolgte mit der AEwin statistics Funktion.

Eine vorhandene Fläche auf der Außenseite des Spiralgehäuses dient der Positionierung des SE1-Sensors, der die RMS-Volute Werte liefert, siehe Abb. 2. Dazu wurde die Gussoberfläche eingeebnet und eine Andruckvorrichtung für den Sensor auf diese geklebt. Die Vorrichtung besteht aus einen kreisringförmigen Grundkörper aus Aluminium (d_a= 38mm, d_i = 20mm, Höhe = 8mm) mit drei M5 Gewindelöcher. Über eine kreisförmige Druckplatte mit Schaumstoffeinlage und 3 Kunststoffschrauben mit je einer Druckfeder wird der SE-Sensor auf die Volutenoberfläche angepresst.

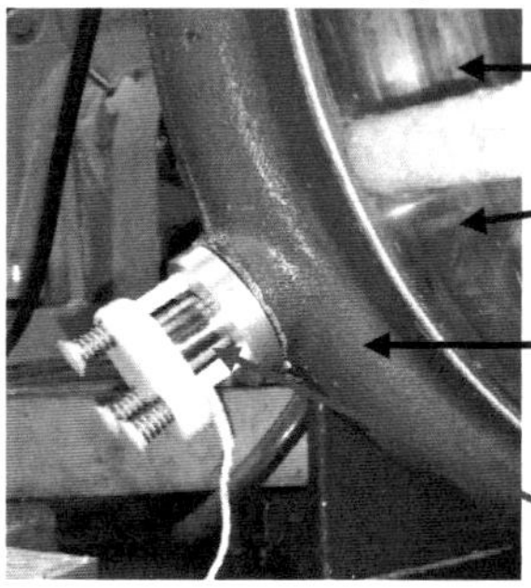

Abb. 2. Position und Fixierung des SE1-Sensors an der Volute der Kreiselpumpe

Der Sensor SE2, der die Schallemissionswellen für die Berechnung der RMS-Druckleitung Werte detektiert, wurde an der Oberfläche des Druckrohres der Kreiselpumpe positioniert. Der vertikale Abstand zum Druckstutzen der Pumpe beträgt 0,75cm. Die akustische Verbindung zwischen dem Druckrohr und dem Druckstutzen der Pumpe ist durch eine Schicht (t=10mm) Pertinax® getrennt. Der SE-Sensor wurde mittels Spannband und einem Koppelstück auf die Rohroberfläche gepresst. Das speziell angepasste Koppelstück dient zur Anpassung der zylindrischen Rohroberfläche an die plane, sensitive Fläche des SE2-Sensors und steigert so die Empfindlichkeit der Messung, siehe Abb. 3 [9]. Als Koppelmittel wurde dünnflüssiger Bienenhonig –nicht kristallisiert– eingesetzt. Er ermöglichte die dämpfungsarme Weiterleitung der generierten SE-Signale zwischen allen beteiligten Kontaktflächen während dieser Untersuchung.

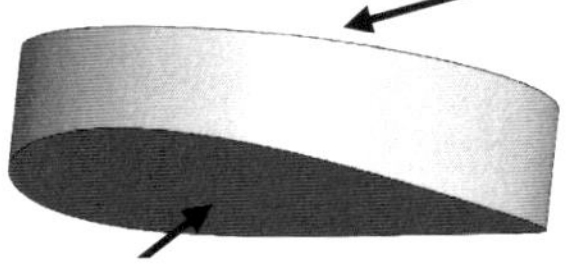

Abb. 3. Zur Erreichung konformer Flächenkontakte wurde ein spezielles Koppelstück aus Aluminium (da = 19mm) angefertigt.

3 Durchgeführte Versuche

Um möglichst viele, der in der Pumpen-Praxis vorkommende Betriebsbedingungen abzubilden, wurden drei grundsätzlich unterschiedliche Versuchsabläufe gefahren.

3.1 Reduzierung der Pumpendrehzahl

Die Variation der Drehzahl führt zu Änderung des von der Pumpe generierten Volumenstroms und der Förderhöhe. Die sogenannte Anlagenkennlinie beschreibt die Abhängigkeit der jeweils von der Pumpe zu kompensierenden Druckverlusthöhe über den gesamten möglichen Volumenstrombereich. Dazu wird die maximale Drehzahl der Pumpe ($n_{Pumpe,\ max}$ = 1402min^{-1}) eingestellt, die Messwerterfassung gestartet und anschließend die Drehzahl langsam und kontinuierlich bis zum Stillstand reduziert. Das geförderte Wasser strömt dabei nacheinander durch die beiden vollständig geöffneten Kugelhähne KH1 und KH2, den Durchflussmesser MID und dann zurück in den Tank. Der Volumenstrom durch die Rohrleitungsanlage verringert sich dabei proportional zur Pumpendrehzahl. Die Druckverlusthöhe zeigt eine im Mittel quadratische Abhängigkeit vom Volumenstrom. Die ins Wasser abgegebene hydraulische Leistung ($P_{hydr.}$) ist ebenfalls in Abb. 4 dargestellt. Beide RMS Verläufe zeigen ähnliche Abhängigkeiten vom Volumenstrom, wobei sich die an der Volute der Kreiselpumpe gemessenen Schallemissionswerte stärker mit dem Volumenstrom erhöhen als die an dem der Pumpe folgenden Druckrohr gemessenen.

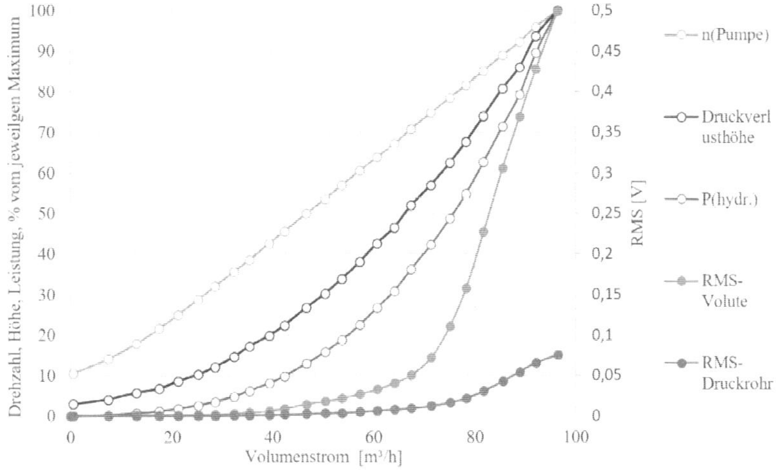

Abb. 4. Drehzahlreduzierung vom Maximum bis zum Stillstand. Die RMS-Verläufe zeigen ähnliche Abhängigkeiten vom Volumenstrom. Wobei an der Volute insgesamt viel höhere Werte gemessen wurden.

3.2 Senkung der Zulaufhöhe

Die Zulaufhöhe zur Pumpe bezieht sich auf deren Laufradmitte und somit auf die Rohrleitungsachse der Ansaugleitung und die Mitte des Tankstutzens. Sie wurde durch schrittweises Ablassen des Wassers aus dem Tank reduziert. Die Ergebnisse dieses Versuches sind in Abbildung 5 dargestellt. Die Pumpendrehzahl blieb dabei konstant auf 1402 min^{-1}.Auf die Darstellung des Verlaufs der RMS-Druckleitung wurde verzichtet, da dieser sich nur wenig von den RMS-Volute Werten unterscheidet. Von 2m auf 0,3m Zulaufhöhe sinkt der Volumenstrom und der Druck am Ausgang der Pumpe jeweils nur um ca. 5%. Der saugseitige statische Druck um ca. 15%. Der Verlauf der gemessenen RMS-Werte an der Volute korreliert hier am besten mit dem Verlauf statischen Druckes p(s) am Saugstutzen der Kreiselpumpe. Ab einer Zulaufhöhe von 0,3m (Blau hinterlegter Bereich in Abb. 5) wird

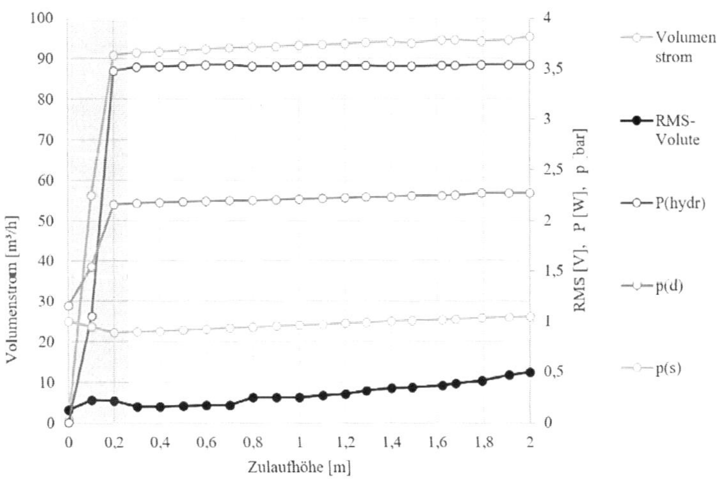

Abb. 5. Verlauf der gemessenen Werte beim Senken der Zulaufhöhe. Die RMS-Werte sinken mit der Zulaufhöhe. Ab 0,3m wird wieder deutlich mehr SE generiert, die Pumpe zieht hier Luft.

wieder deutlich mehr Schallemission generiert. Aufgrund der jetzt ungenügenden Überdeckung zwischen der freien Wasseroberfläche und der Auslassöffnung wurden Oberflächenwirbel, sogenannte „luftziehende Wirbel“, im Tank provoziert. Dieser instationäre Vorgang führt zu einer diskontinuierlichen Wasserförderung und damit verbundenen Schwingungen in der Pumpe. Bei null Zulaufhöhe steht das Wasser nur noch bis zur Mitte des sich konstant drehenden Pumpenlaufrads, dies führt -wie im Diagramm eingezeichnet- zu entsprechend wenig Schallemission (0,15V). Läuft das Wasser vollständig aus dem Saugstutzen ist nur noch eine geringe Menge im Laufrad und im untersten Bereich des Spiralgehäuse vorhanden (sogenannter Trockenlauf), der RMS-Wert sinkt dann auf 17mV. Im Stillstand der Pumpe wurden nur noch ca. 25 Prozent dieses RMS-Wertes gemessen. Die letzten beiden Werte sind aus Gründen der Übersichtlichkeit nicht in Abb. 5. eingezeichnet.

3.3 Druckseitige Drosselung

Mit jeweils einem der drei druckseitigen Absperrorgane (KH1, KH2, AS) wurde der Volumenstrom der Pumpe (Drehzahl = 1402 min^{-1} = konstant) kontinuierlich vom Maximum bis auf Null gedrosselt. Die Abbildungen 6 bis 8 zeigen die dabei gemessenen Verläufe beider RMS-Werte jeweils pro Absperrorgan. Die in Abb. 6 eingetragene Drosselkurve (Förderhöhe vs. Volumenstrom) gilt für alle Abbildungen des Kapitels 3.3.

3.3.1 Drosselung mittels Kugelhahn in der Druckleitung der Kreiselpumpe

Speziell im Volumenstrombereich zwischen 20m³/h und 60m³/h tritt starke Kavitation im Kugelhahn KH1 auf, welche entsprechend starke Schallemissionen generiert, siehe Abb. 6. Aufgrund der kurzen Distanz zur Pumpe (1m) wird dadurch auch der RMS-Volute Wert beeinflusst, siehe dazu auch [10,11]. Der Absperrschieber AS war hierbei vollständige geschlossen, der Kugelhahn KH2 vollständig geöffnet. Der eingetragene Verlauf der Förderhöhe ist typisch für eine radiale Kreiselpumpe und wird hauptsächlich aus den gemessenen Druck- und Geschwindigkeitsdifferenzen zwischen den Saugstutzen und Druckstutzen der Pumpe berechnet [12]. Ohne Durchfluss beträgt der RMS-Wert an der Druckleitung der Kreiselpumpe 0,015V, die hier gemessene Schallemission stammt aus der Pumpe und wird hauptsächlich durch die Reibung und Verwirbelung des Wassers in und auf dem Pumpenlaufrad generiert. Bei 95m³/h wird ein nur fünffach höherer Wert gemessen, da ein voll geöffneter Kugelhahn strömungstechnisch mit einem einfachen Rohrstück gleichgesetzt werden kann, d.h. die durchströmte Querschnittsfläche bleibt konstant.

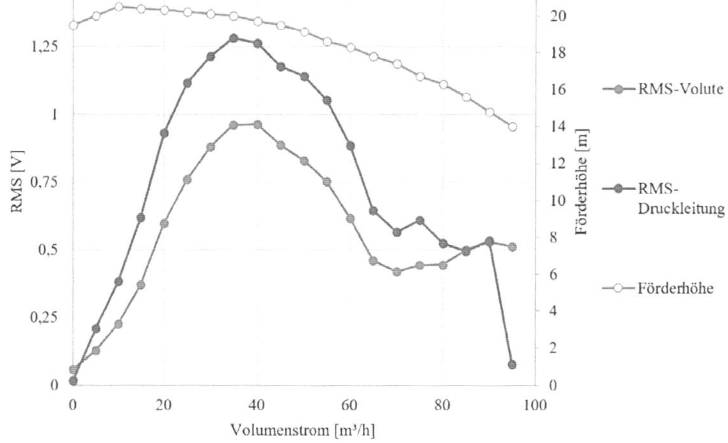

Abb. 6. Druckseitige Drosselung mittels Kugelhahn KH1. Es sind die Verläufe der Förderhöhe der Pumpe, der RMS-Volute und RMS-Druckleitungs Werte jeweils versus dem Volumenstrom dargestellt.

3.3.2 Drosselung mittels Kugelhahn KH2

Die Kugelhähne KH1 und KH2 sind baugleich und generieren jeweils die selbe Kavitationsstärke in Abhängigkeit vom Durchfluss. Trotzdem wirkt sich diese beim KH2 nicht erkennbar auf die RMS-Druckleitungs Werte aus, siehe Abb. 7. Dies läßt sich durch die Schwächung der SE-Signale aufgrund der großen Rohrleitungslänge von ca. 4,5m zwischen KH2 und SE2 erklären. Der Verlauf der RMS-Volute Werte zeigt hier demnach nur die in der Kreiselpumpe generierte Schallemission. Der Kugelhahn KH1 war vollständig offen der Schieber AS vollständig geschlossen.

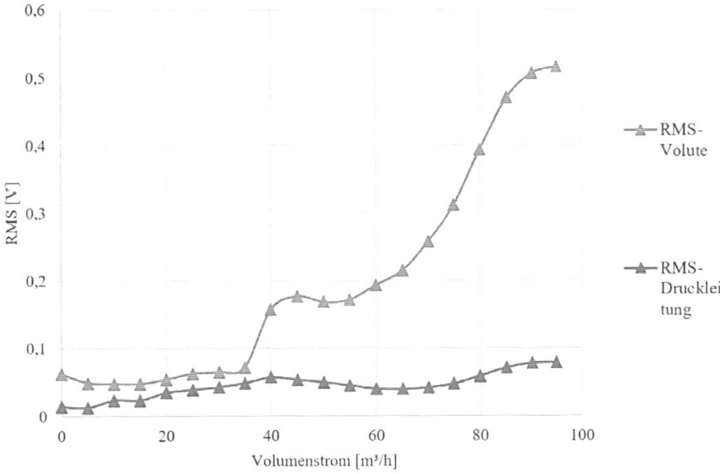

Abb. 7. Druckseitige Drosselung mittels Kugelhahn KH1. Verlauf der Werte RMS-Volute und RMS-Druckleitung

3.3.3 Drosselung mittels Absperrschieber

Auch bei der Drosselung mittels des Absperrschiebers zeigt sich keine nennswerte Beeinflussung der RMS-Volute Werte, siehe Abb. 8. Der Abstand zwischen dem AS und dem SE2 beträgt hier 5,2m. Die RMS-Verläufe sind fast identisch mit den in Abb. 7 dargestellten. Nur im Volumenstrombereich zwischen 5m³/h und 40m³/h sind geringe Unterschiede beim Verlauf RMS-Druckleitung feststellbar. Dies deutete auf ein anderes Strömungs- und Kavitationsverhalten von Absperrschiebern im Vergleich zu dem von Kugelhähnen hin und sollte noch näher untersucht werden. Das Wasser strömte hier von der Pumpe durch den voll geöffneten Kugelhahn KH1 zum Absperrschieber AS, dann durch den Coriolis Masse-Durchflussmesse CMD zur Bestimmung des Volumenstroms und zurück in den Vorratsbehälter. Der Kugelhahn KH2 war vollständig geschlossen.

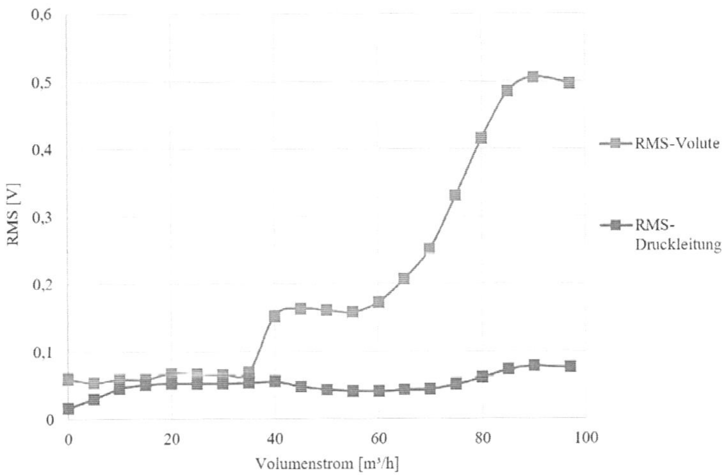

Abb. 8. Verlauf der Werte RMS-Volute und RMS-Druckleitung bei druckseitige Drosselung mittels Absperrschieber

3.3.4 Vergleich der RMS-Verläufe der verschieden druckseitigen Drosselarten

Die Auswirkungen der verschieden Drosselmöglichen auf den RMS-Wert der Volute sind – zur besseren Vergleichbarkeit– in Abb. 9 zusammengefasst. Der Einfluss der Kavitation im Kugelhahn KH1 ist deutlich zu erkennen. Bei der Drosselung des Volumenstroms separiert sich der entsprechende RMS-Volute Verlauf ab 80m³/h deutlich von den RMS-Volute Verläufen der beiden anderen Absperrorgane (KH2 und AS), die nahezu identisch sind. Dessen Maximum bei 40m³/h ergibt sich in erster Näherung aus der im Kugelhahn generierten hydraulischen Leistung zur Erzeugung des Druckverlustes. Bei vollständiger Drosselung des Volumenstroms entstehen in keinem der Absperrorgane Strömungs- oder Kavitationsgeräusche, deshalb sind hier die RMS Werte identisch. Einzig durch das sich weiter mit konstant 1402min^{-1} drehende Pumpenlaufrad wird hier noch nennenswert Schallemission generiert.

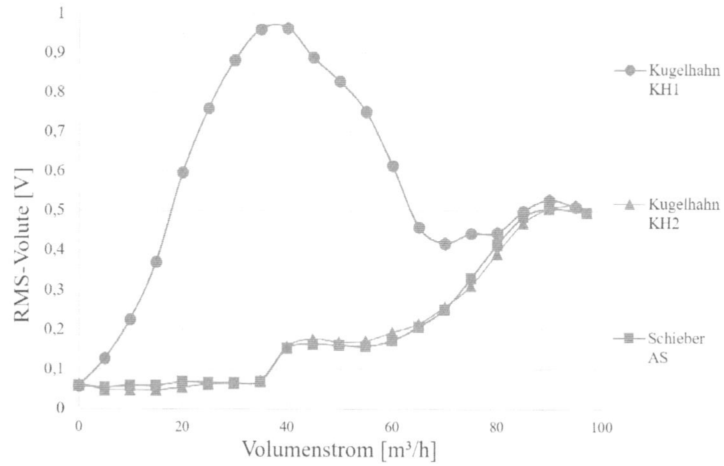

Abb. 9. Vergleich der Auswirkungen der verschiedenen druckseitigen Drosselarten auf den RMS Wert der Volute.

4 Ergebnisse und festgestellte Abhängigkeiten

Die Versuche ergaben jeweils typische RMS-Verläufe (RMS-Volute, RMS-Druckleitung), die im direkten Vergleich aber deutliche Unterschiede zeigten.

Nur bei der Senkung der Zulaufhöhe zur Pumpe waren beide nahezu identisch, siehe Kap. 3.2. Zu erklären ist dies damit, dass hierbei der Volumenstrom nicht durch eine Drehzahländerung oder eine Drosselung realisiert wird, sondern durch die strömungstechnisch weit unkritischere Absenkung der Zulaufhöhe. Ein Trockenlaufen der Pumpe macht sich durch einen charakteristischen leichten Anstieg gefolgt von einem starken Abfall der RMS Werte an der Volute bemerkbar.

Zwischen Volumenstrom und Pumpendrehzahl besteht proportionale Abhängigkeit, aber zwischen den RMS-Werten und dem Volumenstrom eine exponentielle, siehe Abb. 4. Eine direkte Abhängigkeit zwischen den RMS-Werten und der Drehzahl wurde nicht festgestellt. Eine indirekte Beeinflussung besteht natürlich über den sich ändernden Volumenstrom.

Bei druckseitiger Drosselung hat die Distanz des Absperrorgans zur Pumpe einen sehr großen Einfluss. Die Absperrorgane erzeugen den gewünschten Druckverlust durch die Einschnürung des Strahlquerschnittes, was letztlich zu Strömungs- und Kavitationsgeräuschen führt. Bei gleicher Kavitationsstärke führte ein Abstand von einem Meter zur Pumpe zu einer sehr starken Überlagerung der von der Pumpe generierten Schallemission, bei einem Abstand von größer 4m zu keiner Überlagerung, siehe Abb. 9. Die Verläufe RMS-Volute bei einer Drosselung in ausreichendem Abstand (Kap. 3.3.2 und 3.3.3) zeigen demnach nur die in der Pumpe generierte Schallemission an.

5 Zusammenfassung und Ausblick

Pumpen und Rohrleitungsanlagen arbeiten immer zusammen im jeweiligen Betriebspunkt. Änderungen der Anlagenparameter beeinflussen immer auch die Pumpenparameter, vice versa. Es konnte versuchstechnisch nachgewiesen werden, dass dabei jeweils charakteristische RMS-Verläufe generiert werden. Untersucht wurden die folgende Einflüsse:

- Reduktion der Pumpendrehzahl
- Senkung der Zulaufhöhe des Wassers zur Pumpe
- Druckseitige Drosselung
    - mit unterschiedlichen Abständen des Absperrorgans zur Pumpe
    - mit unterschiedlichen Absperrorganen (Kugelhähne und Schieber).

Der Zusammenhang zwischen generierter Schallemission und der Pumpenhydraulik ist in weiteren Versuchen noch zu klären. Dazu wären weitere identische Schallemissionssensoren verteilt an der Oberfläche der Volute hilfreich. Ebenso könnte weitere Positionen an der Rohrleitungsanlage instrumentiert werden, um den Einfluss der verschiedenen Einbauten (Bögen, plötzliche Rohrrichtungsänderungen, Sammler, Wellenrohrkompensatoren, usw.) auf die Schwächung der Schallemissionssignale zu erforschen. Eine Wiederholung der Untersuchung in anderen Frequenzbereichen und mit anderen Sensorcharakteristiken ist geplant. Kreiselpumpen anderer spezifischer Drehzahl (Laufradform) und Leistung stehen für weitere Experimente bereit.
Die in den Untersuchungen gefundenen Zusammenhänge sollen in ein smartes Monitoringsystem für hydraulische Strömungsmaschinenanlagen auf Basis der Schallemissionsanalyse einfließen.

6 Referenzen

[1] Bundesministerium für Wirtschaft, https://www.bmwi.de/Redaktion/DE/Dossier/energieeffizienz.html, Zugriff 01/21.

[2] Deutsche Energie-Agentur (dena), *Energieeffizienz in kleineren und mittleren Unternehmen*, Stand 12/15, www.dena.de, Zugriff 01/21.

[3] Werner, R., *Störungstolerantes Sensorsystem zur Zustandsüberwachung rotordynamischer Pumpen*, Dissertation im Fachbereich Elektrotechnik und Informationstechnik der TU Darmstadt, 2011.

[4] ABB, *Condition Monitoring für Pumpen*, Ability Smart Sensor, www.abb.de/smartsensor, Zugriff 01/21.

[5] Herborner-Pumpen, https://www.herborner-pumpen.de/de/info/aktuelles/news/rag-buster-fuer-befreiten-pumpenlauf-bei-abwasserfoerderung-10/, Zugriff 01/21.

[6] Ziegler, B. *Bestimmung der Betriebsbedingungen saugseitig gedrosselter Kreiselpumpen mittels Schallemissionsanalyse*, 18. Kolloquium Schallemission, Wetzlar 2011.

[7] Lämmel, U., Cleve, J., *Künstliche Intelligenz –Wissensverarbeitung, Neuronale Netze–*, 5. Auflage, E-Book-ISBN 978-3-446-46363-9, Hanser-Verlag, 2020.

[8] USB-AE Node™ & AEwin™ for USB™ Software Users's Manual, Mistras Group Inc, USA, 2010.

[9] Ziegler, B., Dudzik, K., *An overview of different possibilities to master the challenge of coupling an AE-sensor to an object of interest partly using examples of previous investigations,* Journal of KONES Powertrain and Transport, Vol. 26, No. 1 2019.

[10] Ziegler, B., Pöllhuber, D., *Vergleich der Ergebnisse aus SE-Messungen und synchron bestimmten hydraulischen Parametern an einem Absperrorgan mit denen der numerischen Simulation*, 22. Kolloquium Schallemission und 3. Anwenderseminar Zustandsüberwachung mit geführten Wellen, Karlsruhe 2019.

[11] Dudzik, K., Ziegler, B., *The possibility of application the acoustic emission method for monitoring flow of water within a ball valve,* Journal of KONES Powertrain and Transport, Vol. 23, No. 4 2016.

[12] Gülich, J.-F., *Kreiselpumpen -Handbuch für Entwicklung, Anlagenplanung und Betrieb*, 4. Auflage, ISBN 978-3-642-40032-2 (eBook), 2014.

Luftgekoppelte Ultraschallanalyse bis zu 1 MHz von metallbasierten additiven Fertigungsprozessen

Georg KANIAK[1], Ryan SOMMERHUBER[1], Fabian LÜCKING [1], Balthasar FISCHER[1]
[1]XARION Laser Acoustics GmbH, Ghegastrasse 3, A-1030, Vienna, Austria, Österreich

Kontakt E-Mail: g.kaniak@xarion.com

Kurzfassung

Lasertechnologien gewinnen für die metallbasierte additive-Fertigung zunehmend an Bedeutung durch ihre Vorteile hinsichtlich Geschwindigkeit und Größe der Werkstücke. Diese Prozesse verlangen nach Methoden der Prozessüberwachung um Abweichungen von den Prozessparametern oder Fehlerbilder frühzeitig zu erkennen. Die Überwachung von Ultraschallemissionen bietet sich hier an, da nicht nur die Laserprozessemission selbst, sondern auch Rissbildungen im Werkstück erfasst werden können. Für die vorliegende Arbeit wurde das optische Mikrofon der Firma XARION eingesetzt, dessen Bandbreite von 1 MHz in Luft die Analysemöglichkeiten gegenüber herkömmlichen Sensoren deutlich erweitert. Die Prozessüberwachung soll in diesem Beitrag anhand zweier Fallbeispiele, einerseits Laserauftragsschweißen (Laser Metal Deposition, LMD), andererseits Pulverbettschweißen (Powder Bed Fusion, PBF) demonstriert werden.

Das Prinzip des optischen Mikrofons basiert auf der Messung der optischen Brechungsindexänderung von Luft durch die Schallwelle. Der Effekt wird mit einem starren Fabry-Pérot gemessen, somit weist das optische Mikron keinerlei bewegte Teile auf. Aus diesem Grund entfällt, anders als bei herkömmlichen Mikrofonprinzipien, eine Feder-Masse System mit den damit verbundenen Bandbreitenbeschränkungen, was einen enormen Frequenzumfang von 1 MHz in Luft ermöglicht. Damit ist es möglich in Bereiche vorzudringen, die bisher berührenden Körperschallsensoren oder Laservibrometern vorbehalten waren.

Die Fallstudie zu LMD wurde in Kooperation mit dem spanischen Institut AIMEN durchgeführt. Dabei wurden verschiedene Stähle auf Grundplatten unterschiedlicher Materialien aufgetragen. Das Ziel war Rissbildung während sowie auch nach dem Prozess zu detektieren. Die akustische Messung wurde sowohl mit Röntgenbildern als auch mit Wirbelstrommessungen verglichen. Es konnte gezeigt werden, dass Ultraschallsignale über 350 kHz mit Rissbildung korrelieren.

Die zweite Fallstudie zu PBF zielte neben Rissbildung auch auf zusätzliche Fehlerbilder ab. Wiederum konnte gezeigt werden, dass der Prozess Emissionen im hohen Ultraschallbereich bis 600 kHz aufweist, die wertvolle Informationen enthalten. Beispielsweise konnte Kontamination der Oberfläche mit unerwünschten Partikeln detektiert werden, ebenso wie ein fehlender Pulverauftrag. Auch in diesem Fall wurde Rissbildung durch markante hochfrequente Signale im Spektrogramm identifiziert

Luftgekoppelte Ultraschallanalyse bis zu einem MHz von metallbasierten additiven Fertigungsprozessen

DGZfP Seminar Schall 21, 24. Februar 2020

Dr. Georg Kaniak, Ryan Sommerhuber, Dr. Fabian Lücking, Dr. Wolfgang Rohringer, Dr. Balthasar Fischer

g.kaniak@xarion.com

XARION Laser Acoustics GmbH

xarion laser acoustics

Inhalt

1. **XARION und das Prinzip des optischen Mikrofons**

xarion laser acoustics 2

XARION ...moving sounds without moving parts

- Gegründet 2012
- Hauptgesellschafter: H.-P. Porsche
- TRUMPF investierte 2016
- Vorsitzender des Beirats: Prof. T.W. Hänsch, Nobelpreisträger Physik
- Mitarbeiter: 31

xarion laser acoustics 3

Das weltweit erste Mikrofon ohne bewegte Teile

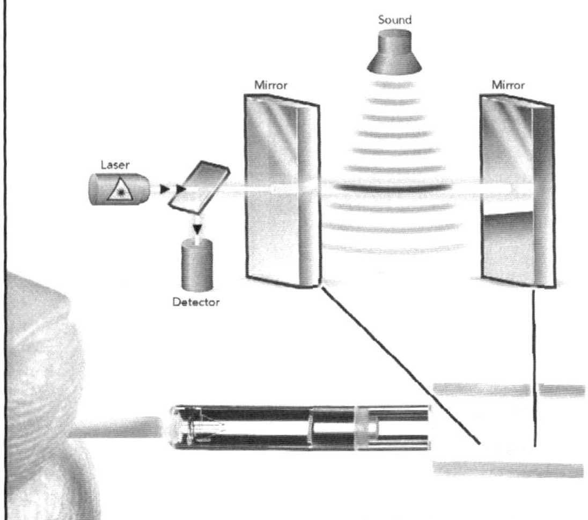

Arbeitsprinzip

- Schalldruck beinflusst die Lichtgeschwindigkeit
- XARION nutzt diesen Effekt um Schall zu messen
- Ein Laserstrahl wird zwischen zwei Spieglen reflektiert
- Die Intensität des reflektierten Lichts ist proportional zum Schalldruck

xarion laser acoustics 4

Optisches Mikrofon und Datenerfassung

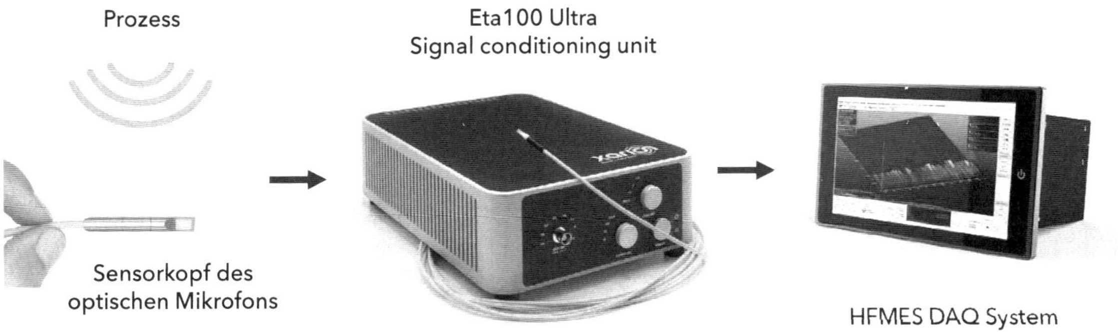

xarion laser acoustics 5

Inhalt

2. **Fallbeispiel: Laserauftragsschweißen**

xarion laser acoustics 6

Grundlagen der Ultraschallemission durch Laser-Metall-Interaktion

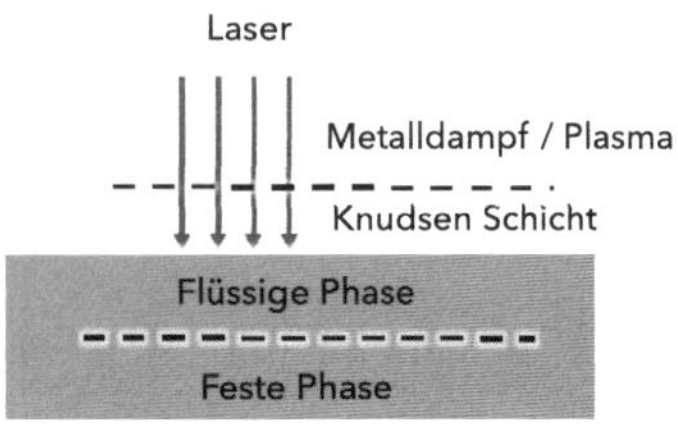

Murray TW, Wagner JW (1998) Thermoelastic and ablative generation of ultrasound: source effects. Rev Prog Quant Nondestruct Eval 17:619-625.

Quelle für Körperschall
Spannung an der Materialoberfläche

$$\tau_{33} = \frac{I_p^2}{\rho[L + C(T_V - T_0)]^2}$$

Spannung an der Materialoberfläche
Ip ... Laser Intensität
L ... Latente Verdampfungswärme
Tv ... Siedetemperatur
T0 ... Umgebungstemperatur

Ready JF (1971) Chapter 4 - laser-Induced particle emission. In: Ready J.F.B.T.-E. of H.-P.L.R. (ed) Academic, pp 127-211.

Quelle für Luftultraschall
Emission von Metalldampf / Plasma + thermische Schockwelle

Zeitskala für Abkühlung (ΔT: mehrere 1000 °C) durch Wärmetransport ins Material: ~ 200 ns

→ Breitbandige Luftultraschallemission

Gusarov A.V., Gnedovets A.G., Smurov I. (2000) Gas dynamics of laser ablation: Influence of ambient atmosphere. In: J. Appl. Phys., Vol 88, 7

- Sowohl im Material als auch in der Luft werden Ultraschallsignale erzeugt
- Diese Signale weisen eine hohe akustische Bandbreite auf
- Daher liefert auch für eine berührungslose Prozessüberwachung ein breitbandiger akustischer Sensor zusätzliche Prozessinformation

xarion

7

Laserauftragsschweißen: Signalerfassung

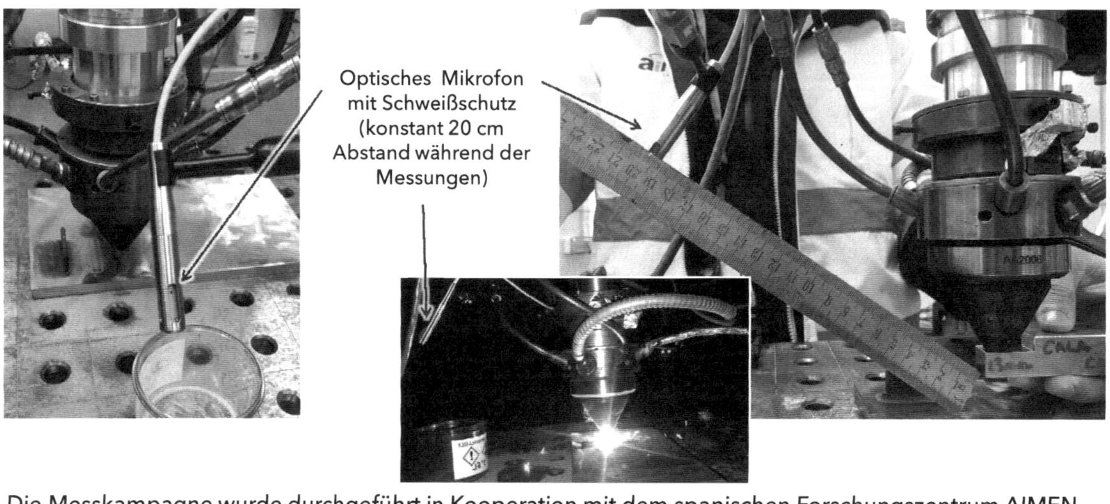

Die Messkampagne wurde durchgeführt in Kooperation mit dem spanischen Forschungszentrum AIMEN
(ASOCIACION DE INVESTIGACION METALÚRGICA DEL NOROESTE, www.aimen.es)

xarion

8

Laserauftragsschweißen: Ungestörtes Signal

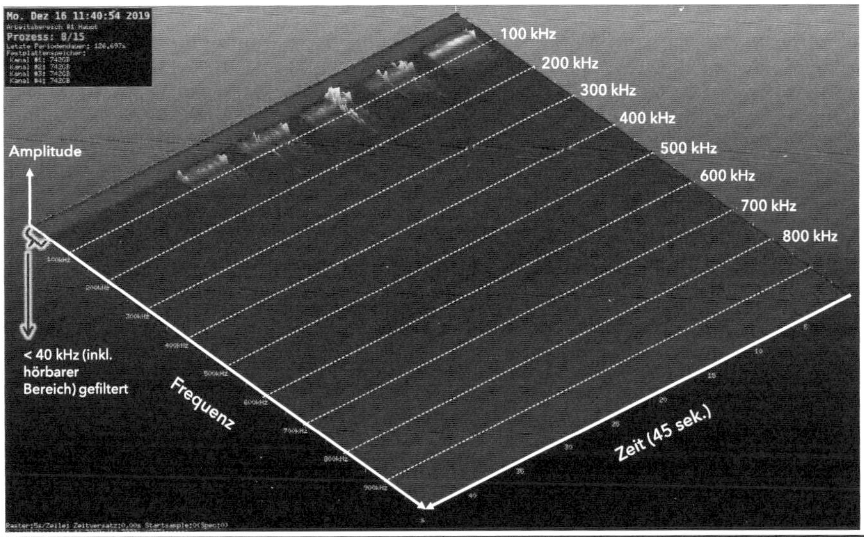

- Akustik des Standardprozesses
- Durchgehende Emissionen bis 200 kHz sowie breitbandige Emissionen sichtbar

xarion laser acoustics 9

Laserauftragsschweißen: Rissbildung

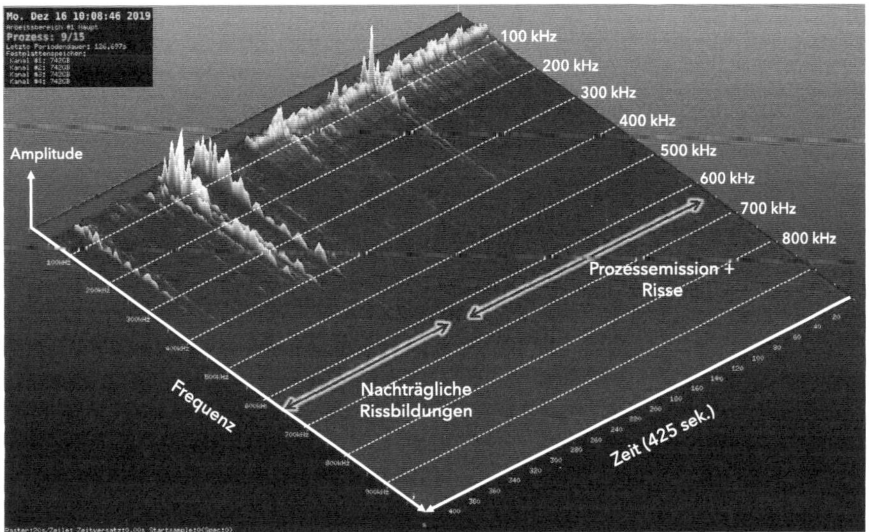

- Akustik des Standardprozesses (Stainless Steel 316L)
- Durchgehende Emissionen bis 200 kHz sowie breitbandige Emissionen sichtbar

xarion laser acoustics 10

Laserauftragsschweißen: Rissbildung Detailansicht

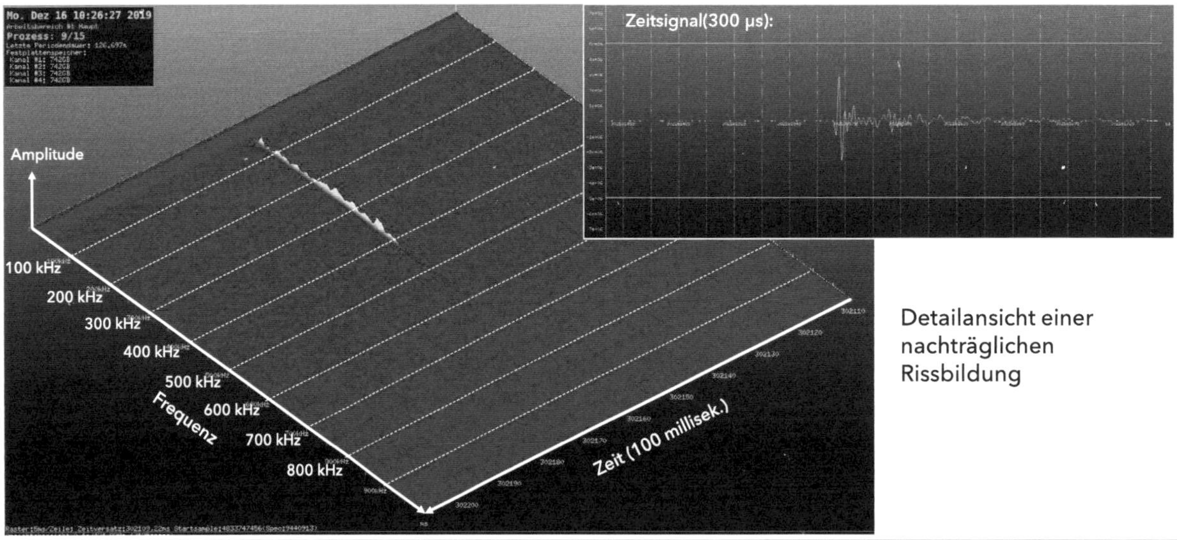

Detailansicht einer nachträglichen Rissbildung

Laserauftragsschweißen: Rissbildung Spektrum

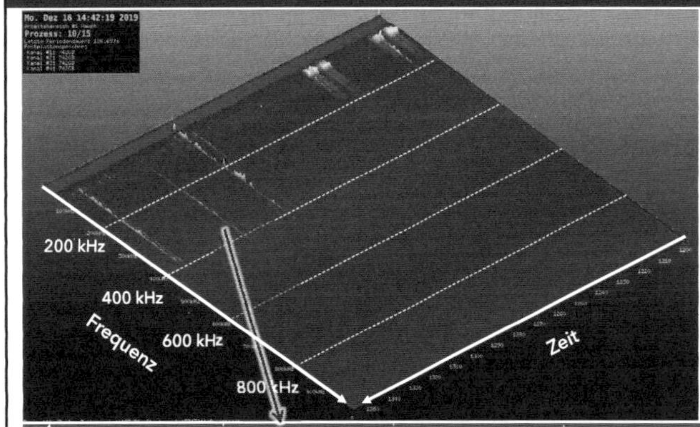

Akustische Energie der Rissbildung überwiegend im **hohen Frequenzbereich**

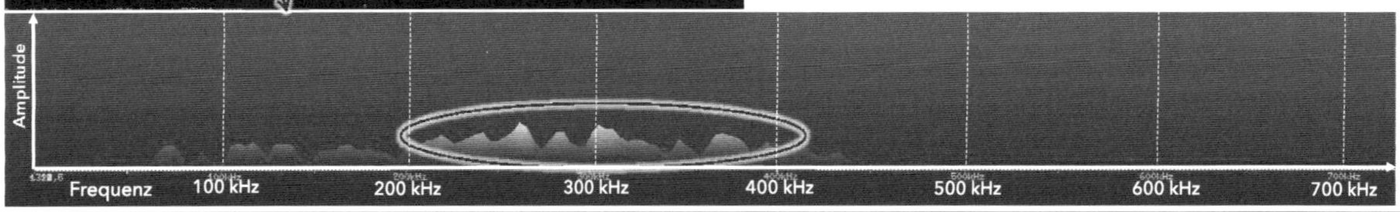

Content

3. **Fallbeispiel: Powder Bed Fusion**

Powder Bed Fusion: PBF Prozess erzeugt breitbandigen Ultraschall

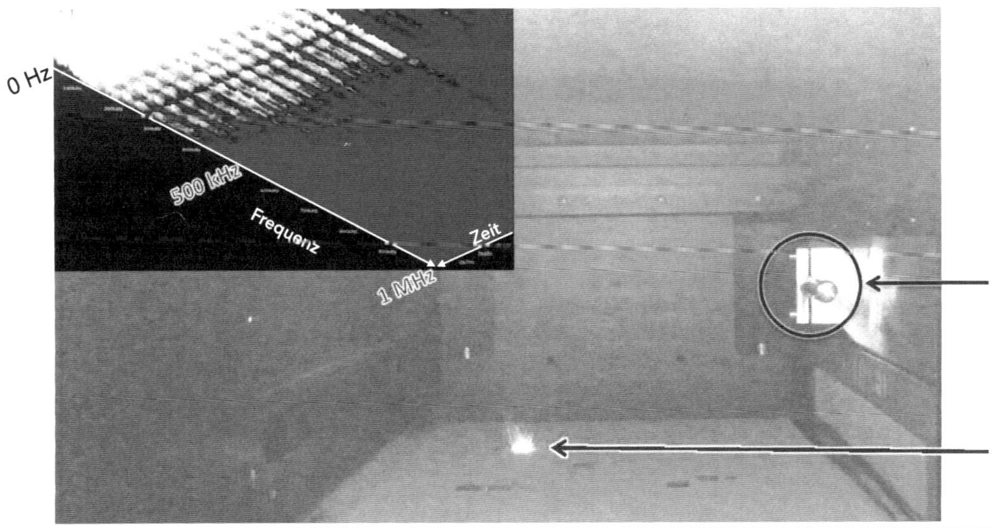

Powder Bed Fusion: Kontamination der Oberfläche

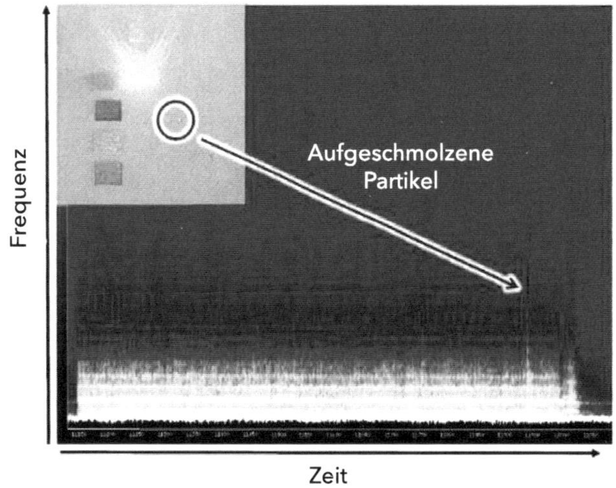

- Partikel auf der Oberfläche erzeugen breitbandige Ultraschallsignale
- Das Fehlerbild kann im Spektrogramm robust detektiert werden

xarion laser acoustics 15

Powder Bed Fusion: Rissbildung

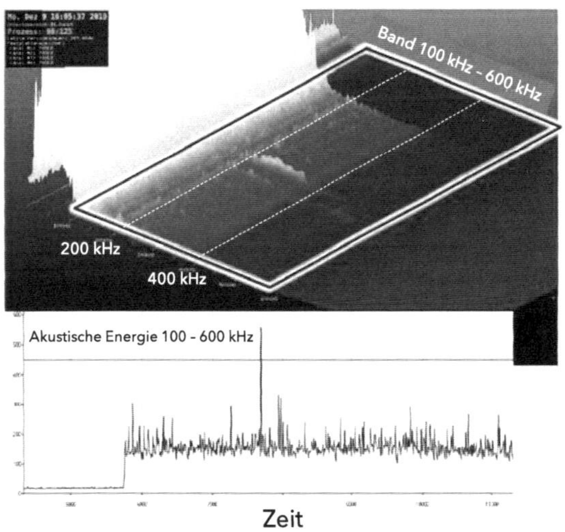

- Die Rissbildung erzeugt ebenfalls breitbandige Ultraschallemissionen
- Durch Auswertung der akustischen Energie im Bereich 100 - 600 kHz kann ein robustes Kriterium zur Erkennung des Fehlerbildes etabliert werden

xarion laser acoustics 16

Powder Bed Fusion: Inhomogener Pulverauftrag

Fehlerbild:
Das Pulver wurde nicht homogen aufgetragen - einige Stellen sind nicht bedeckt

Pulver | Kein Pulver

Thermischer sensor (optisch)

Optisches Mikrofon (akustischer Sensor)

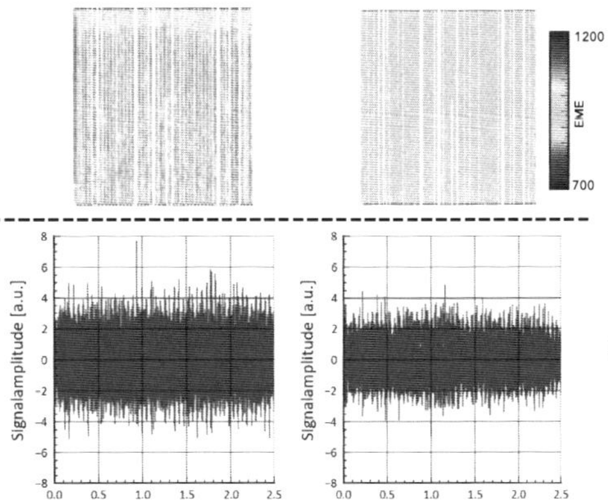

t [sek.] | t [sek.]

7% Abfall der Amplitude

24% Abfall der Amplitude

xarion laser acoustics 17

Powder Bed Fusion: Fokuslage

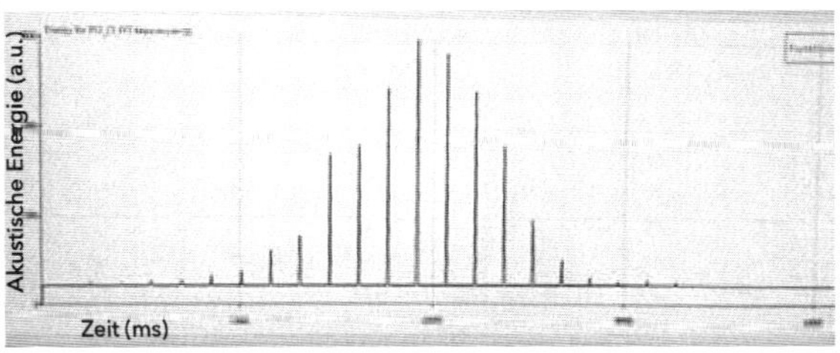

Verlauf der akustischen Energie

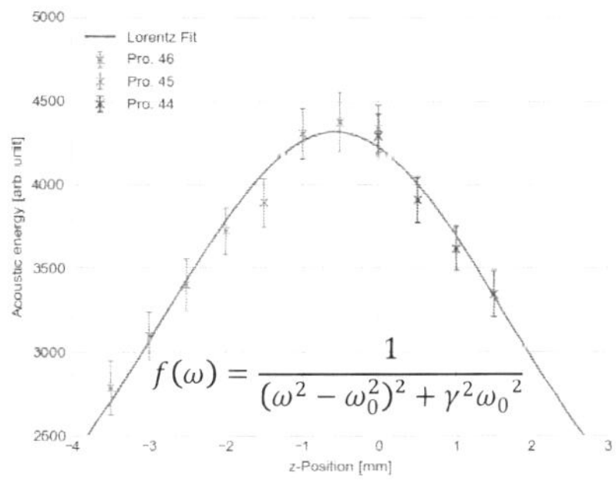

Fokusvariation: Lorentz Fit der akustischen Energie

- Durch den Fit der Lorentzkurve kann die optimale Fokusposition des Lasers bestimmt werden
- Die Auswertung hoher Ultraschallbänder erhöht die Robustheit der Methode

xarion laser acoustics 18

Content

4. **Zusammenfassung und Ausblick**

xarion laser acoustics 19

Ausblick: Maschinelles Lernen

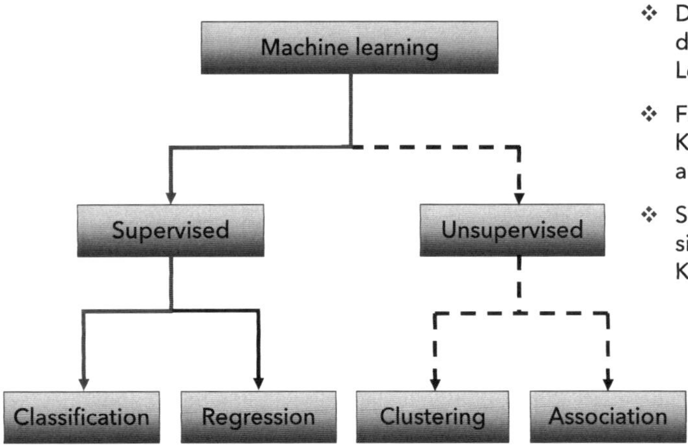

- Die Bandbreite des optischen Mikrofons erweitert die Möglichkeiten hinsichtlich maschinellen Lernens
- Für eine große Klasse an Problemen sind die Koeffizienten der FFT als Feature-Vektoren ausreichend
- Selbst bei einer moderaten Anzahl an Messungen sind mit Methoden wie Support Vector (SVM) Klassifizierungen möglich

xarion laser acoustics 20

Zusammenfassung und Ausblick

- Es wurde die robuste Erkennung von Fehlerbildern durch Auswertung der Ultraschalemission demonstriert. Dazu zählen:
  - Rissbildung
  - Oberflächenkontamination
  - Inhomogene Pulververteilung
- Insbesondere die große Bandbreite des Optischen Mikrofons schafft neue Möglichkeiten der akustischen Prozessüberwachung
- Auch über additive Fertigung hinaus ist das Verfahren zur Überwachung verschiedener Laserbearbeitungsprozesse geeignet, etwa:
  - Laserschneiden
  - Laserschweißen

Eta250 Ultra

HFMES DAQ System

xarion laser acoustics 21

Ende

Vielen Dank

für Ihre Aufmerksamkeit!

Kontakt: g.kaniak@xarion.com

Eta250 Ultra

HFMES DAQ System

xarion laser acoustics 22

When AE (Acoustic Emission) meets AI (Artificial Intelligence) for wear states and loading conditions detection

Pushkar DESHPANDE [1], Vigneashwara PANDIYAN [1], Rowena CROCKETT[1], Kilian WASMER [1]
[1] Swiss Federal Laboratories for Materials Science and Technology (Empa), Feuerwerkerstrasse 39, CH - 3602 Thun, Switzerland

Contact E-Mail: kilian.wasmer@empa.ch

Abstract. Wear is a type of surface damage commonly observed in industrial components in relative motion and in contact with other solid surfaces. The majority of wear occurs progressively in a given contact starting from an initial running-in period followed by a steady-state period. Being able to accurately classify the running-in and steady-state periods allow reducing significant production or damage costs of complex machines, in particular when the load varies during operation. Production cost can be addressed by optimizing the running-in time. In contrast, significant damages can takes place if the machine are of set to full production capacity before the running-in time is finished. To address these two problems, we use a real-time monitoring system to differentiate between running-in and steady-state periods as well as classify the loading conditions simultaneously based on AE signals using a multi-label Convolutional Neural Network (CNN).

Reciprocating sliding tests are performed at two loads (200 and 500 g). The tribopair used is a steel ball sliding against steel plates under dry conditions. The tribotest is divided into two different states, running-in and steady-state based on the obtained friction curves. A pico-acoustic sensor is attached on the steel plate's surface, the fix body, to acquire AE signals during the friction test. Raw AE signals are processed and directly analyzed using a multi-label CNN to simultaneously classify the running-in and steady-state periods as well as the loading conditions. This machine learning method accurately classifies the running-in and steady-state as well as the loading conditions with a 99% average accuracy.

Introduction

To save money and energy, industries need to optimize the wear states of particular tribo-systems [1]. The majority of the friction-related mechanical contact processes consist of an initial running-in period (friction coefficient fluctuates as initial wear occurs due to large surface contact) even in lubricated conditions followed by a steady-state period (where the friction coefficient remains more or less constant until failure) [2,3]. The running-in is a complex period at the beginning of the friction process, which is often expensive from an industrial point of view. This period can be time-consuming (the machine is not operating at full capacity) or difficult to identify along with the other wear states [2,3]. Therefore, identifying the transient between the running-in and steady-state stages allows saving significant production time and minimize the risk of damage. In other words, being able to accurately determine this running-in period in situ, without having to stop the machine and in a non-destructive way, will significantly reduce the cost for the industries. Productivity can be increased by being able to have full production capacity earlier. Also, in many complex machines, the load is not fixed. In these machines, the procedure to perform the running-in is based on experience and often, to minimize the risk of damage, is much longer than necessary [4]. This approach has two major drawbacks. Firstly, if the running-in is achieved before the end of the procedure, there is a loss of productivity of the machine. Second, there is no guarantee that the running-in is finished at the end of the procedure. In such cases, putting the machine at full capacity would lead to severe damage. To address both problems, there is a need to have a monitoring system able to differentiate between running-in and steady-state. However, monitoring the running-in of machines with variable loads is complex and not addressed in the literature. Hence, this study is supplement to and enrichment of existing studies on running-in diagnosis associated with potential damage and is the goal of this contribution.

Acoustic Emission (AE) is a powerful non-destructive tool to monitor and examine material behavior in different friction-related processes; e.g. tool wear and abrasive belt grinding [4,5]. In moving mechanical systems, acoustic waves are mainly related to high frequency elastic waves generated from the materials subjected to stresses [6,7]. Under such conditions, AE sensors detect the high frequency elastic waves and convert them into electric signals [9]. For industrial applications, various types of AE sensors can be coupled with the stationary counterpart. The sensor output is amplified through a low noise pre-amplifier, filtered to remove noise. Besides, AE signals can be processed and analyzed to gain insights into the physics of friction processes [9,10]. AE has been used to monitor various types of wear such as scuffing, rolling contact fatigue, abrasive wear [11-13].

Large amounts of AE data are generated even for a short duration tribotest. The most important data related to the process physics is only 1-2 % of the signals. Thus, AE has been used with various machine learning (ML) methods such as Convolutional Neural Network (CNN), Support vector machine (SVM), Logistic regression for real-time monitoring of mechanical wear processes [14–19]. In these studies, features related to specific tribological behaviors such as cracks initiation, propagation, wear states are extracted from the AE signals. These extracted features are the inputs of the ML algorithms during the training operation. The ML algorithms then use these features to detect, classify, and predict those behaviors or the remaining lifetime of a component [21]. In this work, the raw AE signals (instead of extracted AE features) are fed directly into a multi-label CNN to simultaneously classify the wear states – running-in and steady-state – and the loading conditions.

Experimental Setup

Tribotests were conducted on a High Frequency Reciprocating Rig (HFRR) from PCS instruments. It has a computer controlled ball-on-plate reciprocating system used to assess the performance of lubricants and materials under lubricated and non-lubricated conditions. It can operate under low stroke length mode (characteristic of fretting wear) or high stroke length mode (abrasive wear), depending on the amplitude used during testing.

The tribotests were carried out for a duration ranging between 15 and 20 mins at 30°C. In this study, the amplitude selected to induce wear was 200 μm, which corresponds to the high stroke length mode. The stroke frequency was 200 Hz giving a maximum velocity of 40 mm/s. Two applied loads of 200 g and 500 g, approximately 2 N and 5 N, respectively, were selected to simulate different loading wear states. Hence, the theoretically estimated maximum Hertzian contact pressures in these contacts were 826 MPa and 1'122 MPa. The tests was repeated at least two times to ensure the reproducibility.

The tribo-pair consisted of a ball sliding against a plate in dry condition. The body and counter-body were made of the same material, an AISI 52100 steel (100Cr6). The elastic moduli were also identical with a value of 210 GPa. The ball had a diameter of 6 mm with a roughness *Ra* of 15 ± 5 nm. The plate had dimensions of 15 x 7 x 2 mm with a roughness *Ra* of 20 ± 5 nm.

A standard Vallen acquisition system was used to record the AE signals in a continuous mode during the friction experiment's complete duration. A commercially available pico-miniature sensor (PICO HF-1.2), lightweight AE broadband sensor purchased from Physical Acoustics was employed to acquire the AE data from the friction test. This sensor was fixed directly on the stationary steel plate to minimize signal losses. The sensor has a broadband frequency response ranging from 500 to 1'850 kHz. The Vallen system consists of a bandpass filter which filters the undesired generated in the signals. The sampling rate used is 2 MHz. The distance between the sensor and the sliding contact was 1-2 cm. We use this experimental configuration as it is known from the literature that mechanical wear mechanisms such as abrasive wear occurs in the frequency range of 500 – 1'000 KHz [12]. The experimental setup used for the tribotest and the AE sensor is shown in Fig. 1.

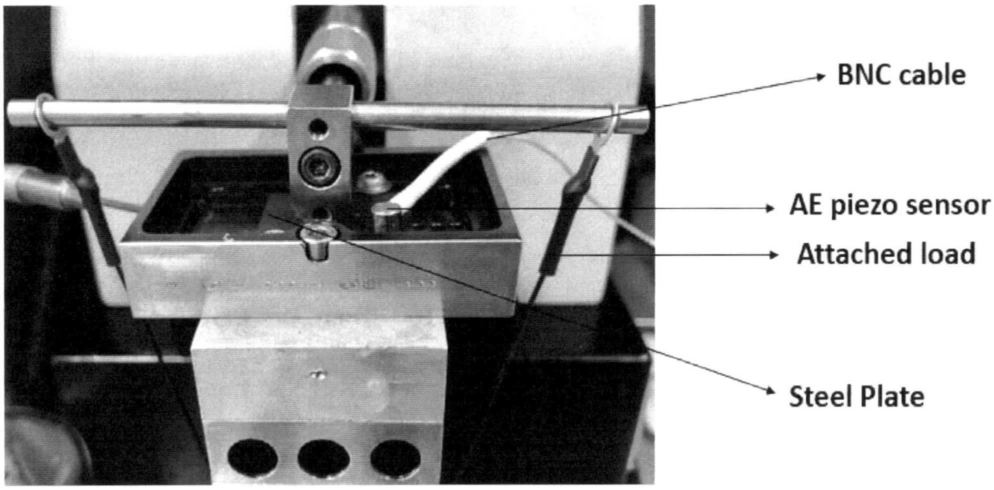

Fig. 1. HFRR (high frequency reciprocating rig) for fretting / abrasive wear test from PCS Instruments UK.

Results and Discussions

Typical friction curves for a steel ball sliding against a steel plate at loads of 200 g and 500 g are shown in Fig. 2. From this figure, it is observed that the average friction coefficients for both experiments are similar and in the range of 1. Furthermore, the friction curves can be divided into two major wear states – initial running-in followed by a steady-state. For the 200 g load experiment, the friction coefficient increases rapidly up to a value of 1.6 before decreasing until the steady-state is reached after around 100 s. The running-in behavior of the 500 g load is significantly different. It does not have a peak value, but increases to the steady-state plateau after approximately 40 s. The majority of the wear occurs in the running-in period due to severe solid-solid contact and removal of the material from the surface of both bodies. After the running-in, the wear and friction coefficient becomes more or less stable in the steady-state period. During this period, abrasive wear occurs continuously so that the amount of wear increases steadily [22].

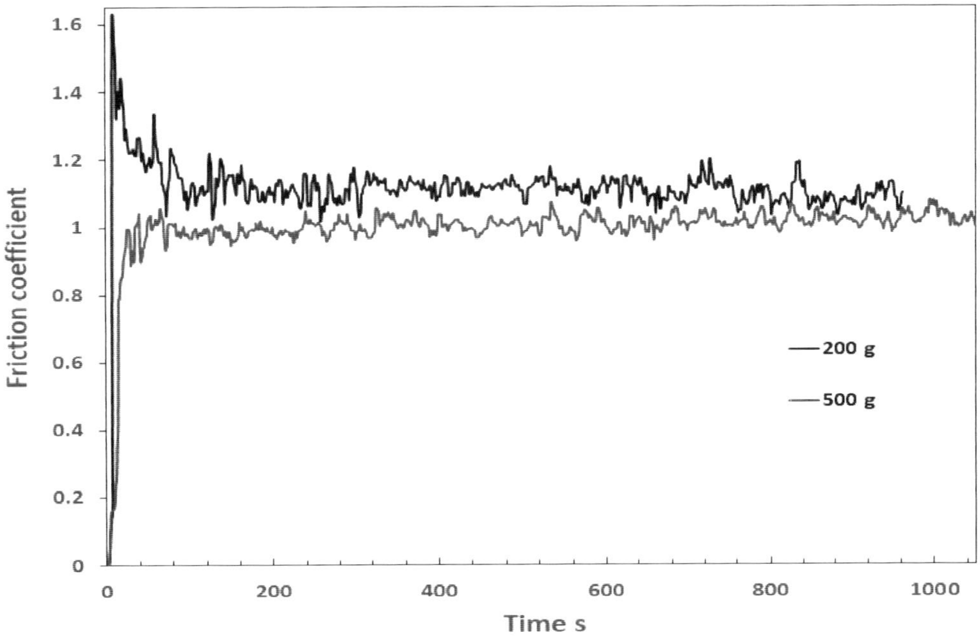

Fig. 2. Friction coefficient vs time curves for steel ball against steel plate at 200 g and 500 g applied loads.

To analyze the signals, we split the raw AE signals into fixed-width sliding windows of 2.5 ms. Taking into account that the sampling rate was 2 MHz, these sliding windows consist of 5'000 data points. From the entire test duration, a total of 27'996 windows were selected for all four conditions. In other words, 6'999 consecutive windows were extracted for each condition for a time 17.49 seconds. The selected raw AE signals corresponding to each wear state (running-in and steady-state) and loading condition (200 g and 500 g) were presented in Fig. 3 for visualization. From this figure, it can be observed that the AE signals are significantly different between the running-in and steady-state periods for both tests, irrespective of the load. This can be attributed to the physics of the process; the changes in the contact pressure and changes in wear severity. In addition, stronger AE signals are observed during both the running-in and steady-state periods for the test with 500 g as compared to the one at 200 g. This could also be due to more wear occurring in steel – steel contact at 500 g during the running-in period. Though the visualization of complete raw AE signals indicates discrete amplitude values ranges for the different wear states and loading conditions, there are overlaps between the signals due to the small window size considered, which cannot be distinguished without state-of-the-art signal processing algorithms. Visualization of the raw AE signals indicates an increase in amplitude from running-in to steady-state period in the 200 g test case. In contrast, there is a decrease in amplitude from running-in to steady-state period in case of 500 g test. This indicates the presence of strong signals relating to severe mechanical contact during the running-in period at 500 g.

Generally, time, frequency and time-frequency domain features are extracted in order to use them as input for various machine learning algorithms to classify or predict the wear states [14,22,23]. However, in this study, an alternative approach is considered where the wear states (running-in or steady-state period) and the loading conditions (200 g or 500 g) are classified simultaneously using directly the raw acoustic fixed-width sliding windows. If successful, this multi-label classification approach will give the tribology community two major advantages. Firstly, it will detect the wear state, whether the friction test is in running-in or steady-state period. Secondly, it will also allow the loading conditions used for a particular test to be identified. This knowledge is of utmost importance in many industries as it will allow controlling the friction process.

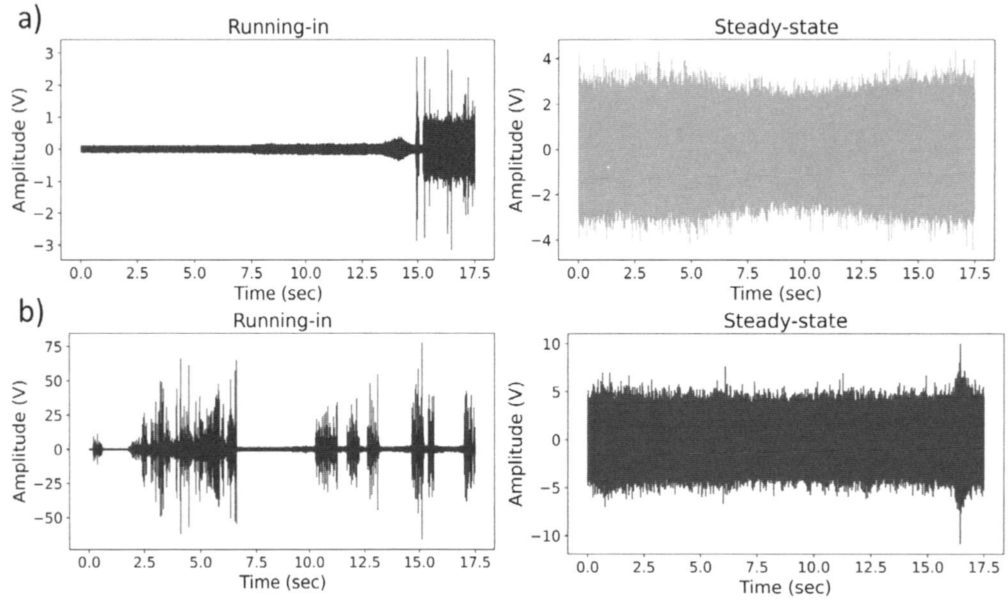

Fig. 3. Selected raw AE signals corresponding assembled together for visualization of the wear state (running-in and steady-state) for (a) 200 g loading condition and (b) 500 g loading condition. Please not that different scales have been used.

To classify the wear states and the loading conditions at the same time on a given signal window, a multi-label CNN architecture is proposed in Fig. 4. The framework includes four convolution layers with kernel sizes of 500, 251, 41 and 21, respectively. The last fully connected layer is divided into two linear layers, one classifies the wear states (running-in and steady-state) and the other the loading conditions (200 g and 500 g).

When the networks were trained, weights were updated by back-propagating the cross-entropy loss. Fig. 5 shows that the multi-label CNN network's accuracy increases with training when classifying wear states and the loading conditions. Based on this figure, the networks were trained for 50 epochs using the PyTorch library and a Titan RTX Nvidia GPU.

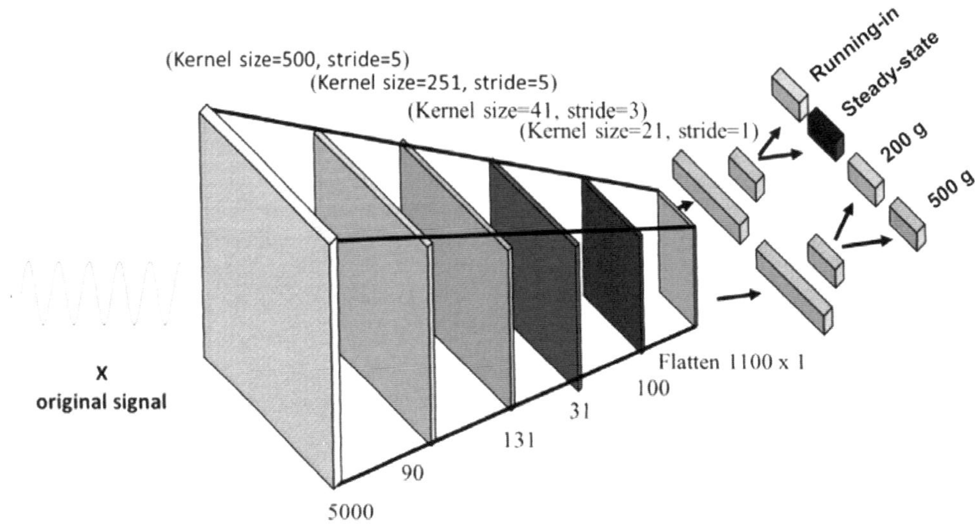

Fig. 4. Schematic of multi-label CNN architecture.

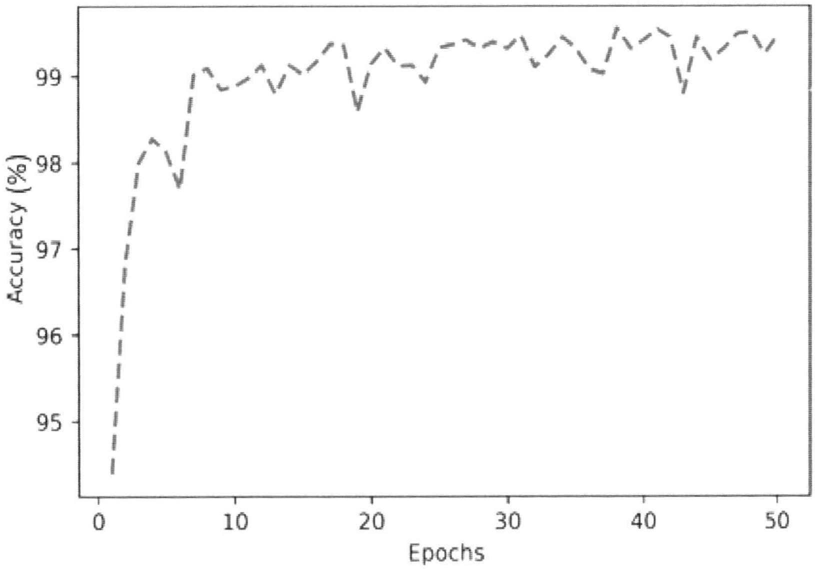

Fig. 5. Training accuracy (%) with number of epochs

The total dataset consisted of 27'996 rows of 2.5 ms windows corresponding to two classes, i.e. steady-state and running-in and all classes were balanced. Then, 70% of the total dataset was exploited as the training set whereas the last 30% formed the test set. Table 1 shows the 2 by 2 confusion matrices for the simultaneous classification of the wear states and loading conditions.

The first confusion matrix (Table 1a) shows the wear states' classification into running-in and steady-state. The running-in period is classified with 99% accuracy, and the steady-state period is classified with 100% accuracy. The second confusion matrix (Table 1b) shows the loading conditions classification (200 or 500 g test). Similarly to Table 1a, the classification accuracy observed is very high. It is 99% for the 200 g load and 100% for the 500 g load. The overall multi-label CNN accuracy is close to 100% in performing both classifications simultaneously. This very high classification accuracy obtained with multi-label CNN indicates that raw AE signals can be directly used instead of extracting AE features from processed AE signals. This demonstrates that our approach is a promising solution to reduce production and damage costs related to putting complex machines working under various loading conditions into operation.

Table 1. Confusion matrices for the multi-label classification of (a) wear states (running-in and steady-state periods) and (b) loading conditions (200 g and 500g).

(a) Wear states

Predicted label [%] \ Ground truth	*Running-in*	*Steady-state*
Running-in	**99.0**	1.0
Steady-state	0.0	**100.0**

(b) Loading conditions

Predicted label [%] \ Ground truth	*200 g*	*500 g*
200 g	**99.0**	1.0
500 g	0.0	**100.0**

Conclusions

In this contribution, Acoustic Emission (AE) has been used to monitor the wear states and loading conditions during a ball-on-plate reciprocating sliding test conducted on a high frequency reciprocating rig (HFRR) in dry condition. The wear states considered were the running-in and steady-state regimes. The two loading conditions were 200 g and 500 g. The counterparts were made of steel with mirror-polished surface quality. These experimental conditions were selected to produce abrasive wear in the contact area. However, the amount of wear is related to the applied loads. The overall friction coefficient behavior is found to be similar in both cases. However, the running-in behavior is significantly different between both applied loads, whereas the steady-state ones show higher similarities. These results suggest that the dissimilar wear rate occur between both the running-in and steady-state periods as well as for the loading conditions. AE signals were recorded using a pico-miniature sensor (PICO HF-1.2 from PAC). The raw signals showed peculiar and quite different signature for the different wear states and loading conditions. Machine learning (ML) algorithm of multi-label Convolutional Neural Network (CNN) accurately classified both the wear states and loading condition. Actually, the classification accuracy for both the running-in and steady-state periods were 99% and 100%, respectively. The simultaneous classification of loading conditions for 200 g and 500 g showed similar high classification accuracy of 99% and 100%. Therefore, it is suggested that a two-step classification using multi-label CNN from raw AE signals of classifying the wear states (running-in and steady-state) and the loading conditions (200 g and 500 g) is a successful method to monitor wear in a wide range of operating conditions. Additional work is still required for further classification of wear states.

References

[1] K. Holmberg, P. Andersson, and A. Erdemir, "Global energy consumption due to friction in passenger cars," *Tribol. Int.*, vol. 47, pp. 221–234, 2012, doi: 10.1016/j.triboint.2011.11.022.

[2] S. A. Shevchik, F. Saeidi, B. Meylan, and K. Wasmer, "Prediction of failure in lubricated surfaces using acoustic time-frequency features and random forest algorithm," *IEEE Trans. Ind. Informatics*, vol. 13, no. 4, pp. 1541–1553, 2017, doi: 10.1109/TII.2016.2635082.

[3] P. C. Mishra, "A review of piston compression ring tribology," *Tribol. Ind.*, vol. 36, no. 3, pp. 269–280, 2014.

[4] B. Meylan, F. Saeidi, and K. Wasmer, "Effect of surface texturing on cast iron reciprocating against steel under cyclic loading in boundary and mixed lubrication conditions," *Lubricants*, vol. 6, no. 1, pp. 18–20, 2018, doi: 10.3390/lubricants6010002.

[5] S. Lingard and K. K. Ng, "An investigation of acoustic emission in sliding friction and wear of metals," *Wear*, vol. 130, no. 2, pp. 367–379, 1989, doi: 10.1016/0043-1648(89)90190-7.

[6] V. Pandiyan, W. Caesarendra, T. Tjahjowidodo, and H. H. Tan, "In-process tool condition monitoring in compliant abrasive belt grinding process using support vector machine and genetic algorithm," *J. Manuf. Process.*, vol. 31, no. November, pp. 199–213, 2018, doi: 10.1016/j.jmapro.2017.11.014.

[7] A. Hase, H. Mishina, and M. Wada, "Fundamental study on early detection of seizure in journal bearing by using acoustic emission technique," *Wear*, vol. 346–347, pp. 132–139, 2016, doi: 10.1016/j.wear.2015.11.012.

[8] A. Hase, M. Wada, and H. Mishina, "The relationship between acoustic emissions and wear particles for repeated dry rubbing," *Wear*, vol. 265, no. 5–6, pp. 831–839, 2008, doi: 10.1016/j.wear.2008.01.011.

[9] K. Jlaiel, M. Yahiaoui, J. Y. Paris, and J. Denape, "Tribolumen: A tribometer for a correlation between ae signals and observation of tribological process in real-time-application to a dry steel/glass reciprocating sliding contact," *Lubricants*, vol. 8, no. 4, 2020, doi: 10.3390/LUBRICANTS8040047.

[10] J. Sun, R. J. K. Wood, L. Wang, I. Care, and H. E. G. Powrie, "Wear monitoring of bearing steel using electrostatic and acoustic emission techniques," *Wear*, vol. 259, no. 7–12, pp. 1482–1489, 2005, doi: 10.1016/j.wear.2005.02.021.

[11] G. A. Sarychev and V. M. Shchavelin, "Acoustic emission method for research and control of friction

pairs," *Tribol. Int.*, vol. 24, no. 1, pp. 11–16, 1991, doi: 10.1016/0301-679X(91)90056-F.

[12] A. Hase, H. Mishina, and M. Wada, "Correlation between features of acoustic emission signals and mechanical wear mechanisms," *Wear*, vol. 292–293, pp. 144–150, 2012, doi: 10.1016/j.wear.2012.05.019.

[13] M. Elforjani, "Estimation of Remaining Useful Life of Slow Speed Bearings Using Acoustic Emission Signals," *J. Nondestruct. Eval.*, vol. 35, no. 4, pp. 1–16, 2016, doi: 10.1007/s10921-016-0378-0.

[14] J. A. Williams and A. M. Hyncica, "Mechanisms of abrasive wear in lubricated contacts," *Wear*, vol. 152, no. 1, pp. 57–74, 1992, doi: 10.1016/0043-1648(92)90204-L.

[15] H. Sadegh, A. N. Mehdi, and A. Mehdi, "Classification of acoustic emission signals generated from journal bearing at different lubrication conditions based on wavelet analysis in combination with artificial neural network and genetic algorithm," *Tribol. Int.*, vol. 95, pp. 426–434, 2016, doi: 10.1016/j.triboint.2015.11.045.

[16] N. Mokhtari, J. G. Pelham, S. Nowoisky, J. L. Bote-Garcia, and C. Gühmann, "Friction and wear monitoring methods for journal bearings of geared turbofans based on acoustic emission signals and machine learning," *Lubricants*, vol. 8, no. 3, pp. 1–27, 2020, doi: 10.3390/lubricants8030029.

[17] E. A. Kalentiev, V. V. Tarasov, and S. Y. Lokhanina, "Prediction of abrasive weight wear rate using machine learning methods," *AIP Conf. Proc.*, vol. 2176, no. November, 2019, doi: 10.1063/1.5135156.

[18] V. Pandiyan, S. Shevchik, K. Wasmer, S. Castagne, and T. Tjahjowidodo, "Modelling and monitoring of abrasive finishing processes using artificial intelligence techniques: A review," *J. Manuf. Process.*, vol. 57, no. April, pp. 114–135, 2020, doi: 10.1016/j.jmapro.2020.06.013.

[19] Z. Zhang, N. M. Barkoula, J. Karger-Kocsis, and K. Friedrich, "Artificial neural network predictions on erosive wear of polymers," *Wear*, vol. 255, no. 1–6, pp. 708–713, 2003, doi: 10.1016/S0043-1648(03)00149-2.

[20] M. Elforjani and S. Shanbr, "Prognosis of Bearing Acoustic Emission Signals Using Supervised Machine Learning," *IEEE Trans. Ind. Electron.*, vol. 65, no. 7, pp. 5864–5871, 2018, doi: 10.1109/TIE.2017.2767551.

[21] Z. Q. Zhang, G. L. Li, H. D. Wang, B. S. Xu, Z. Y. Piao, and L. N. Zhu, "Investigation of rolling contact fatigue damage process of the coating by acoustics emission and vibration signals," *Tribol. Int.*, vol. 47, pp. 25–31, 2012, doi: 10.1016/j.triboint.2011.10.002.

[22] M. M. Khruschov, "Principles of abrasive wear," *Wear*, vol. 28, no. 1, pp. 69–88, 1974, doi: 10.1016/0043-1648(74)90102-1.

[23] D. Baccar and D. Söffker, "Wear detection by means of wavelet-based acoustic emission analysis," *Mech. Syst. Signal Process.*, vol. 60, pp. 198–207, 2015, doi: 10.1016/j.ymssp.2015.02.012.

[24] F. Saeidi, S. A. Shevchik, and K. Wasmer, "Automatic detection of scuffing using acoustic emission," *Tribol. Int.*, vol. 94, no. October, pp. 112–117, 2016, doi: 10.1016/j.triboint.2015.08.021.

Verbesserte Wälzlagerüberwachung durch Kombination von Vibrations- und AE-Sensorik sowie multivariater, ML-gestützter Datenanalyse

Christian SCHMIDT [1], Oliver MEY [2], André SCHNEIDER [2], Samuel KLEIN [1], Dirk MAYER [2], Olaf ENGE-ROSENBLATT [2]
[1] Fraunhofer IZFP, Fraunhofer-Institut für Zerstörungsfreie Prüfverfahren, Saarbrücken
[2] Fraunhofer IIS/EAS, Fraunhofer-Institut für Integrierte Schaltungen, Institutsteil Entwicklung Adaptiver Systeme, Dresden

Kontakt E-Mail: christian.schmidt@izfp.fraunhofer.de

Kurzfassung

Wachsende Ansprüche an Verfügbarkeit und Effizienz von Produktionsanlagen führen zu einem größeren Bedarf, laufend Informationen über deren Zustand zu erhalten. Diese werden durch Condition Monitoring Systeme (CMS) gewonnen. Die sensorbasierte Überwachung des aktuellen Zustands ermöglicht die frühzeitige Detektion eintretender Schäden und Verschleißzustände, was zur Optimierung von Wartungsprogrammen genutzt wird. Insbesondere bei industriellen Anwendungen ist die Bandbreite der Einsatzfälle und Betriebsumgebungen der zu überwachenden Komponenten allerdings sehr groß. Ein anschauliches Beispiel sind die weit verbreiteten Wälzlager in der Antriebstechnik. Kleinste Ausführungen finden sich in der Medizintechnik, während in Windenergieanlagen und Kränen Durchmesser von mehreren Metern erreicht werden. Ebenso variieren die aufzunehmenden Lasten, Drehzahlen und Betriebsdauern sehr stark. Es werden daher deutliche Anpassungen der CMS für jeden Einzelfall notwendig. Dies betrifft zunächst die Instrumentierung mit verschiedenartiger Sensorik für Vibration, Ultraschall, Temperaturen oder Messung der Verunreinigungen in Schmiermitteln. Es zeigt sich, dass hier jeweils unterschiedliche Messgrößen zur Erzeugung aussagekräftiger Daten zu Schadensmerkmalen geeignet sind. Daraus resultieren Anpassungsarbeiten an den verwendeten Algorithmen zur Signalanalyse, Merkmalsextraktion und Klassifikation. Besonderes Potential liegt in der permanenten Instrumentierung mit heterogenen, miteinander vernetzten Sensoren im Sinne des IoT (Internet of Things) in Verbindung mit einer multivariaten Datenanalyse.

Aufbauend auf einer eigens entwickelten skalierbaren Sensorplattform zur Anbindung unterschiedlicher Sensoren und ihrer Datenströme konnte durch die Kombination von Vibrations- und Acoustic Emission-Sensoren sowie Machine Learning-Algorithmen ein flexibles System zur Gleitlagerüberwachung geschaffen werden.

Hauptnutzen für Anwender und Vorteile:

• Erhöhung der Genauigkeit der Datenanalyse durch Aggregation heterogener Messdaten

- Erhöhte Robustheit des Systems z.B. gegen variierende Einbaubedingungen des Lagers
- Schnelle Anpassung und Konfiguration des Systems an unterschiedliche Anwendungen
- IoT-basiertes Systemkonzept ermöglicht die Integration in vorhandene IT-Infrastrukturen

Verbesserte Wälzlagerüberwachung durch Kombination von Vibrations- und AE-Sensorik sowie multivariater, ML-gestützter Datenanalyse

Anforderungen an ein Condition Monitoring System (CMS) zur Wälzlagerüberwachung

- Hohe Empfindlichkeit bei aufkommenden Schäden für eine planbare Wartung
- Verfügbarkeit und Zuverlässigkeit
- Hoher Abdeckungsgrad hinsichtlich möglicher Schäden
- Wirtschaftlicher Mehrwert

Herausforderungen

- Große Variantenvielfalt in der industriellen Antriebstechnik
- Wechselnde Einsatzbedingungen (Drehzahl, Drehmoment, Lastfälle)
- Zuordnung von Signaturen in Sensorsignalen zu Komponenten in Antrieben
- Unterschiedliche Phänomene in Antriebssträngen müssen detektiert und separiert werden
- Datenerfassung muss robust gegenüber nicht zu vermeidenden signifikanten Störeinflüssen sein

- CMS zur Antriebsstrangüberwachung basieren häufig auf Vibrationssensorik (VS) zur Beschleunigungsmessung
- Bei langsam laufenden Maschinen, variierender Drehzahl oder hochfrequenten Schadensereignissen stoßen auf VS basierende CMS oft an ihre Grenzen [1]
- Acoustic Emission (AE) kann bei diesen mittels VS nicht zufriedenstellend lösbaren Problemstellungen gute Ergebnisse erzielen [2]
- Idee: Erweiterung des zeitgleich beobachteten Frequenzbereichs durch Kombination von Vibrations- und Acoustic Emission-(AE-)Sensorik
- Durch Machine Learning-(ML-)Algorithmen [3] und Datenfusion kann eine verbesserte, auch bei variierenden Einbaubedingungen robuste, Schadensdetektion und -klassifikation erreicht werden

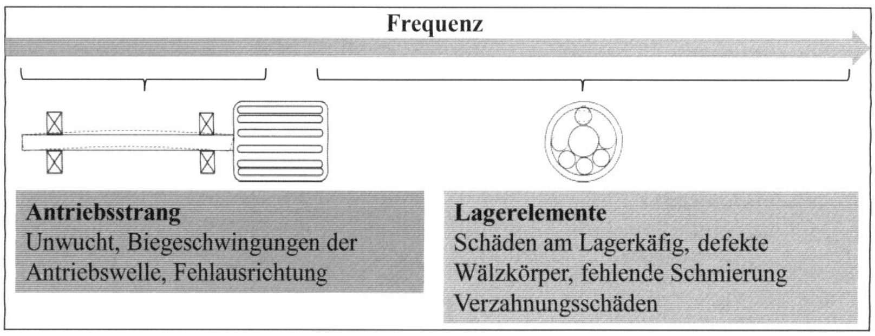

- Konzeption und Aufbau eines Antriebsstrangs zur Erprobung und Demonstration
- Instrumentierung mit multimodaler Sensorik (Vibration und AE)
- Vier Schadensklassen an Schulterkugellagern
  - Defektfrei (*No Defect*)
  - Kerbe in der Lauffläche des Innenrings (*Inner Ring*)
  - Kerbe in der Lauffläche des Außenrings (*Outer Ring*)
  - Abflachungen am Wälzkörper (*Rolling Element*)
- Aufnahme mehrerer Messreihen je Schaden
- Regelmäßiger Ein- und Ausbau der Lager zwischen Messungen mit Änderung der Fehlerposition und des Anziehmoments, zur Reduktion der Einflüsse durch Variationen beim Lagereinbau sowie der Position des Fehlers auf das ML-Modell
- Software zur Datenerfassung, -verarbeitung und -ausgabe sowie zur Motorsteuerung läuft auf einer Linux-basierten IoT-fähigen Plattform

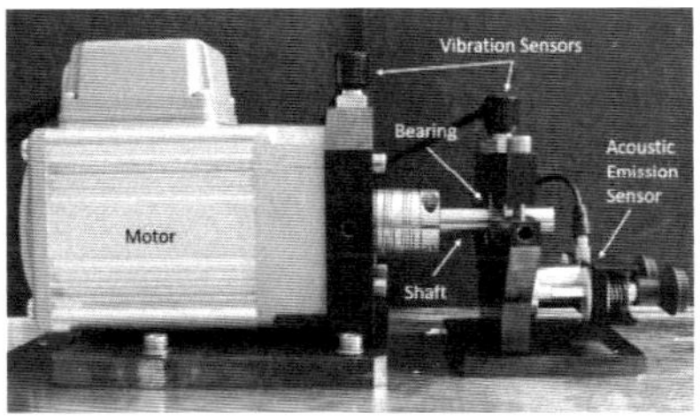

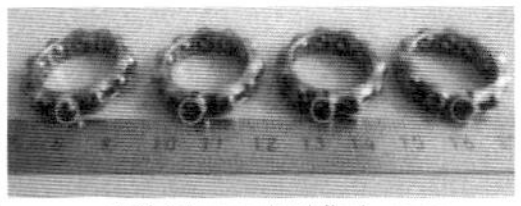

Wälzkörper mit Abflachungen

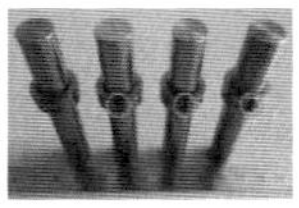

Innenringe mit Kerben

Außenringe mit Kerben

- Frequenzfilterung der Vibrations- und AE-Rohdaten, um äußere Störeinflüsse (Umrichter, Netzstörungen) zu eliminieren
- Separieren der Daten in einen Trainingsdatensatz und einen Validierungsdatensatz; die Datensätze enthalten gelabelte Messdaten der vier Schadensklassen
- FFT der einzelnen Datensätze und Training von neuronalen Netzwerken mit den Frequenzspektren zur Schadensklassifikation
- Training eines Klassifikators je Sensormodalität (Vibration, AE); Verwendung von Messdatensätzen bei unterschiedlichen Fehlerpositionen und Anziehmomenten, um eine hiervon unabhängige Schadensklassifikation zu erreichen
- Validierung der Klassifikatoren am Validierungsdatensatz
  - ➢ *No Defect* und *Rolling Element* können von beiden Klassifikatoren korrekt zugeordnet werden
  - ➢ *Outer Ring* kann von beiden Klassifikatoren nicht korrekt zugeordnet werden
  - ➢ *Inner Ring* kann von AE-Klassifikator korrekt, von Vibrationsklassifikator nur schlecht zugeordnet werden

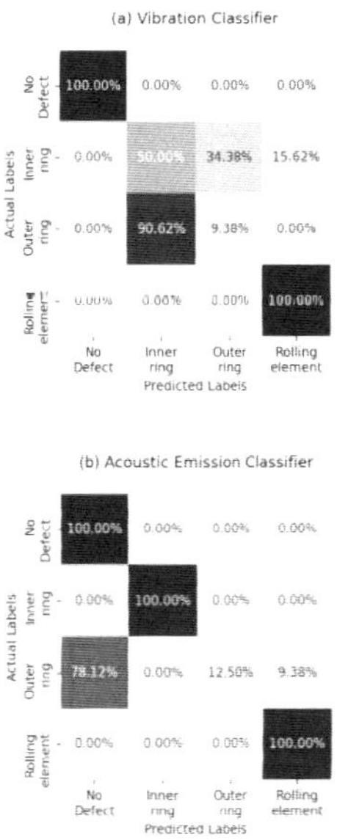

- Validierung der Einzelklassifikatoren mit Trainingsdaten erlaubt korrekte Zuordnung aller Schadensklassen
  - ➢ Diskrepanz der Ergebnisse zwischen Valdidierung an Validierungs- oder Trainingsdatensatz ist Hinweis auf Overfitting
- Erklärung: Aus- und Einbau der Lager zwischen den Messungen und absichtliche Variation der Einbaubedingungen haben nachweislich starken Einfluss auf Frequenzspektren
  - ➢ Klassifikatoren lernen somit Charakteristika der Einbaubedingungen, nicht Charakteristika der Schadensklassen
- Datenfusion: Training eines kombinierten Klassifikators; Input ist jeweils eine Zwischenschicht der Einzelklassifikatoren
- Im ersten Schritt Training mit gesamtem Datensatz und Validierung an Validierungsdatensatz
  - ➢ Keine nennenswerte Verbesserung, da Problem des Overfitting bestehen bleibt

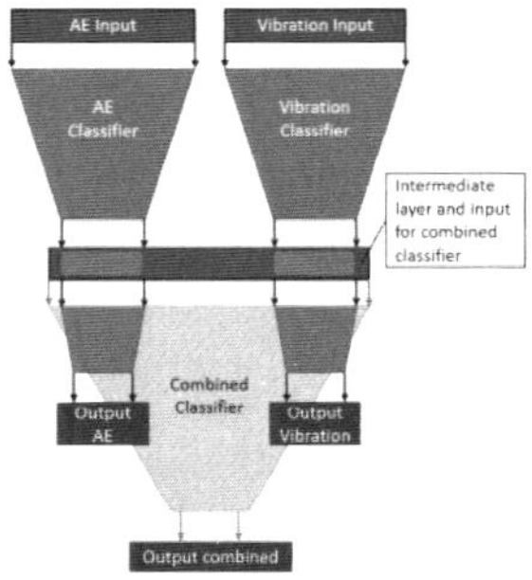

(c) Combined Classifier

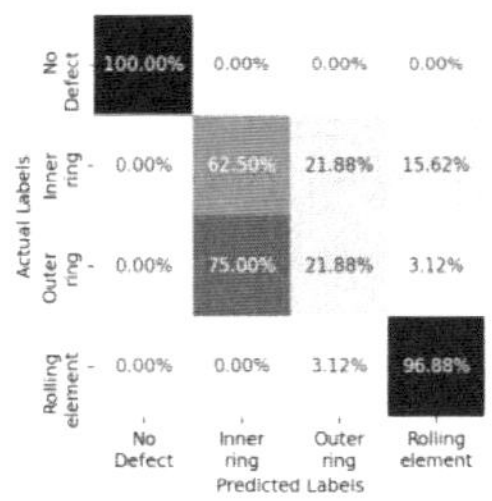

- Zur Reduktion des Overfitting und Erhöhung der Robustheit wird Trainingsdatensatz in zwei Datensätze aufgeteilt (*Training Set Stage 1* und *Training Set Stage 2*)
- Training der Einzelklassifikatoren an *Training Set Stage 1*
- Anschließendes Training des kombinierten Klassifikators an *Training Set Stage 2*; Input für diesen Klassifikator ist weiterhin jeweils Zwischenschicht der Einzelklassifikatoren, die an *Training Set Stage 1* trainiert wurden
  - ➢ Somit kein „Durchreichen" des Overfitting der beiden Einzelklassifikatoren an kombinierten Klassifikator
- Validierung an Validierungsdatensatz

(d) Combined Classifier with Splitted Training Dataset

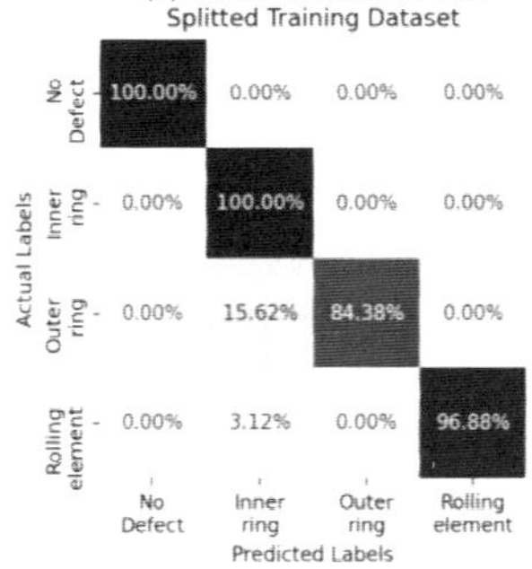

Fazit

- ➢ Der vorgestellte Ansatz ermöglicht eine präzise Klassifizierung aller betrachteten Schadensfälle durch Fusion von Vibrations- und Acoustic Emission-Daten
- ➢ Die Schadensklassifizierung ist robust im Hinblick auf variierende Lagereinbaubedingungen und Fehlerpositionen
- ➢ Deutliche Verbesserung einer kombinierten Klassifizierung durch Implementierung einer wirksamen Maßnahme gegen Overfitting (Aufteilen der Trainingsdaten)

Ausblick

- Generierung von Messdaten und Validierung des Ansatzes für einen großen kontinuierlichen Drehzahlbereich, verschieden dimensionierte Antriebsstränge und verschiedene Schadensabstufungen
- Hinzunahme zusätzlicher Modalitäten (bspw. Motor Current Signature Analysis) zur weiteren Verbesserung der Klassifizierungsgenauigkeit, -robustheit und Schadensquantifizierung im Sinne der Predictive Maintenance

Referenzen

[1] Kang, Myeongsu et al. "Reliable Fault Diagnosis for Low-Speed Bearings Using Individually Trained Support Vector Machines With Kernel Discriminative Feature Analysis.", *IEEE Transactions on Power Electronics*, vol. 30, pp. 2786-2797, 2015.

[2] Widodo Achmad et al. "Fault diagnosis of low speed bearing based on acoustic emission signal and multi-class relevance vector machine", *Nondestructive Testing and Evaluation*, vol. 24, pp. 313-328, 2009.

[3] Mey, Oliver et al. "Machine Learning-Based Unbalance Detection of a Rotating Shaft Using Vibration Data", *25th IEEE International Conference on Emerging Technologies and Factory Automation (ETFA)*, Vienna, Austria, 08-11 September 2020, pp. 1610-1617.

Relative Ortungsmethoden in der Schallemissionsanalyse

Gerd MANTHEI
THM Technische Hochschule Mittelhessen, Wiesenstraße 14, 35390 Gießen

Kontakt E-Mail: gerd.manthei@me.thm.de

Kurzfassung. Die Ortung von Schallemissions(SE)ereignissen ist eines der Hauptinstrumente in der SE-Analyse. Eine zuverlässige Lage der SE-Quellen ermöglicht eine genaue Untersuchung der Mechanismen, die zu einem Riss in einem Material geführt haben. Es ist bekannt, dass die Genauigkeit der Ortung durch verschiedene Faktoren beeinflusst wird, darunter die Genauigkeit der Ablesung der Ankunftszeit der elastischen Wellen, die geometrische Verteilung der SE-Sensoren und am wichtigsten, durch die physikalischen Eigenschaften des Ausbreitungsmediums.

Das Ziel dieser Studie ist die Anwendung und Erprobung von Lokalisierungsalgorithmen, die in der Lage sind, den Einfluss des bei der Berechnung verwendeten Geschwindigkeitsmodells und den Einfluss menschlicher Fehler bei der Auswahl der Ankunftszeiten elastischer Wellen zu verringern. Ein einheitliches Geschwindigkeitsmodell ist wegen der zum Teil komplizierten Bauteilstruktur nicht im Detail verfügbar. Glücklicherweise sind die mit dem Geschwindigkeitsmodell verbundenen Fehler bei der Ortung von SE-Ereignissen, die in einem engen Abstand zueinander stehen systematisch, und die in dieser Studie angewandten Techniken, wie die "Master-Event-Technik", das sogenannte "Joint Hypocenter Determination (JHD-Verfahren)" oder das "Double Difference (DD) Verfahren" basieren auf diesen Merkmalen. Diese Algorithmen werden auf ein Cluster aus SE-Ereignissen angewendet, bei denen der Abstand der Ereignisse viel kürzer ist als der Abstand zwischen dem Schwerpunkt des Clusters und den Sensoren.

1 Einleitung

Die heute zur SE-Prüfung verwendeten Vielkanalsysteme sind in der Lage, on-line (d.h. während der Prüfung) vorhandene SE-Quellen zu orten und zusätzlich die groben Signalparameter jeden Ereignisses (wie Peakamplitude oder Energie, Anstiegszeit und Dauer) festzuhalten. Bei Bedarf ist es auch möglich, die ganzen Wellenformen eines SE-Ereignisses abzuspeichern. Für eine lückenlose Überwachung, d.h. ohne Datenverlust, ist auch eine kontinuierliche Datenerfassung mit den heutigen SE-Systemen im vertretbaren Aufwand möglich. Zur Ortung werden die Differenzen in der Ankunftszeit des Signals an mehreren Sensoren gemessen und vom Systemrechner ausgewertet. Zur Zeitdifferenzmessung kann dabei entweder das erste Überschreiten einer eingestellten Schwelle (sogenannte Schwellenortung) oder das Erreichen des Signalmaximums (sogenannte Peakortung) festgestellt werden. Beide Arten sind mit erheblichen Fehlern behaftet, die im Mittel, wie z.B. bei der Druckbehälterprüfung, zwar unterhalb einer Wanddicke liegen; die Einzelfehler können aber durchaus auch größere Werte annehmen.

Diese großen Fehler werden verständlich, wenn berücksichtigt wird, dass ein Schallemissionssignal, das sich in einem dickwandigen Objekt wie einem Druckbehälter ausbreitet, dies nicht mit einheitlicher Geschwindigkeit tut, sondern unterschiedlich schnelle Signalanteile enthält. Die Quelle sendet Longitudinal- und Transversalwellen aus, die entweder direkt oder nach verschiedenen Reflexionen an den Oberflächen die Sensoren erreichen können. Welcher dieser Zickzacklaufwege die Schwelle zum ersten Mal überschreitet bzw. das Signalmaximum bildet, ist vom Abstand zwischen Quelle und Sensor, die Quellstärke und der Art und Lage der Schallemissionsquelle abhängig.

Einfachere Verhältnisse liegen nun vor, wenn die Quelle an der gleichen Oberfläche liegt wie die Sensoren. In diesem Fall wird nämlich ein erheblicher Teil der Signalenergie als Oberflächenwelle abgestrahlt, die sich mit einer einheitlichen Geschwindigkeit, dispersionsfrei längs der Oberfläche ausbreitet. Die Ortungsgenauigkeit ist dabei sehr gut.

Eine wesentliche Verbesserung der Ortungsgenauigkeit von Schallemissionsquellen ist möglich, wenn – ähnlich wie dies die Seismologie seit langem tut – eine detaillierte Analyse der Zeitsignale vornimmt, um einzelne Einsatzzeitpunkte genau zu identifizieren. Die nun hier vorgestellten Verfahren zur relativen Ortung von SE-Ereignissen, die in einem engen Abstand zueinanderstehen, ist eine erweiterte Fassung der Ortung von SE-Ereignissen wie sie üblicherweise in der Seismologie aber auch in der Schallemissionsanalyse angewendet wird.

2 Grundlagen zu Ortungsverfahren von SE-Ereignissen

2.1 Ortungsverfahren von einzelnen SE-Ereignissen

Als Grundlage zur Ortung von Einzelereignissen dient das Gradientenverfahren, das von Eisenblätter [1] zur Ortung von SE-Ereignissen im massiven Salzgestein entwickelt wurde. Zum Teil ist der Algorithmus auch in konventionellen SE-Systemen zu finden [2]. Diese Ortungsverfahren beruhen auf dem Prinzip der Triangulation (siehe Abb. 1).

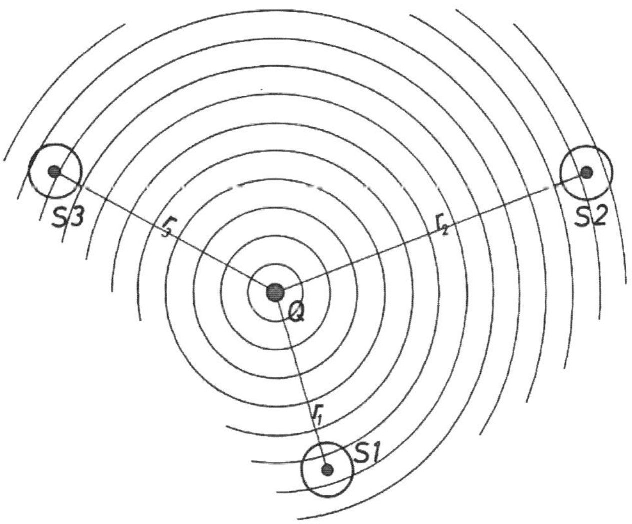

Abb. 1. Prinzips der Ortung durch Triangulation [3].

Eine SE-Quelle an der Position *Q* emittierte elastische Wellen. Die Wellen breiten sich gleichmäßig in alle Richtungen aus und gelangen zu unterschiedlichen Zeiten und unterschiedlichen Strahlwegen zu den Sensoren *S*. Das Ortungsverfahren geht davon aus, dass die Einsatzzeitpunkte optisch oder – bei einfacher Signalstruktur – auch automatisch bestimmt werden. Nehmen wir zunächst an, dass nur ein Einsatzzeitpunkt, z.B. der des ersten Longitudinalpulse, bestimmt wird. Die daraus errechneten Zeitdifferenzen zum ersten ansprechenden Sensor mit Nummer k_0 seien Δt_k. Die N Sensoren haben die Koordinaten x_k, y_k, z_k mit $k = 1, 2, \dots, N$. Für die wahren Quellenkoordinaten x, y, z müssten die gemessenen Zeitdifferenzen Δt_k^{mess} mit den aus den Laufwegen Quelle–Sensor errechneten Δt_k^{ber} übereinstimmen. Der Laufweg r_k zum Sensor mit der Nummer k ist:

$$r_k = \sqrt{(x_k - x)^2 + (y_k - y)^2 + (z_k - z)^2}. \tag{1}$$

Der Laufweg r_{k0} zum ersten ansprechenden Sensor ist entsprechend:

$$r_{k0} = \sqrt{(x_{k0} - x)^2 + (y_{k0} - y)^2 + (z_{k0} - z)^2}. \tag{2}$$

Sind c_L und c_T die Geschwindigkeiten der Longitudinal- und Transversalwelle, dann sind die berechneten Laufzeitdifferenzen mit den Laufwegen in Gleichung (1) und (2) also:

$$\Delta t_k^{berL} = (r_k - r_k)/c_L \qquad \text{für die Longitudinalwelle und}$$

$$\Delta t_k^{berT} = \left(\frac{r_k}{c_T} - \frac{r_{k_0}}{c_L}\right) \qquad \text{und die Transversalwelle.}$$

Stellen die Koordinaten x, y, z nur einen Lösungsansatz dar, dann bestimmen die Abweichungen zwischen den errechneten und berechneten Laufzeitdifferenzen den Ortungsfehler. Die Funktion

$$F(x, y, z) = \sum_{\substack{k=1 \\ k \neq k_0}}^{N} \left(\Delta t_k^{berL} - \Delta t_k^{messL}\right)^2 + \left(\Delta t_k^{berT} - \Delta t_k^{messT}\right)^2 \tag{3}$$

muss also minimal werden. Um diese Minimalisierungsaufgabe in Gleichung (3) zu lösen gibt es verschiedene Möglichkeiten. Eisenblätter führte dazu ein iteratives *Gradientenverschiebungsverfahren* durch. Dazu wird zunächst für das Ausgangstripel (Startwerte). x_0, y_0, z_0 der Funktionswert und der Gradient der Funktion (die partiellen Ableitungen nach den Koordinaten) berechnet. Durch die Verschiebung der Koordinatenwerte in Richtung des Gradienten, der ja die Richtung des steilsten Abfalls der Funktion F festlegt, wird ein neues Ausgangskoordinatentripel bestimmt. Mit diesen neuen Ausgangswerten wird die Prozedur so oft wiederholt, bis der Gradient nur noch sehr klein ist. Bei den meisten Anwendungen reichen 20 bis 30 Iterationen aus, um eine genügende Genauigkeit zu erzielen. Der verbleibende Restfehler ist ein Maß im Wesentlichen für die Genauigkeit der Bestimmung der Einsatzzeitpunkte.

In einem weiteren Verfahren, das auch als Standardverfahren in der Seismologie zur Ortung von Erdbeben eingesetzt wird [4], wird das nichtlineare Gleichungssystem:

$$t_k = F_k(x, y, z, t) = t + \frac{1}{c_L}\sqrt{(x_k - x)^2 + (y_k - y)^2 + (z_k - z)^2} \tag{4}$$

durch eine Reihenentwicklung um die Startwerte überführt und nach dem linearen Glied abgebrochen. Die Linearisierung von Gleichung (4) setzt allerdings voraus, dass die Startwerte (unterer roter Kreis in Abb. 2) hinreichend nahe beim wahren Ereignisort (oberer roter Kreis in Abb. 2) liegen. Das ist eine entscheidende Einschränkung; sie bedeutet, dass fast alles über das Ausbreitungsmedium bekannt sein muss, und nur noch kleine Verbesserungen nötig sind. Die Einsatzzeiten und partiellen Ableitungen für die Startwerte x_0, y_0, z_0, t_0 sind

$$t_{k0} = F_{k0}(x_0, y_0, z_0, t_0) = t_0 + \frac{1}{c_L}\sqrt{(x_k - x_0)^2 + (y_k - y_0)^2 + (z_k - z_0)^2}, \tag{5}$$

mit

$$G_{k1} = \frac{\partial F_{k0}(x_0, y_0, z_0, t_0)}{\partial t_0} = 1,$$

$$G_{k2} = \frac{\partial F_{k0}(x_0, y_0, z_0, t_0)}{\partial x_k} = -\frac{x_k - x_0}{c_L \cdot R_{k0}},$$

$$G_{k3} = \frac{\partial F_{k0}(x_0, y_0, z_0, t_0)}{\partial y_k} = -\frac{y_k - y_0}{c_L \cdot R_{k0}},$$

$$G_{k4} = \frac{\partial F_{k0}(x_0, y_0, z_0, t_0)}{\partial z_k} = -\frac{z_k - z_0}{c_L \cdot R_{k0}}.$$

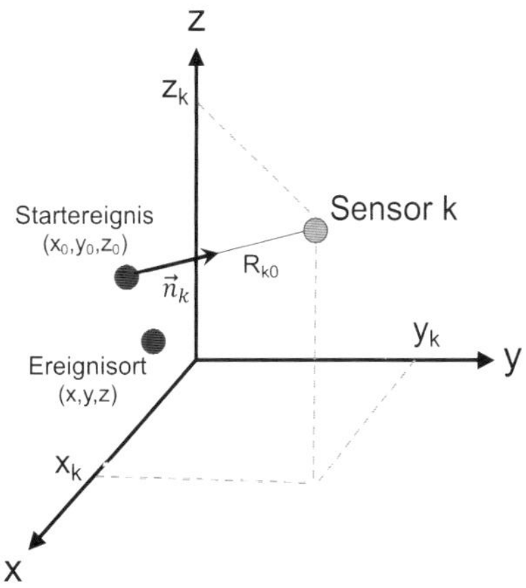

Abb. 2. Koordinatensystem mit Startereignis, Ereignisort und Lage des Sensors *k*. Mit $\vec{n}_k = \frac{1}{R_{k0}}(x_k - x_0,\ y_k - y_0,\ z_k - z_0)$ in Richtung vom Startereignis zum Sensor *k*.

Mit diesen Ausdrücken folgt aus

$$t_k - t_{k0} = t - t_0 + \frac{1}{c_L}\left[n_{kx} \cdot (x_k - x_0) + n_{ky} \cdot (y_k - y_0) + n_{kz} \cdot (z_k - z_0)\right] \quad (6)$$

und mit den Definitionen $\Delta d_k = t_k - t_{k0}$, $\Delta m_1 = t - t_0$, $\Delta m_2 = x_k - x_0$, $\Delta m_3 = y_k - y_0$ und $\Delta m_4 = z_k - z_0$ dann Gleichung (6):

$$\Delta d_k = \sum_{j=1}^{4} G_{kj} \cdot \Delta m_j \qquad k = 1, 2, \ldots, N. \quad (7)$$

In der Praxis wird Gleichung (7) auch in Fällen angewendet, in den der endgültige Ereignisort weit weg vom Startereignis liegt. Gleichung (7) wird dann iterativ angewendet, bis die berechneten Daten mit den gemessenen Daten und neuen partiellen Ableitungen in *G* im Rahmen des Beobachtungsfehler übereinstimmen. Konvergenz ist bei diesem Verfahren allerdings nicht garantiert. Zur weiteren Verbesserung des Ortungsverfahrens können neben der Einsatzzeitpunkte der Longitudinalwelle auch Transversalwelleneinsätze berücksichtigt werden. Das geschieht durch Anfügen weiterer Gleichungen der Form wie in Gleichung (7).

2.2 Relative Ortungsverfahren von benachbarten SE-Ereignissen

Relative Ortungsverfahren dienen zur Lokalisierung eines Ereignisses relativ zu einem benachbarten, bereits lokalisierten Ereignis; dem sogenannten Referenz- oder Masterereignis [5]. Die Daten sind die Longitudinal- und Transversalwellen-Differenzlaufzeiten Δt_k der beiden Ereignisse zu den weit gelegenen Sensoren $k = 1, 2, \ldots N$. Die Unbekannten sind die drei Relativkoordinaten x, y, z, die zum Vektor $\vec{L} = (x, y, z)$ zusammengefasst werden und die Differenz τ der Ursprungszeitpunkt der Ereignisse. Zu ihrer Bestimmung werden konstante Longitudinal- und Transversalwellengeschwindigkeiten im Volumen, das beide Ereignisse enthält, vorausgesetzt. Die Master-Event-Ortung kann auch nur dann angewendet werden, wenn die elastischen Wellen von Referenzereignis 1 und Ereignis 2 (rote Kreise in Abb. 3) zu jedem Sensor parallel verlaufen. Das ist erfüllt, wenn die Entfernungen der Ereignisse zu den Sensoren viel größer als der Abstand $L = |\vec{L}|$ sind. Nach Dreieck (12Q) in Abb. 3 gilt:

$$\Delta t_k = \tau - \frac{L \cdot cos\vartheta_i}{c_L} = \tau - \frac{\vec{L} \cdot \vec{n}_k}{c_L} = \tau - \left(n_{kx} \cdot x + n_{ky} \cdot y + n_{kz} \cdot z\right) \qquad k = 1, 2, \ldots, N. \quad (8)$$

Dann ist ein lineares Gleichungssystem der Form in Gleichung (7) für $M = 4$ Unbekannte:

$$d_k = \sum_{j=1}^{M} G_{kj} \cdot m_j \qquad k = 1, 2, \ldots, N. \quad (9)$$

und $d_k = \Delta t_k$, $m_1 = \tau$, $m_2 = x$, $m_3 = y$ und $m_4 = z$. Die Koeffizientenmatrix G_{kj} berechnet sich aus:

$$G_{k1} = 1,\ G_{k2} = -\frac{n_{kx}}{c_L},\ G_{k3} = -\frac{n_{ky}}{c_L} \text{ und } G_{k4} = -\frac{n_{kz}}{c_L}.$$

Ein Vergleich von Gleichung (6) und (8) zeigt, dass die Linearisierung von Gleichung (4) exakt zur Master-Event-Ortung führt. Das Startereignis entspricht dem Referenzereignis 1 und der wahre Ereignisort dem benachbarten Ereignis 2. Im Unterschied zur Ortung von Einzelereignissen ist aber bei der Master-Event-Ortung keine Iteration, also mehrfache Anwendung von Gleichung (6), notwendig. Auch bei diesem Verfahren kann zur Verbesserung der Ortung die Transversalwelleneinsätze, durch Anfügen weiterer Gleichungen, berücksichtigt werden.

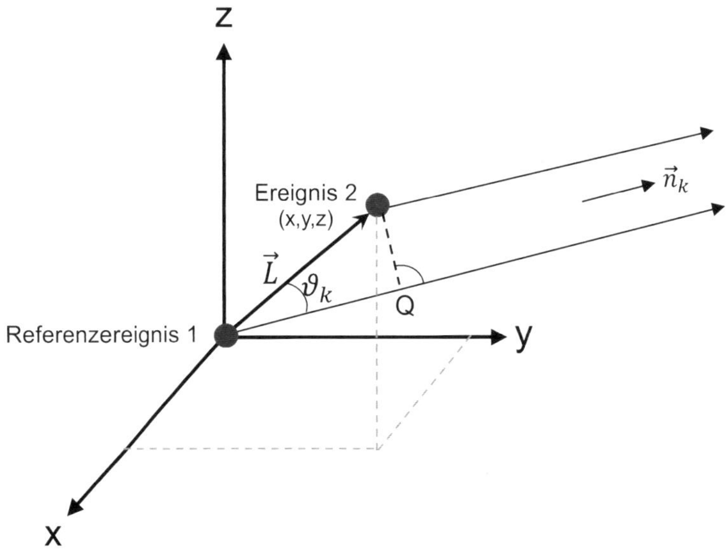

Abb. 3. Prinzip der Ortung von zwei zusammenliegenden Ereignissen 1 und 2 (rote Kreise) mit dem Richtungsvektor $\vec{n}_k$ der elastischen Wellen in Richtung Sensor k.

Eine Erweiterung der einfachen Master-Event-Ortung führt dazu, dass z.B. nicht nur ein Referenzereignis (Master-Event) gewählt wird, sondern jedes Ereignis eines Clusters als Referenzereignis dient. Alle Ereignisse des Clusters werden dann simultan geortet. Grundlage des Ortungsalgorithmus ist wieder die Linearisierung von Gleichung (4). Dieser Ansatz wird in der sogenannten Doppelten-Differenzen(DD)-Ortung angewendet [6,7]. Die Laufzeitunterschied zwischen den Ereignissen i und j, die an den Sensoren k und l gemessen werden sind $\Delta t_k^{ij} = \left(t_k^i - t_k^j\right)^{mess}$ bzw. $\Delta t_l^{ij} = \left(t_l^i - t_l^j\right)^{mess}$ (grüne Kreise in Abb. 4). Aus den doppelten Differenzen zwischen gemessenen und berechneten Einsatzzeitpunkten für ein Paar der Ereignisse i und j am Sensor k ergeben sich die Laufzeitresiduen Δd_k^{ij}:

$$\Delta d_k^{ij} = \Delta t_k^{ij,mess} - \Delta t_k^{ij,ber} = \left(t_k^i - t_k^j\right)^{mess} - \left(t_k^i - t_k^j\right)^{ber}. \quad (10)$$

Nach zweimaliger Anwendung von Gleichung (7) ergibt sich ausgeschrieben:

$$\frac{\partial F_k^i}{\partial t}\Delta t^i + \frac{\partial F_k^i}{\partial x}\Delta x^i + \frac{\partial F_k^i}{\partial y}\Delta y^i + \frac{\partial F_k^i}{\partial z}\Delta z^i - \frac{\partial F_k^j}{\partial t}\Delta t^j - \frac{\partial F_k^j}{\partial x}\Delta x^j - \frac{\partial F_k^j}{\partial y}\Delta y^j - \frac{\partial F_k^j}{\partial z}\Delta z^j = \Delta d_k^{ij}. \quad (11)$$

In Gleichung (11) stehen die partiellen Ableitungen der Laufzeiten für die Ereignisse i und j bezogen auf ihre Ursprungszeiten und Orte. $\Delta t, \Delta x, \Delta y, \Delta z$ sind die relativen Änderungen der Laufzeiten und Koordinaten zwischen den beiden Ereignissen damit eine Anpassung der berechneten an die gemessenen Daten erfolgt.

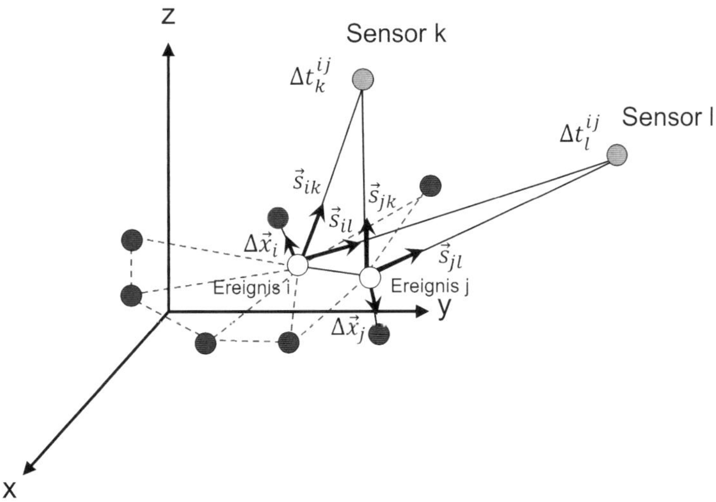

Abb. 4. Prinzip der Ortung von zwei benachbarten Ereignissen 1 und 2 (rote Kreise) mit dem Richtungsvektor $\vec{n}_i$ der elastischen Wellen in Richtung zum Sensor i.

Durch Kombination von allen möglichen Ereignispaaren für alle Sensoren entsteht ein System von linearen Gleichungen der Form:

$$\boldsymbol{d} = \boldsymbol{G} \cdot \boldsymbol{m}. \tag{12}$$

G ist eine Matrix der Größe $M \times 4N$ (M ist die Anzahl der Doppeldifferenzen und N Anzahl der Ereignisse) mit den partiellen Ableitungen, d ist ein Datenvektor mit den Doppeldifferenzen und m ist ein Vektor der Länge $4N$ mit den Änderungen $\Delta t, \Delta x, \Delta y, \Delta z$ (Abb. 5).

Ein wichtiger Aspekt der Relativlokalisierung mit Differenzlaufzeiten besteht auch darin, dass Differenzlaufzeiten für ähnliche Wellenformen viel genauer bestimmt werden können als automatisch oder handgepickten Einsatzzeiten. Dazu können z.B. Kreuzkorrelationen zwischen den Wellenformen an einem Sensor von zwei unterschiedlichen Ereignissen benutzt werden.

3 Anwendungen

3.1 Zum Experiment

Zur Anwendung der oben beschriebenen Ortungsverfahren werden geeignete SE-Ereignisse ausgewählt, die im Rahmen eines Forschungs- und Entwicklungsvorhabens des Instituts für Gebirgsmechanik (IfG) in Leipzig detektiert wurden. Mit den SE-Messungen wurde während sogenannten hydraulischen Aufreißversuchen (Frac-Versuche) die Rissbildung mit dem Ziel verfolgt, die Risslage und -ausdehnung zu bestimmen, um eine Aussage zum vorherrschenden Spannungsverlauf im Gebirge treffen zu können [8].

Die hydraulischen Frac-Versuche im Salzbergwerk Bernburg fanden von Dezember 1994 bis Februar 1995 auf der 420-m-Sohle im Leinesteinsalz statt [9]. Das Versuchsfeld befand sich in einem Barrierepfeiler zwischen der Zufahrtsstrecke XVIII und der westlichen Seitenwand einer riesigen Abbaukammer von 120 m Länge, 25 m Breite und 30 m Höhe in etwa 20 m Entfernung (Abb. 5a). Aufgrund der großen Hohlräume steht der Barrierepfeiler unter hohen Druck- und Differenzspannungen mit maximalen und minimalen Hauptspannungen von ca. 25 bzw. 10 MPa. In einer horizontalen Injektionsbohrung (Durchmesser 42 mm, Länge ca. 12 m; markiert durch eine rote horizontale Linie in Abb. 5) wurden sechs Frac-Versuche mit Refrac-Versuchen mit einem injizierten Ölvolumen von 100 bzw. 300 ccm und Injektionszeitintervallen von 15 min durchgeführt. Acht AE-Bohrlochsensoren

(Abb. 5b) wurden in vier Beobachtungsbohrungen (10 m Länge, 100 mm Durchmesser) um die zentrale Injektionsbohrung platziert.

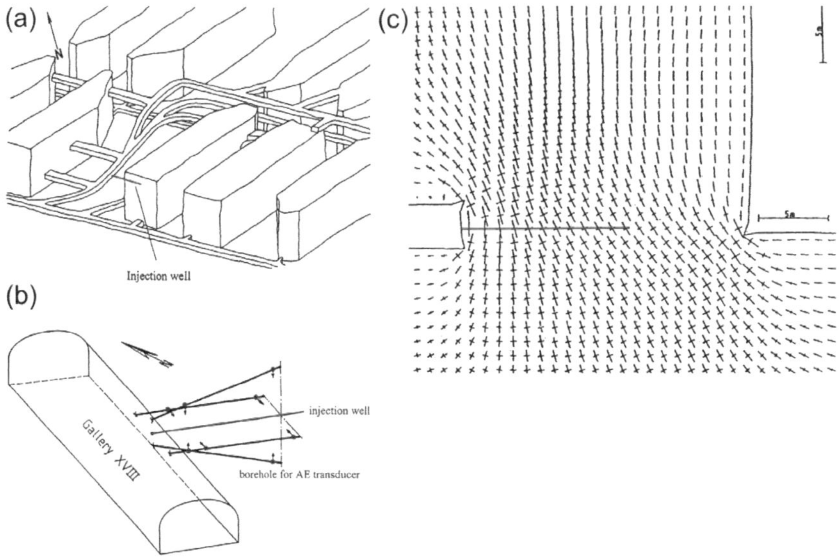

Abb. 5. Hydraulische Frac-Versuch im Salzbergwerk Bernburg. (a) Versuchsort auf der 420-m-Sohle in der Nähe von riesigen Abbaukammern mit der ca. 12 m langen horizontalen Injektionsbohrung (rote Linie). (b) Messbohrungen mit Lage der acht Bohrlochsensoren (blaue Punkte). (c) Berechnetes Spannungsfeld (Kreuze) am Versuchsort zusammen mit den Konturen der Zufahrtsstrecke (links) und der riesigen Abbaukammer (rechts) [9].

3.1 Gesamtübersicht der Ortungen

Während der Frac-Versuche wurden insgesamt 735 Ereignisse einzeln mit dem Gradientenverfahren geortet, die ein einer Gesamtübersicht in Projektionen auf die 3 Koordinatenebenen in Abb. 6 dargestellt sind.

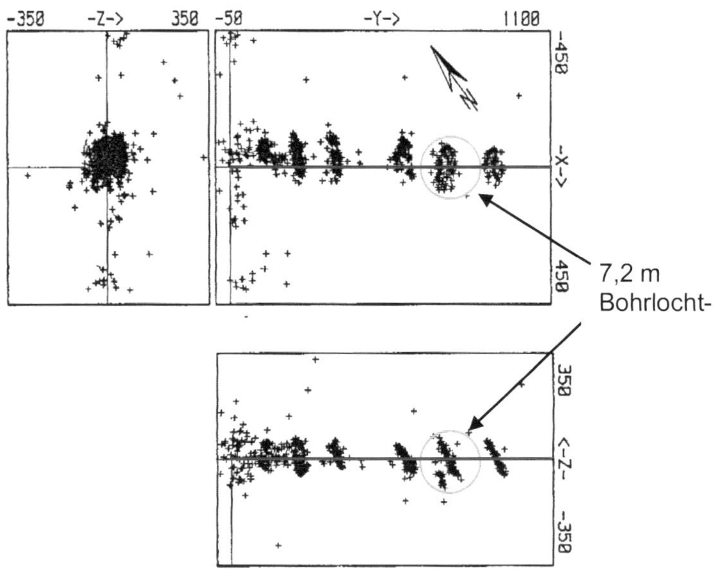

Abb. 6. Projektionen auf die drei Koordinatenebenen bei der Frac-Serie im Salzbergwerk Bernburg. Die rote Linie stellt die Lage der Injektionsbohrung dar. Die georteten Ereignisse beim Frac-Versuch in 7,2 m Bohrlochteufe sind durch einen grünen Kreis markiert.

Die Abbildung zeigt die SE-Ereignisse in einer Aufsicht von oben (x-y-Ebene) und zwei Seitenansichten (x-z-Ebene und y-z-Ebene). Der Ursprung des lokalen Koordinatensystems befindet sich im Ansatzpunkt der Injektionsbohrung (rote Linie). Die Lage der Injektionsintervalle wird durch die Ortungen in der x-y-Ebene und der y-z-Ebene wiedergegeben.

Die Ereignisse, die direkt aus dem Injektionsintervall stammen, liegen vorzugsweise quer, d.h. normal zur Bohrlochachse und sind deutlich auf fast kreisförmigen Flächen mit einem Durchmesser von 1 bis 1,8 m angeordnet. Auffällig ist, dass die Rissflächen der Frac-Versuche in größeren Bohrlochteufen um ca. 27° bis 30° zur vertikalen Achse (z-Achse) geneigt sind. Die Orientierung dieser Rissflächen (sogenannte transversal Risse) stimmt bemerkenswert gut mit der Orientierung der berechneten Hauptspannungen überein (Vergleich der y-z-Ebene in Abb. 6 mit Abb. 5c).

3.2 Anwendung von absoluten und relativen Ortungsverfahren

Zur Anwendung von absoluten und relativen Ortungsverfahren werden die Ereignisse des Frac-Versuchs in 7,2 m Bohrlochteufe herangezogen (grüner Kreis in Abb. 6). Abb. 7 zeigt die drei Projektionsebenen mit dem Verlauf der Injektionsbohrung in y-Richtung (rote Linien). Dargestellt sind 169 geortete Ereignisse des Frac- und Refrac-Versuchs zusammen. Die meisten Ereignisse liegen konzentriert um das Injektionsintervall. In der y-z-Ebene (oben rechts) ist zu erkennen, dass die Rissfläche in zwei Teile zerfällt. Beide Flächen haben eine ähnliche Neigung von ca. 27° gegenüber der z-Achse und liegen parallel zueinander. Im Folgenden werden die Ereignisse betrachtet, die aus der fast kreisförmigen Haupttrissfläche (grünes Oval) stammen. Diese Ereignisse liegen eng beieinander und erfüllen damit die Voraussetzung für die relative Ortung mit und ohne Referenzereignis.

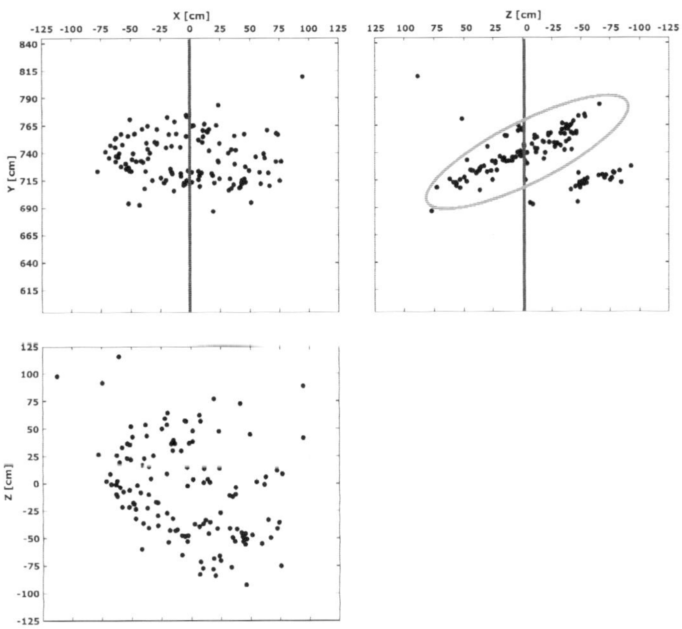

Abb. 7: Projektionen auf die drei Koordinatenebenen bei dem Frac- und Refrac-Versuch in 7,2 m Bohrlochteufe. Die rote Linie stellt die Lage der Injektionsbohrung dar. Das grüne Oval kennzeichnet die Ereignisse der Hauptrissfläche.

Abb. 8 bis 10 zeigen die Projektion auf die y-z-Ebene von 150 Ortungen, die aus der Hauptfläche des Frac-Versuchs in 7,2 m Bohrlochteufe stammen (grünes Oval in Abb. 7). In dieser Ansicht ist die Lage und Ausdehnung der querliegenden Rissfläche als Linie gut zu erkennen. Dargestellt sind in Abb. 8 die Ortungsergebnisse des Gradientenverfahrens (a), Ortung durch Linearisierung (b) und nach dem Master-Event-Verfahren (c). Der Ort der Schallquellen wurde aufgrund der sich aus den automatisch bestimmten Einsatzzeiten ergebenden Zeitdifferenzen und den gemessenen Schallgeschwindigkeiten der Longitudinalwelle ($c_L = 4{,}5\ m/ms$) und der Transversalwelle ($c_T = 2{,}6\ m/ms$) mit den drei Ortungsverfahren bestimmt. Die Teilbilder zeigen, dass die Lage und Ausdehnung der Rissfläche bei allen drei Ortungsverfahren gleich groß sind. Bei dem Master-Event-Verfahren (c) liegen die Ortungen wesentlich konzentrierter entlang der Rissfläche und streuen bei Weitem nicht so stark, wie es bei der herkömmlichen Ortung in Abb. 8 (a) und (b) zu sehen ist.

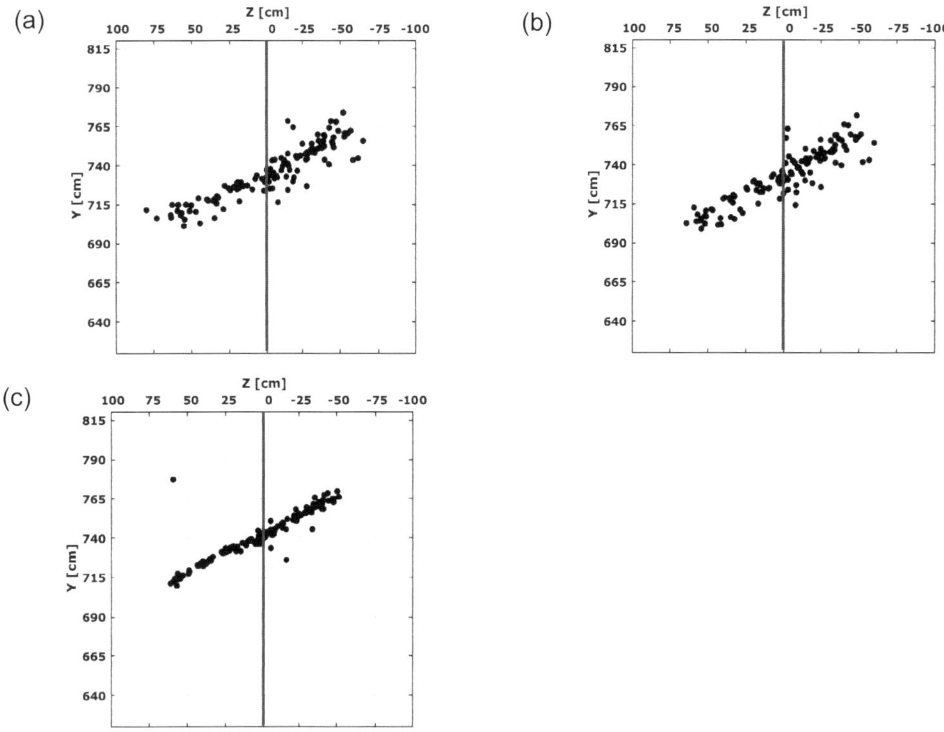

Abb. 8: Projektion auf die y-z-Ebene von 150 georteten SE-Ereignisse des Frac-Versuchs in 7,2 m Bohrlochteufe. Die rote Linie stellt die Lage der Injektionsbohrung dar. (a) Ergebnis der Ortung nach dem Gradientenverfahren, (b) nach Linearisierung und (c) nach dem Master-Event-Verfahren.

In Abb. 9 sind die bei den genannten Ortungsverfahrenn festgestellten Fehlerhäufigkeiten als Histogramm gezeigt. Der Ortungsfehler berechnet sich aus der Summe der an den einzelnen Sensoren festgestellten Laufzeitresiduen der L- und T-Welle. Eine Verbesserung der Ortungsgenauigkeit bei dem Master-Event-Verfahren ist nicht zu erkennen. Der mittlere Ortungsfehler beträgt 9 bis 11 cm.

Ein ähnliches Ergebnis wie in Abb. 8 ergibt die Ortung mit dem doppelten Differenzenverfahren (Abb. 10). Als Eingangsdaten wurden in Gleichung (12) die aus den drei Ortungsverfahren berechneten Einsatzzeiten zur Bildung der doppelten Differenzen der Longitudinal- und Transversalwellen eingesetzt. Bei der Bildung des Gleichungssystems wird jedes Ereignis des Clusters als Referenzereignis verwendet. Das sind bei 150 Ereignissen, 8 Sensoren und jeweils zwei Einsatzzeiten (L- und T-Einsatzzeiten) 60.915 Gleichungen mit 600 Unbekannten. Bei der Aufstellung des Gleichungssystems wurden nur die Sensoren berücksichtigt, an denen auch die Einsatzzeiten zur Ortung herangezogen wurden. Zur Lösung dieses großen Gleichungssystems wurde die Singulärwertzerlegung (SVD) gewählt.

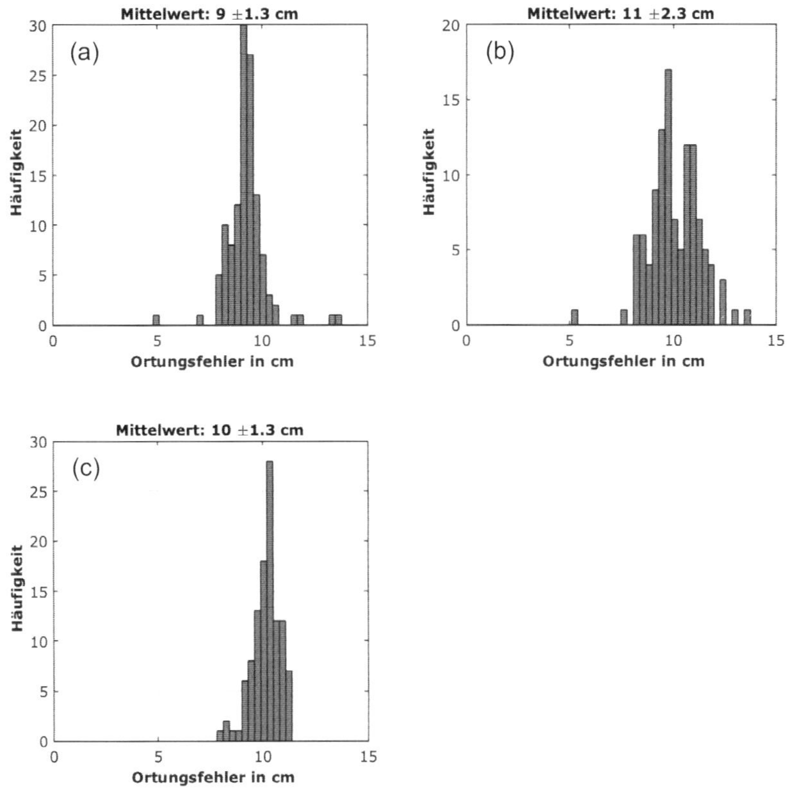

Abb. 9: Häufigkeit von Ortungsfehlern für die drei Ortungsverfahren (a) Gradientenverfahren, (b) nach Linearisierung und (c) Master-Event-Verfahren.

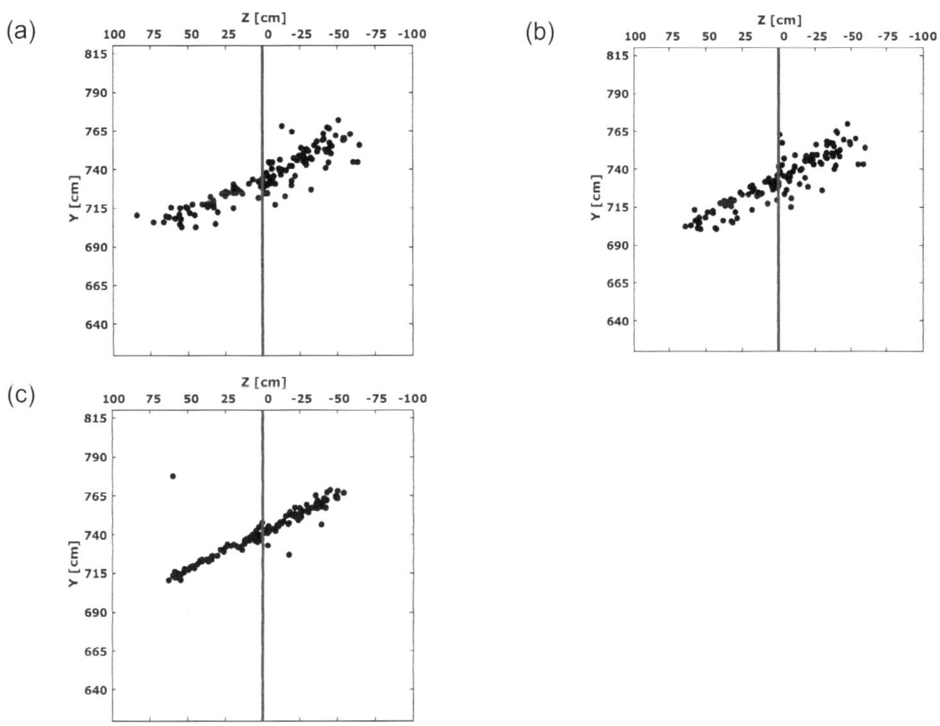

Abb. 10: Darstellung wie in Abb. 8. Ortungsergebnis des doppelten Differenzenverfahrens aus den berechneten Einsatzzeiten (a) mit dem Gradientenverfahren, (b) mit Linearisierung und (c) mit dem Master-Event-Verfahren.

Die Ergebnisse zeigen, dass die relativen Ortungsverfahren mit und ohne Referenzereignis die Rissfläche zwar scharf abbilden, jedoch ohne Verbesserung der Ortungsgenauigkeit. Zur Beurteilung des Ortungsfehlers zeigt Abb. 11 beispielhaft die Wellenformen eines SE-Ereignisses mit den markierten Einsatzzeitpunkten der Longitudinal- und Transversalwelle. In dieser Abbildung sind jeweils oberhalb des Signals die gemessenen Einsatzzeitpunkte (grüne senkrechte Striche) und unterhalb des Signalzuges sind die berechneten Einsatzzeiten (rote senkrechte Striche) zu sehen. Die gestrichelte senkrechte Linie markiert die Ursprungszeit des Ereignisses.

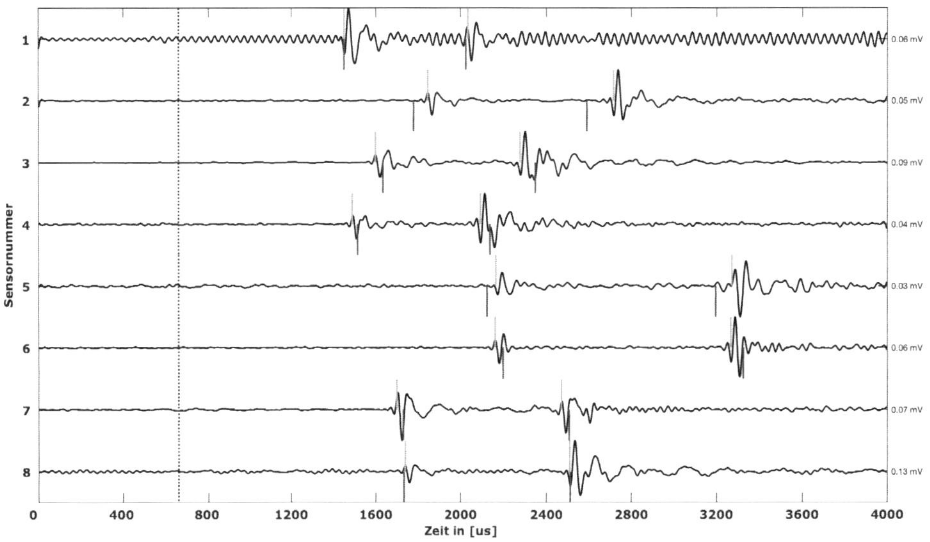

Abb. 11: Beispiel von Signalformen eines SE-Ereignisses mit den gemessenen (grüne Striche) und berechneten (rote Striche) Einsatzzeiten. Die gestrichelte Line markiert die Ursprungzeit des Ereignisses. Die Zahlen am Ende der Spur geben die Maximalamplituden in Millivolt an.

Stimmen die berechneten Einsatzzeitpunkten mit den dargestellten Einzelheiten des Signals überein, dann kann davon ausgegangen werden, dass die Triggerzeitpunkte richtig erkannt wurden und die Ortung richtig ist. Das ist allerdings nicht der Fall bei Sensor 2 und 5. Eine Verbesserung der Ortung kann erreicht werden, wenn diese systematischen Fehler eliminiert werden. Dazu wird der (zeitliche) Fehler bei der Ortung an den einzelnen Sensoren über alle Ortungen summiert, um systematische Abweichungen der gemessenen von den aufgrund der Ortung berechneten Einsatzzeiten (diese Differenz ist das schon genannte Residuum) zu finden. Für die Ortung wirksam werden allerdings nur die Unterschiede dieser systematischen Abweichungen von einer über alle Sensoren gemittelten Abweichung. Dies geschah iterativ, indem alle Ereignisse des Frac-Versuchs mehrere Male mit den jeweils ermittelten Laufzeitkorrekturen geortet wurden. Aus den so bestimmten Laufzeitkorrekturen wurde örtliche Sensorkorrekturen in die drei Koordinatenrichtungen (sogenannter Fehlerellipsoid) berechnet. Daraus ergaben sich Korrekturen von 2 cm an Sensor 3 bis 37 cm an Sensor 2. Dieses Vorgehen entspricht dem sogenannten "Joint Hypocenter Determination" (JHD-Verfahren) [10,11].

Wie Abb. 12 zeigt erbrachte die Verwendung der Sensorkorrekturen eine deutliche Verringerung der Laufzeitresiduen. An allen Sensoren stimmen nun die gemessenen und berechneten Einsatzzeiten der Longitudinal- und Transversalwelle sehr gut überein. Die Verringerung der Laufzeitresiduen führt zu einer wesentlichen Verbesserung der Ortungsgenauigkeit. Der mittlere Ortungsfehler liegt nun bei ca. 2 bis 3 cm (Abb. 13).

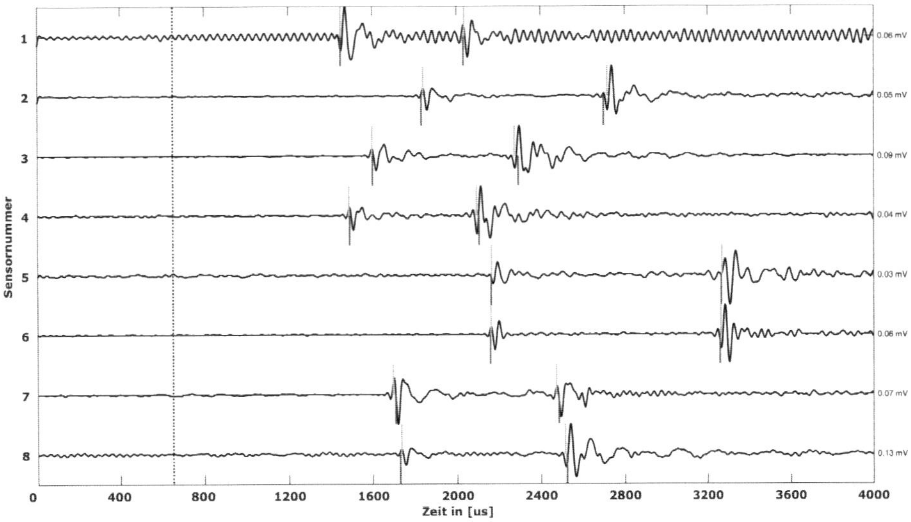

Abb. 12: Darstellung wie in Abb. 11 nach Korrektur der Sensorpositionen.

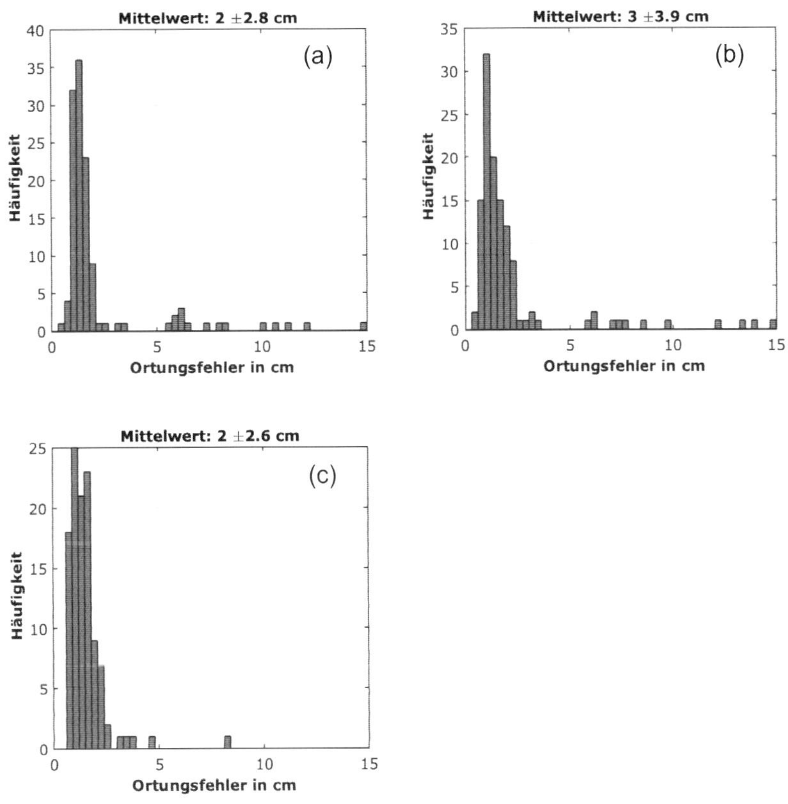

Abb. 13: Häufigkeit von Ortungsfehlern nach Korrektur der Sensorpositionen für die drei Ortungsverfahren (a) Gradientenverfahren, (b) nach Linearisierung und (c) Master-Event-Verfahren.

Abb. 14 zeigt die Ortungsergebnisse nach Korrektur der Sensorpositionen mit dem Gradientenverfahren (a), Ortung durch Linearisierung (b) und dem Master-Event-Verfahren (c). Alle Teilbilder zeigen ein wesentlich verbessertes und nahezu gleiches Ortungsbild. Die Ereignisse liegen jetzt sehr konzentriert entlang der linienförmigen Risskontur. Die Streuungen bei den absoluten Ortungsverfahren ohne Sensorkorrekturen (Abb. 8 (a) und (b)) treten nicht mehr auf.

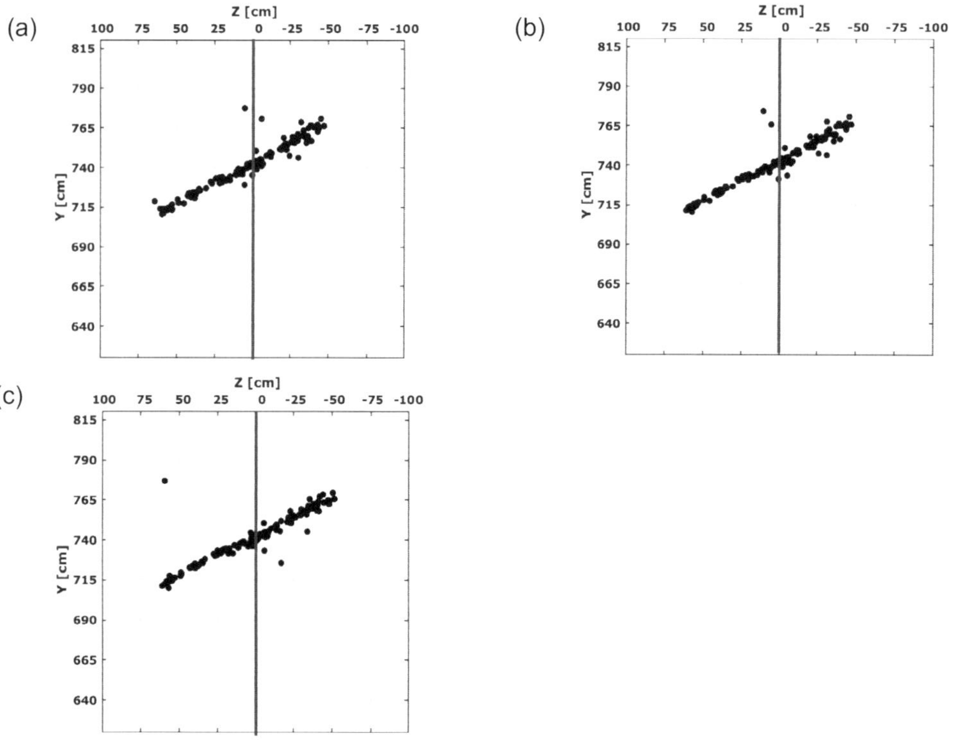

Abb. 14: Darstellung wie in Abb. 8 nach Korrektur der Sensorpositionen. Ortungsergebnis (a) nach dem Gradientenverfahren, (b) nach Linearisierung und (c) nach dem Master-Event-Verfahren.

4 Zusammenfassende Diskussion

In dieser Studie wurden neben Verfahren zur absoluten Ortung von Einzelereignissen auch Algorithmen zur relativen Ortung mit und ohne Referenzereignis auf ein Cluster von SE-Ereignissen angewendet, bei denen der Abstand der Ereignisse viel kürzer ist als der Abstand zwischen dem Schwerpunkt des Clusters und den Sensoren. Zur Anwendung der Ortungsverfahren wurden geeignete SE-Ereignisse ausgewählt, die während eines hydraulischen Frac-Versuchs im Salzbergwerk Bernburg im massiven Salzgestein erzeugt wurden. Diese Ereignisse liegen eng beieinander und erfüllen damit die Voraussetzung für eine relative Ortung.

Die hier vorgelegten Ergebnisse zeigen, dass bei dem relativen Master-Event-Verfahren die Ortungen wesentlich konzentrierter entlang der Rissfläche liegen und bei Weitem nicht so stark streuen, wie es bei der herkömmlichen absoluten Ortungsverfahren der Fall ist. Eine wesentliche Verbesserung der Ortungsgenauigkeit mit dem Master-Event-Verfahren ist nicht zu erkennen. Die mittleren Ortungsfehler liegen unabhängig von der Ortungsverfahren im Bereich von 9 bis 11 cm. Die kleinen Verschiebungen gegenüber des Referenzereignisses führen bei der Master-Event-Ortung zwar zu einer strukturellen Verbesserung innerhalb des Clusters. Die Ausdehnung des Fehlerellipsoids bleibt jedoch unverändert.

Bei relativen Ortungsverfahren wird davon ausgegangen, dass die wahren strukturabhängigen Residuen absolut korrekt aus dem Referenzereignis gewonnen werden können, jedoch sind in den Messwerten des Referenzereignisses selbst Fehler vorhanden. Eine Verbesserung der Ortungsgenauigkeit wird erst dann erzielt, wenn eine Korrektur der Sensorpositionen nach Verringerung der Laufzeitresiduen unter Verwendung des gesamten Datensatzes vorgenommen wird. Dadurch wird die Ortungsgenauigkeit unabhängig vom Verfahren bis zu einem Faktor 5 erhöht.

Referenzen

[1] Eisenblätter, J., Manthei, G., Meister, D. (1998). Monitoring of Microcrack Formation around Galleries in Salt Rock. In Hardy, H.R. Jr. (ed) (1998), Proc. 6th Conf. on Acoustic Emission/Microseismic Activity in Geologic Structures and Materials. Trans Tech Publications, Clausthal-Zellerfeld, 227–243.

[2] Vallen, H. (2003), Die Schallemissionsprüfung, Castell-Verlag GmbH, Wuppertal.

[3] Eisenblätter, J. (1980). Einführung in die Schallemissionsanalyse. In Schallemission, Einführungskurs und Praktikum, Battelle-Institut e.V.

[4] Geiger, L. (1910), Herdbestimmung bei Erdbeben aus den Ankunftszeiten. *Nachrichten von der Königlichen Gesellschaft der Wissenschaften zu Göttingen*, Mathematisch- Physikalische Klasse, 331-349. (In 1912 translated to English by Peebles, F. W. L., and Corey, A. H.: Geiger, L. (1912). Probability method for the determination of earthquake epicenters from the arrival time only. *Bulletin St. Louis University*, 8, 60–71.

[5] Havskov, J., Bormann, P., Schweitzer, J. (2012 online). Seismic source location. - In: Bormann, P. (Ed.), New Manual of Seismological Observatory Practice 2 (NMSOP-2), Potsdam: Deutsches GeoForschungsZentrum GFZ, 1–36, doi:10.2312/GFZ. NMSOP-2_IS_11.1.

[6] Waldhauser, F., Ellsworth, W. L. (2000). A double-difference earthquake location algorithm: method and application to the northern Hayward fault, California. Bull. Seism. Soc. Am., 90, 1353–1368, doi:10.1785/0120000006.

[7] Waldhauser, F. (2001). hypoDD – A Program to Compute Double-Difference Hypocenter Locations: U.S. Geological Survey Open-File Report 01-113, 25, https://pubs.usgs.gov/of/2001/0113/.

[8] Manthei, G., Plenkers, K. (2018). Review on In Situ Acoustic Emission Monitoring in the Context of Structural Health Monitoring in Mines, Applied Sciences, 8, 1595, doi:10.3390/ app8091595.

[9] Manthei, G., Eisenblätter, J., Dahm, T. (2001). Moment tensor evaluation of acoustic emission sources in salt rock, Construction and Building Materials, 15, 2001, S. 297–309.

[10] Douglas, A. (1967). Joint hypocenter determination. Nature, 215, 47–48.

[11] Pujol, J. (2000). Joint event location – the JHD technique and applications to data from local networks. In: Thurber Rabinowitz (2000), 163–204.

Drahtlose AE-Sensoren mit schwacher künstlicher Intelligenz (Wireless AE sensors with weak artificial intelligence)

Horst KÜHNICKE [1], Li WANG [2]

[1] Kühnicke Embedded Real Time (KERT), Dresden
[2] Kühnicke Embedded Real Time (KERT), Shenzhen, China

Kontakt E-Mail: kert@u-boehm.de

Kurzfassung. 2017 haben wir auf dem 21. Kolloquium Schallemission in Fulda die ersten Schallemissionssysteme mit dezentraler Signalverarbeitung vorgestellt. Dabei wurde die gesamte Signalverarbeitung in den Sensor verlagert. Zentral waren nur noch die Bedienung und die Ergebnisdarstellung mittels einer Webanwendung. Der Datenaustausch zwischen den Sensoren und dem Browser erfolgte über LAN oder WLAN.

Zur Zeit wird die 4. Generation der dezentralen AE-Systeme entwickelt. Im autarken Betrieb mit Lithium-Akkumulatoren spielt ein möglichst geringer Energieverbrauch eine wichtige Rolle. Der Artikel stellt zwei einfache Anwendungen künstlicher Intelligenz vor, die mit energiesparenden Algorithmen in Zusammenhang stehen.

Die erste KI-Anwendung betrifft die Signalformkompression „logarithmische Einhüllende", welche die notwendigen Taktraten des Systems wesentlich verringert. Informationen wie Polarität und Frequenzanteile gehen verloren. Für viele erfahrene Anwender ist diese Darstellung der Signalformen ungewohnt. Die eliminierten Informationsanteile werden durch die Prüfkörpergeometrie, die Materialeigenschaften, die Schädigungsmechanismen und das Sensorverhalten bestimmt. Viele dieser Einflüsse sind bekannt und können nachträglich in gewissem Umfang wieder ergänzt werden. Bewerkstelligt wird das durch ein maschinelles Verstärkungslernen. Damit können aus der Einhüllenden die ursprünglichen Signalformen zumindest annähernd nachgebildet werden.

Die Triangulation mittels Laufzeitdifferenzen wird konventionell optimiert. Im günstigsten Fall eines gleichseitigen Dreiecks belastet eine Ortung den Prozessor nur noch mit einer einzigen vektoriellen MAC-Operationen. Die mit realen Signalen auftretenden Ortungsfehler werden nicht durch den Ortungsalgorithmus hervorgerufen, sondern durch die nicht erfüllte Annahme einheitlicher Ausbreitungsgeschwindigkeiten zu allen Sensoren. Misst man eine zusätzliche Zeitdifferenz, lässt sich in vielen Fällen die Fehlerursache beheben. Dazu werden rechnerisch verschiedene Szenarien durchgespielt und die Variante ausgewählt, bei der alle gemessenen Zeitdifferenzen konsistent sind. Das Durchrechnen aller möglichen Korrekturvarianten erhöht den Rechenaufwand erheblich. Durch automatisiertes maschinelles Lernen wird für jeden Quellort eine statistische Erfolgsreihenfolge der Korrekturalgorithmen ermittelt, so dass nur wenige Varianten tatsächlich berechnet werden müssen. Wenn die Ortung online im Sensorsystem erfolgt, verlängert dies die Einsatzzeit der mit Akkumulatoren betriebenen Sensorsysteme.

1. Einführung

1.1 Dezentrale AE-Systeme

Üblicherweise wird in AE-Systemen eine zentrale Signalverarbeitung verwendet. In den Sensoren findet, wenn überhaupt, lediglich eine Impedanzanpassung oder Vorverstärkung statt. Die AE-Signale werden über Kabel an eine zentrale Verarbeitungseinheit übermittelt. Das hat den Vorteil, dass die Laufzeitdifferenzen für die Ortung einfach gemessen werden können. Die zentrale Signalverarbeitung erfordert bei großen Prüfobjekten jedoch viele unhandlich lange Kabel.

Abbildung 1
rechts 1.- links 4. Generation

In [1,2] wurde die 1. Generation der dezentralen Systeme vorgestellt. Zur Zeit ist bereits die 4. Generation in Entwicklung. Mit jeder Generation sind das Sensorvolumen verringert und die autarke Laufzeit verlängert worden. Abbildung 1 zeigt Sensoren der 1. und 4. Generation im gleichen Maßstab. Die in den Sensoren eingebauten Lithiumionen-Akkumulatoren erlauben in der 1. Generation einen autarken Betrieb von 8 Stunden. Die AE-Systeme der 4. Generation besitzen mit den internen Akkumulatoren typischerweise eine Laufzeit von einer Woche, in einigen Messregimen sogar bis zu einem Monat. Alle notwendigen Kabel sind kürzer als die Aufnehmerabstände. Die Gesamtkabellängen reduzieren sich, verglichen mit zentralen Systemen in Abhängigkeit von der Anzahl der Sensoren, auf bis zu 10 %. Drahtlose Signalübertragungstechniken werden in großem Umfang eingesetzt. Neben den Sensoren gehören zu den AE-Systemen der 4. Generationen sogenannte Mid-Devices (Abbildung 2 links). Jeweils vier Sensoren sind über Twisted-Pair-Kabel mit einem Mid-Device verbunden und bilden einen AE-Knoten. Die Einführung der AE-Knoten entlastet die stark genutzten IMS-Bänder. Die drahtlos zu übertragenden Datenmengen werden etwa um den Faktor 10 reduziert.

Die Kommunikation zwischen den Mid-Devices erfolgt mittels WLAN und sorgt für eine submikrosekundengenaue Synchronisation, die für die Ortung benötigt wird [3]. Außerdem erzeugen die Mid-Devices dynamische Webseiten für die Bedienung und die Ergebnisanzeige, auf die wahlweise drahtlos über WLAN oder mit Hilfe eines Mobilfunkanbieters über LTE-M1 zugegriffen werden kann. Auch eine kabelgebundene Kommunikation über SPE (Single Pair Ethernet) ist möglich.

Abbildung 2 (rechs) zeigt eine quadratische Anordnung der Sensoren. Die eingezeichneten Strichlinien verdeutlichen zwei grundsätzliche Varianten der Ortungsalgorithmen. Die drei rot gestrichelten Quadrate entsprechen den herkömmlichen Verfahren. Liegt die Quelle im Inneren eines der Quadrate, sprechen im Normalfall die vier Sensoren an den Eckpunkten zuerst an. Im rechten und linken Quadrat müssen für die Ortung keine Informationen zwischen den Mid-Devices ausgetauscht werden. Im mittleren Quadrat ist es notwendig, dass die Informationen von zwei Sensoren dem benachbarten Mid-Device gesendet werden. Es besteht die Möglichkeit, diesen bereits stark reduzierten Informationsaustausch völlig zu vermeiden, wenn die Ortung bezüglich der beiden gelben Strich-Punkt-Quadrate erfolgt. Ein Mid-Device mit seinen vier Sensoren liefert alle Informationen für die Ortung. Es müssen jetzt auch Quellen außerhalb der Sensorquadrate berücksichtigt werden. Die größeren Signallaufwege können durch geringfügig kleinere Sensorabstände kompensiert werden.

Dieses Prinzip der dynamischen Webanwendung ist für langsam ablaufende Prozesse wie Temperaturmessungen, DSL-Router-Bedienung u.ä. bekannt. Die fortschreitende Umsetzung des HTML5-Standards mit seinen leistungsfähigen APIs erlaubt es, Webanwendungen auch für schnelle Echtzeitprobleme wie die Schallemissionsanalyse zu entwickeln. Alle Echtzeit-Algorithmen werden in den Sensoren und Mid-Devices realisiert. Der Browser übernimmt nur Aufgaben mit geringen Echtzeitanforderungen wie z.B. die Ergebnisdarstellung. Damit ergeben sich folgende Vorteile:

- Das Schallemissionssystem kann durch jeden Rechner im Netz bedient werden.
- Es ist keine Installation spezieller Schallemissionssoftware auf dem Bedienrechner notwendig.
- Webanwendungen sind unabhängig vom Betriebssystem (Windows, Linux, Android oder macOS).
- Der vom Nutzer bevorzugte Browsertyp (Chrome, Firefox, Opera oder Edge) kann eingesetzt werden.
- Die nach dem Client-Server-Modell aufgebauten Schallemissionssysteme sind preiswert.
- Die Einbindung des Sensors im Netz erlaubt vielseitige Strukturen.

Die Leistungsfähigkeit der Systeme entspricht bis auf die folgenden beiden Ausnahmen der von modernen AE-Systemen mit zentraler Signalverwaltung und schnellen Computern:

- Das Vorzeichen des Ersteinsatzes (Momententensoranalyse) steht nicht zur Verfügung.
- Frequenzinformationen (Modalanalyse) gehen verloren.

Grund ist das eingesetzte Datenreduktionsverfahren logarithmische Einhüllende, das die notwendigen Taktraten reduziert und so wesentlich zum geringen Energieverbrauch beiträgt. Das System verbraucht typischerweise 250 mW pro Sensor.

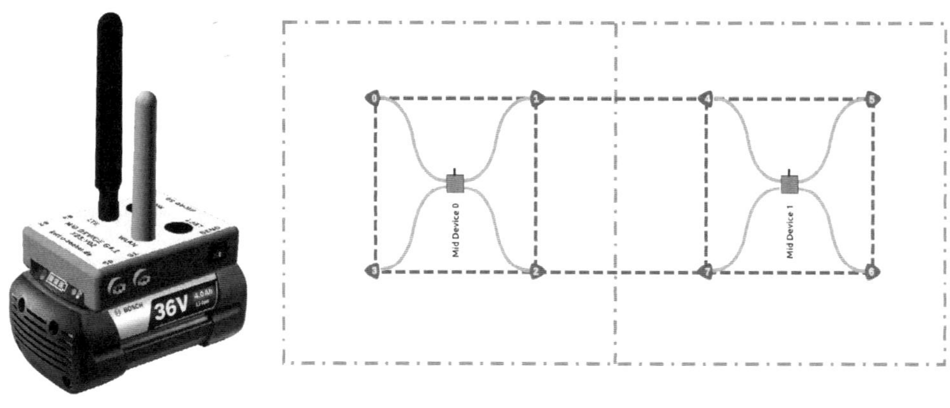

Abbildung 2 AE-Knoten mit vier Sensoren (rechts) und Mid-Device der 4. Generation (links)

Neben der Einsparung von Kabeln ist die lange autarke Laufzeit ein Entwicklungsziel. Die in den folgenden Abschnitten vorgestellten KI-Methoden dürfen, um den Energieverbrauch klein zu halten, nicht mit hohen Rechenleistungen während der Messzeit verbunden sein. Komplizierte Berechnungen müssen möglichst in die Vor- oder Nachbereitung der Messung verschoben werden.

1.2 Schwache KI

Tabelle 1 zeigt Hypes und Winter der Künstlichen Intelligenz (KI). Ein solches Auf und Ab ist typisch für alle neuen Forschungsgebiete. Die KI-Winter waren aber besonders kalt. Die Forschungsetats fielen auf weniger als 1 % der Vorjahre. 1995 scheint die Normalisierungsphase zu beginnen. Ideen der KI werden mit anderen Algorithmen verknüpft und erfolgreich eingesetzt.

Jahr	Phase	Schwerpunkte
1962	1. Hype	Maschinelles Lernen
1974	1. Winter	Scheitern des maschinellen Übersetzens, Anstieg Produktionsausschuss
1980	2. Hype	Expertensysteme, LISP-Maschinen
1987	2. Winter	Niedergang LISP-Maschinenmarkt, viele medizinische Fehldiagnosen
1995	Stabil	Strategiespiele, Fuzzy-Logik, Suchmaschinen, gezielte Werbung, ...

Tabelle 1 Hype-Zyklen der KI

Es besteht eine gewisse Gefahr, dass auch heute unberechtigte Erwartungen geweckt werden. Selbst die natürliche Intelligenz ist schwer zu definieren. Zum Beispiel sind IQ-Faktoren ein recht unvollkommenes Maß für die menschliche Intelligenz. Viele Wissenschaftler unterscheiden zwischen starker und schwacher KI. Starke KI zeichnet sich z.B. durch logisches Denkvermögen, Entscheidungs- und Planungsfähigkeit sowie durch Kombinination sehr unterschiedlicher Fähigkeiten zur Erreichung eines übergeordneten Ziels aus. Teilweise werden sogar eigenes Bewusstsein und Empathie in Aussicht gestellt. Bis heute gibt es keine Anwendungen der starken KI. Die Diskussionen sind rein hypothetisch.

Praktische Informatiker beschäftigen sich mit Methoden der schwachen KI. Sie erzielen erstaunliche Ergebnisse. Die schöpferische Leistung liegt aber bei den Menschen, welche die Algorithmen erstellen und nicht bei den Algorithmen selbst. Besonders bei unscharfen Fragestellungen oder Randbedingungen und dem Verzicht auf sehr hohe Präzision der Antworten sind KI-Methoden effizient. So geht es z.B. beim Schachspiel nicht darum, die Züge bis in sehr große Tiefen zu analysieren. Im Gegenteil, winzige überraschende eigene Fehler erhöhen die Gewinnchancen. Für sicherheitsrelevante oder ethische Fragestellungen ist eine strenge Kontrolle der Ergebnisse durch den Menschen notwendig.

Für das Gerätekonzept dezentrale AE-Systeme kommen nur Algorithmen in Frage, die mit kleinen Rechenleistungen auskommen.

2. KI zur Rekonstruktion der Signalformen

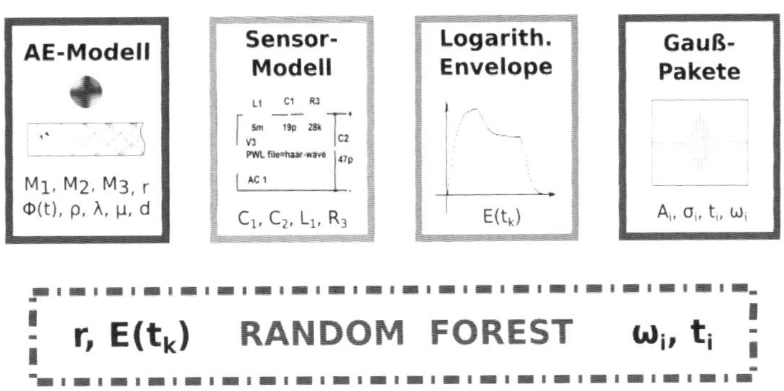

Abbildung 3 Funktionsblöcke für die Signalrekonstruktion

Abbildung 3 zeigt die Funktionsblöcke für die Signalformrekonstruktion aus der logarithmischen Einhüllenden. Kernstück ist der Random-Forest-Algorithmus. Das ist eine KI-Methode, die sich bezüglich Rechenleistung, Präzision, Nachvollziehbarkeit, Trainingszeit und Stabilität zwischen Entscheidungsbäumen und Neuronalen Netzen einordnet.

Das dezentrale AE-System misst diskrete Werte der Logarithmischen Envelope $E(t_k)$. Die Rekonstruktion soll die ursprüngliche Signalform wiederherstellen. Das ist natürlich nur in beschränktem Umfang möglich, da wichtige Informationen wie der Frequenzinhalt bei der Bildung der Envelope verlorengegangen sind. KI-Methoden sind für Aufgabenstellungen mit unvollständigen Inputs geeignet, wenn weniger präzise Antworten zugelassen werden können. Im vorliegenden Fall wird die Signalform am Sensor durch die Summe von Gaußschen Wellenpaketen Ψi nachgebildet.

$$\Psi_i = A_i \sin(\omega_i t - \varphi_i) e^{\frac{-(t-t_i)^2}{2\sigma_i^2}} \qquad (1)$$

Die Frequenzen ω_i und die Zentralwerte t_i liefert der Random-Forest-Algorithmus. Inputs sind der Sensorabstand, die Prüfkörpergeometrie und die Materialparameter. Die Varianzen σ_i^2 werden zum Schluss mit klassischen Ausgleichsrechnungen bestimmt. Die Phasen φ_i werden zufällig ausgewählt. Trainiert wird mit der Kombination aus AE- und Sensor-Modell, welche die Signalformen am Sensorausgang simuliert. Als Sensormodell wird eine einfache elektronische Ersatzschaltung verwendet. Das vereinfachte AE-Modell basiert auf Punktquellen an der Bauteiloberfläche. Die Quelle befindet sich an der gleichen oder an der gegenüberliegenden Fläche wie der Sensor. Die Beschränkung auf Quellen an der Oberfläche reduziert den Rechenaufwand und entspricht in vielen Fällen der Praxis. Die gefährlichsten Risse gehen von der Oberfläche aus. Abbildung 4 veranschaulicht eine mögliche Momententensorbasis mit ihreren Beachballdarstellungen. An der Oberfläche treten an Stelle von sechs nur noch drei unabhängige Komponenten M_1, M_2 und M_3 auf. Als Zeitfunktion wird ein Rechteckimpuls verwendet. Die Impulsbreite korreliert mit der Länge des Rissfortschritts. Die Ausbreitungseffekte werden mit einer asymptotischen Näherung der Verallgemeinerten Strahlentheorie berechnet [8].

$$\boldsymbol{M}_1 = \begin{pmatrix} 1 & 0 & 0 \\ 0 & 1 & 0 \\ 0 & 0 & 0 \end{pmatrix}$$
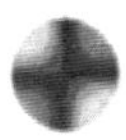
$$\boldsymbol{M}_2 = \begin{pmatrix} 0 & 1 & 0 \\ 1 & 0 & 0 \\ 0 & 0 & 0 \end{pmatrix}$$
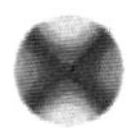
$$\boldsymbol{M}_3 = \begin{pmatrix} 1 & 0 & 0 \\ 0 & -1 & 0 \\ 0 & 0 & 0 \end{pmatrix}$$

$$\boldsymbol{M}_{ij} = a_1 \boldsymbol{M}_1 + a_2 \boldsymbol{M}_2 + a_3 \boldsymbol{M}_3$$

Abbildung 4 Mögliche Basis von Momententensoren an der Oberfläche

Trainiert wird für eine bestimmte Bauteilgeometrie. Im Trainingsprozess werden die Werte α_1, α_2, α_3, der Sensorabstand r und die Oberfläche zufällig ausgewählt, um unabhängige Signalformen als Input zu erzeugen. Die Software dieser Methode läuft auf einem vom AE-System abgesetzten Server.

Abbildung 5 zeigt ein Beispiel mit dem Sensorabstand r = 8 d. Die Plattenmoden haben sich noch nicht ausgebildet. Der Sensorabstand in Abbildung 6 beträgt 60 d. Zu sehen sind der S_1- und der A_1-Mode. Andere Moden liegen bei der betrachteten Aluminiumplatte (d = 20 mm) nicht im Frequenzbereich des Sensors (90 bis 270 kHz).

Wichtig ist zu beachten, dass die so berechneten Signalformen den ursprünglichen sehr nahe kommen. Sie können jedoch nicht dazu verwendet werden, Parameter abzuleiten, für welche die Frequenzinformationen zwingend notwendig sind.

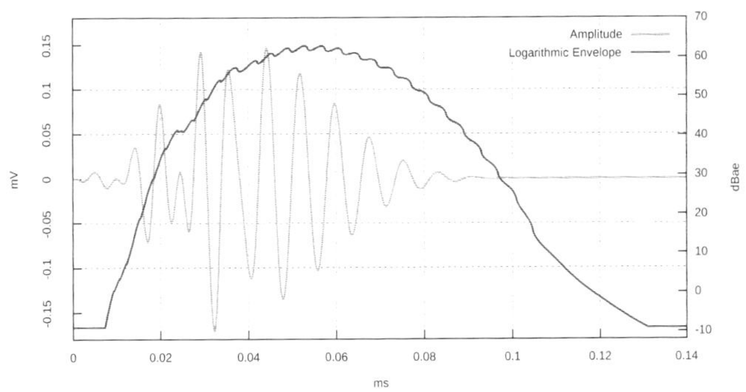

Abbildung 5 Beispiel einer rekonstruierten Signalform in Quellnähe

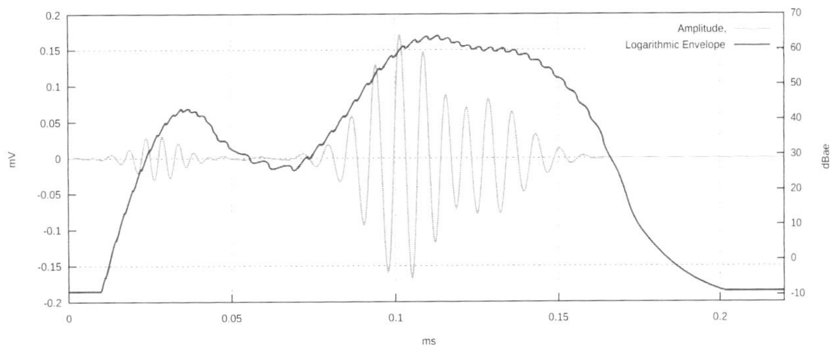

Abbildung 6 Beispiel einer rekonstruierten Signalform in größerer Entfernung zur Quelle

3. KI zur Verbesserung der Quellortung

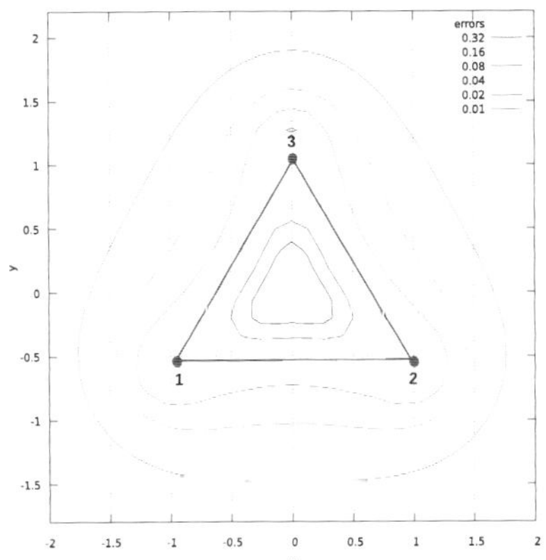

Abbildung 7
Fehler bei der Tayler-Linearisierung

Einen Überblick zur Anwendung von KI-Algorithmen zur Ortung findet man in Kapitel 2.3 des Reviews [7]. Schwerpunkt des folgenden Abschnitts sind Algorithmen, die nur eine geringe Rechenleistung benötigen und sich gut in das oben beschriebene dezentrale AE-System integrieren lassen.

Zunächst werden zwei klassische Ortungsalgorithmen genutzt, um einen Startwert für den Quellort zu bestimmen. Die verwendeten Verfahren ***Tayler-Linearisierung*** und ***Vier-Sensor-Linearisierung*** werden im Anhang beschrieben. Beide führen die Ortung auf die Lösung eines linearen Gleichungssystems zurück. Das erste stellt eine Näherungslösung mit drei Sensoren dar. Bei dem zweiten wird die Linearisierung durch zusätzliche Informationen eines vierten Sensors erreicht. Beide Verfahren zeichnen sich durch eine außerordentlich geringe Prozessorlast aus.

Für ein gleichseitiges Dreieck ergibt die Tayler-Näherung (6) innerhalb der Dreiecksfläche einen Ortungsfehler von nur 6 % (Abbildung 7). Es ist das schnellste bekannte Ortungsverfahren.

Zur Verbesserung der Ortungsgenauigkeit wird ein Gitternetz über die Bauteiloberfläche gelegt. Als erster einfacher Schritt wird vor Messbeginn in jedes Flächenelement der

Fehler des Näherungsverfahrens eingetragen. Während der Messung wird mit der Tayler-Linearisierung das Gitterelement berechnet und der abgespeicherte Fehler subtrahiert. Zusätzlich können die Ergebnisse von Messungen mit Testsignalen im Korrekturgitter berücksichtigt werden. Ist eine ausreichende Anzahl von Trainingssätzen vorhanden, können auch KI-Methoden zur Berechnung des Korrekturgitters genutzt werden. Der Vorteil besteht darin, dass die KI-Methoden auch für komplexe Bauteilgeometrien eingesetzt werden können. Nachteilig ist der hohe Aufwand. Soll eine akzeptable Präzision erreicht werden, ist für das Training eine sehr große Anzahl von Messungen notwendig. Die Methode ähnelt der Delta-T Mapping technique [11]. Sie unterscheidet sich nur im Auffinden der für einen Satz von Laufzeitdifferenzen zugehörigen Gitterzelle. Mit der Tayler-Linearisierung wird eine affine Abbildung mit weit weniger Rechenaufwand möglich.

Alle bisherigen Überlegungen gingen davon aus, dass die Ausbreitungsgeschwindigkeit der AE-Impulse zu allen Sensoren gleich ist. Das ist z.B. für reale Signale und feste Schwellwerte unter folgenden Bedingungen nicht exakt:

- Anisotropes Ausbreitungsmedium,
- Ausbildung von dispersiven Wellenmoden,
- kleine Signalamplituden in der Nähe des Schwellwerts.

Werden vier anstelle der notwendigen drei Sensoren verwendet, kann eine Linearisierung der Ortung ohne Näherungen vorgenommen werden [8,10]. Außerdem kann die Konsistenz der gemessenen drei Laufzeitdifferenzen dazu genutzt werden, die oben beschriebenen Fehlerquellen zu erkennen. Für jede Fehlerursache gibt es einfache Algorithmen zur Korrektur. Durch die serielle Anwendung aller Korrekturroutinen kann die mit dem besten Konsistenzverhalten ermittelt werden. Die Idee ist, die Fehlerursache durch bestärkendes Lernen vorherzusagen. Zu Beginn einer Messung werden alle Korrekturroutinen in zufälliger Reihenfolge durchgeführt und je nach Erfolg Gewinne gesammelt. Den Input bilden Materialkonstanten, die Bauteilgeometrie und für jedes Ereignis die Signalamplituden an den vier Sensoren. Der zu belohnende Output ist die Güte der Konsistenz. Übersteigt der Gewinn einer Routine deutlich den Wert der anderen Routinen, wird, solange nicht erhöhte Unkonsitenzen auftreten, diese Routine verwendet. Für alle anderen Routinen werden nur noch Stichproben in Abhängigkeit ihrer Gewinnsumme genommen. Die Rechenzeit sinkt im Vergleich zum Durchrechnen aller Fehlerursachen typischerweise auf etwa 20 %.

4. Anlagen – Linearisierung der Ortungsgleichungen

4.1 Taylor-Linearisierug

In der Ebene gilt für den Abstand $\boldsymbol{s_{ij}}$ zwischen den Punkten $\boldsymbol{i}$ und $\boldsymbol{j}$:

$$s_{ij} = \sqrt{(x_i - x_i)^2 + (y_i - y_i)^2} \qquad (2)$$

Indiziert man den Quellort mit 0, ergibt sich für die Laufzeitdifferenz $\boldsymbol{\Delta_{ij}}$:

$$v \cdot \Delta_{ij} = s_{i0} - s_{j0} \qquad (3)$$

An der Stelle [$x = (x_i - x_j)/2$, $y = (y_i - y_j)/2$] verschwinden die Funktion selbst und alle geraden Ableitungen. Berücksichtigt man nur die 1. Ableitung, ist das Restglied 3. Ordnung.

$$\frac{\partial \Delta_{ij}}{\partial x_0} = \frac{2(x_i - x_j)}{v \cdot \sqrt{(x_i - x_j)^2 + (y_i - y_j)^2}}$$
$$\frac{\partial \Delta_{ij}}{\partial y_0} = \frac{2(y_i - y_j)}{v \cdot \sqrt{(x_i - x_j)^2 + (y_i - y_j)^2}} \qquad (4)$$

Für die Quellkoordinaten x_0 und y_0 ergeben sich zwei lineare Gleichungen:

$$\Delta_{ij} = \frac{(x_i - x_j)(2x_0 - x_i - x_j) + (y_i - y_j)(2y_0 - y_i - y_j)}{v \cdot \sqrt{(x_i - x_j)^2 + (y_i - y_j)^2}}$$
$$\Delta_{ik} = \frac{(x_i - x_k)(2x_0 - x_i - x_k) + (y_i - y_k)(2y_0 - y_i - y_k)}{v \cdot \sqrt{(x_i - x_k)^2 + (y_i - y_k)^2}} \qquad (5)$$

Die Lösung des linearen Gleichungssystems hat die Struktur:

$$x_0 = a_x \cdot \Delta_{ik} + b_x \cdot \Delta_{ij} + c_x$$
$$y_0 = a_y \cdot \Delta_{ik} + b_y \cdot \Delta_{ij} + c_y \qquad (6)$$

Die Konstanten a_x, b_x, c_x, a_y, b_y und c_y hängen nur von den Sensorpositionen ab und müssen lediglich einmal vor der Messung berechnet werden. Für Prozessoren, die Multiply-Accumulate- und Single-Instruction-Multiple-Data-Operationen beherrschen, sind für die näherungsweise Ortung nach Gleichung (6) lediglich zwei arithmetische Befehle notwendig.

4.2 Vier-Sensor-Linearisierug

Wir schreiben Gleichung (3) für vier Sensoren auf und quadrieren:

$$(x_i - x_0)^2 + (y_i - y_0)^2 = (t_i - t_0)^2 \cdot v^2 \qquad i = 1,2,3,4 \qquad (7)$$

Wählen Ursprung der Zeitachse so, dass $t_1 = 0$. Dann gilt für i = 1:

$$(x_1 - x_0)^2 + (y_1 - y_0)^2 = t_0^2 \cdot v^2 \qquad (8)$$

Nach Subtraktion der Gleichung (8) von den Gleichungen (7) mit den Indizes i = 2,3,4 ergeben sich drei lineare Gleichungen für die Unbekannten t_0, x_0 und y_0.

$$x_i^2 + y_i^2 - x_1^2 - y_1^2 + 2 \cdot x_0 \cdot (x_1 - x_i) + 2 \cdot y_0 \cdot (y_1 - y_i) = (t_i^2 - 2 \cdot t_0 \cdot t_i) \cdot v^2 \qquad (9)$$

Betrachtet man das rote Parallelogramm aus zwei gleichseitigen Dreiecken (Abbildung 8 rechts) mit der Grundseite a (x-Achse) und der Höhe h (y-Achse), folgt:

$$x_2 = x_1 + a; \quad x_3 = x_1 + a/2; \quad x_4 = x_1 - a/2$$
$$y_2 = y_1; \quad y_3 = y_1 + h; \quad y_4 = y_1 + h \qquad (10)$$

Die Lösung von Gleichung (10) lautet:

$$x_0 = T_1 \cdot A_1 + T_0 \cdot T_2 \cdot A_2 + A_3$$
$$y_0 = T_3 \cdot A_4 + T_0 \cdot T_4 \cdot A_5 + A_6 \qquad (11)$$

Die T_i sind Funktionen der gemessenen Zeitdifferenzen. Auf den grünen Parabeln verschwindet der Nenner von T_0. Für korrekt gemessene Zeitdifferenzen tritt das nur auf, wenn das Parallelogramm ein Randelement ist. Dieser Fall muss gesondert behandelt werden. Ist das Parallelogramm kein Randelement, liegt der zuerst angesprochene Sensor immer im stumpfen Winkel und der Quellort in großer Entfernung von der kritischen Parabel.

$$T_1 = t_4^2 - t_3^2;\quad T_2 = t_4 - t_3;\quad T_3 = t_4^2 + t_3^2;\quad T_4 = t_4 + t_3$$
$$T_0 = \frac{\left(T_1 + t_2^2\right)\cdot v^2 - a^2}{T_2 + t_2} \qquad (12)$$

Die $\boldsymbol{A}_i$ hängen wieder nur von den Sensorpostionen ab und werden vor Beginn der AE-Messung berechnet.

Für das rote Rechteck (Abbildung 8 links) mit der Grundseite a (x-Achse) und der Höhe h (y-Achse) sind die Formeln noch einfacher:

$$x_2 = x_1 + a;\quad x_3 = x_1 + a;\quad x_4 = x_1$$
$$y_2 = y_1;\quad y_3 = y_1 + h;\quad y_4 = y_1 + h \qquad (13)$$

Die Lösung für das Rechteck lautet:

$$x_0 = t_2\cdot\left(t_2 - T_0\right)\cdot A_1 - A_2$$
$$y_0 = t_4\cdot\left(t_4 - T_0\right)\cdot A_3 - A_4 \qquad (14)$$

Mit $\boldsymbol{T}_0$ und $\boldsymbol{A}_i$:

$$x_0 = t_2\cdot\left(t_2 - T_0\right)\cdot A_1 - A_2 \qquad T_0 = \frac{t_4^2 - t_3^2 + t_2^2}{t_4 - t_3 + t_2}$$
$$y_0 = t_4\cdot\left(t_4 - T_0\right)\cdot A_3 - A_4 \qquad (15)$$

Auf den grünen Geraden verschwindet der Nenner von $\boldsymbol{T}_0$. In diesem Fall ist $\boldsymbol{T}_0 = 0$.

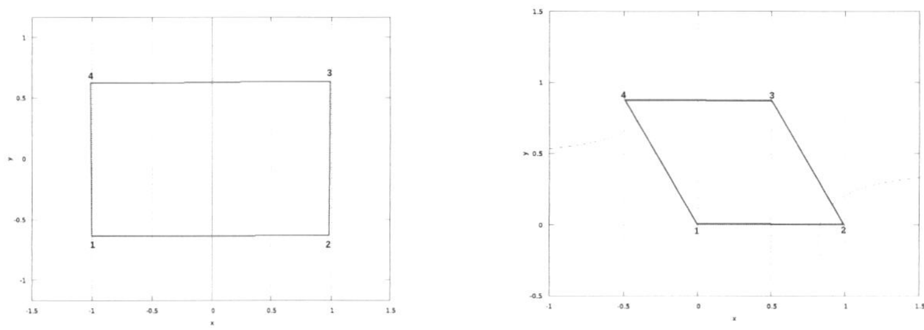

Abbildung 8 Beispiele für die Vier-Sensor-Linearisierung, links Rechteck, rechts zwei gleichseitige Dreiecke

5. Referenzen

[1] H. Kühnicke (2017) "*AE-Sensor mit integriertem Schallemissionssystem*" Vortrag 19, 21. Kolloquium Schallemission Fulda, Vortrag 19

[2] H. Kühnicke (2018) "*ZfP 4.0 – Komplettes Schallemissionssystem im Sensorgehäuse*" DGZfP-Jahrestagung Leipzig, Poster 31

[3] A. J. Brunner, H. Kühnicke, M. Oemus, L. Schubert, H. Trattnig (2019) "*Drahtlose Übertragung von Schallemissionssignalen bei Strukturüberwachung: Anforderungen*" 22. Kolloquium Schallemission und 3. Anwenderseminar Zustandsüberwachung mit geführten Wellen Karlsruhe, Vortrag 14

[4] H. Kühnicke (2019) "*Ortungssysteme mit wesentlich weniger oder ganz ohne Sensorkabel*" 22. Kolloquium Schallemission und 3. Anwenderseminar Zustandsüberwachung mit geführten Wellen Karlsruhe, Vortrag 13

[5] L. Breiman (2001) „*Random Forests*“ Machine Learning 45 5-32

[6] N. F. Ince, Chu-Shu Kao, M. Kaveh, A. Tewfik, J. F. Labuz (2010)„A Machine Learning Approach for Locating Acoustic Emission“ EURASIP Journal on Advances in Signal Processing Volume, Article ID 89548

[7] Sanjay Sengupta, Aloke Kumar Datta, Pijush Topdar (2015) „*Structural damage localisation by acoustic emission technique: A state of the art review*“ Lat. Am. j. solids struct. Vol.12 no.8 Rio de Janeiro

[8] H. Kühnicke (1986) „Beiträge zur quantitativen Analyse und Ortung von Schallemissionsburstsignalen“ Habilitation, Fakultät für Naturwissenschaften der Universität Magdeburg

[9] K. Aki, P. G. Richards (2002) „*Quantitative seismology*“, Second Edition, ISBN 0- 935702-96-2

[10] V. Salinas, Y. Vargas, J. Ruzzante, L. Gaete (2010) „*Localization Algorithm for Acoustic Emission*“ Physics Procedia 3 863–871

[11] Safaa Kh. Al-Jumaili, Matthew R. Pearson, Karen M. Holford, Mark J. Eaton , Rhys Pullin (2016) „*Acoustic emission source location in complex structures*“ Mechanical Systems and Signal Processing 72-73 513–524

Schallemissionsprüfung an Faserverbundwerkstoffen bei kryogenen Temperaturen

Markus SAUSE [1], Stefan SCHMITT [1], Ilnur NAGAEV [1], Horst TRATTNIG [2]
[1] Universität Augsburg, 86159 Augsburg
[2] Vallen Systeme GmbH, 82057 Icking

Kontakt E-Mail: markus.sause@mrm.uni-augsburg.de

Kurzfassung. Für den Bereich der Speicherung kryogener Treibstoffe finden neben metallischen Strukturen besonders im Raumfahrtbereich mittlerweile auch Faserverbund Anwendung. Für solche Tanksysteme spielt neben der Druckbeständigkeit auch die Dichtigkeit eine entscheidende Rolle. In diesem Kontext trägt insbesondere die Bildung von Zwischenfaserbrüchen erheblich zum Verlust der Gasdichtigkeit bei. Für die Qualifizierung neuer Materialsysteme bietet es sich daher an, die Bildung von Zwischenfaserbrüchen bei thermomechanischer Beanspruchung mittels Schallemissionsprüfung zu detektieren und damit die Leistungsfähigkeit zu bewerten. Konventionell sind hierzu Ansätze über Wellenleiter etabliert, welche den Sensor thermisch vom Prüfobjekt entkoppeln. Dies ist jedoch nicht in allen Konstellationen möglich, weshalb ein eigener Sensor für den Einsatz bei kryogenen Prüftemperaturen entwickelt wurde. Dieser kann konventionell direkt am Prüfobjekt angekoppelt werden und bietet für den Einsatz bei Faserverbundwerkstoffen eine hohe Bandbreite bis zu 1MHz. Mit diesem Sensorsystem wurden verschiedene Materialsysteme bei 77K geprüft und die Beständigkeit des Sensors geprüft. Darüber hinaus wurde ein flexibles Sensorhalterkonzept erarbeitet, welches eine Applikation der Sensoren auch bei Strukturtests erlaubt.

1. Kennwertermittlung bei kryogenen Temperaturen

Im Bereich der Raumfahrtanwendungen werden sowohl flüssiger Sauerstoff, flüssiger Wasserstoff als auch flüssiges Methan als Arbeits- oder Antriebsgas verwendet. Darüber hinaus werden sowohl flüssiger Stickstoff als auch flüssiges Helium kryogen gespeichert, um als Arbeitsgase verwendet zu werden. Damit werden die jeweiligen Speichersysteme thermisch und mechanisch im Bereich kryogener Temperaturen belastet. Zusätzlich erfordert die Temperaturexposition von Strukturen im Weltraum auch die Kenntnis der mechanischen Kennwerte in niedrigsten Temperaturbereichen, um diese sicher betreiben zu können.

Hierzu wurde bereits vor mehreren Jahrzehnten mit der Entwicklung spezifischer Prüfvorrichtungen für die mechanische Kennwertermittlung unter kryogenen Temperaturen begonnen. Weit verbreitet ist die Nutzung von kryogenen Flüssigkeiten und die Einbringung der gesamten Prüfvorrichtung (Immersion) innerhalb dieser Flüssigkeit. Dies beschränkt die Prüfung jedoch auf die jeweilige Siedetemperatur der kryogenen Flüssigkeit [1], [2]. Andere Konzepte nutzen eine steuerbare Wärmebrücke zur variablen Ankopplung an ein kryogenes Flüssigkeitsbad. Damit lassen sich die Prüftemperaturen etwas variieren, die Basistemperatur ist jedoch durch die Wahl der kryogenen Flüssigkeit festgelegt. Neuere Konzepte nutzen eine indirekte Kühlung durch die Kühlleistung des Abdampfs einer kryogenen Flüssigkeit, um die Prüfvorrichtung auf definierte Temperaturen zwischen Raumtemperatur und den jeweiligen Siedetemperaturen abzukühlen.

In weiteren Konzepten wird der Prüfkörper selbst mit kryogenen Flüssigkeiten oder einem kryogenen Gasstrom auf Prüftemperatur gebracht und in einer isolierten Kammer mit der Prüfvorrichtung kombiniert. Dies bietet den Vorteil, dass der Aufbau nur für den Prüfzeitraum ausreichend gegen die Umgebungstemperatur isoliert werden muss und die Prüfung ansonsten weitgehend konventionell durchgeführt werden kann. Allerdings ist es in dieser Konfiguration nahezu unmöglich bei einer definierten Temperatur Kennwerte zu ermitteln, da die Prüfkörper sich ohne zusätzliche Kühlung kontinuierlich erwärmen. Ebenso können damit keine tiefkalten Temperaturen erreicht werden, da der Wärmeverlust binnen kürzester Zeit eintritt. Ebenfalls ist den bisherigen Konzepten gemein, dass diese einen hohen Verbrauch der kryogenen Flüssigkeiten mit sich bringen, welche oftmals nur aufwendig oder gar nicht wiedergewonnen werden können.

Moderne Ansätze nutzen daher Kältemaschinen um in einem geschlossenen Kühlkreislauf kryogene Temperaturen zu erreichen. Hierzu wird insbesondere die Variante des Gifford-McMahon-Coolers verwendet, da dieser einen guten Kompromiss zwischen Kühlleistung und Effizienz bietet. Die mechanische Prüfvorrichtung wird dabei über Wärmebrücken an den mehrstufigen Gifford-McMahon-Cooler angebunden [3], [4]. Der Gifford-McMahan-Cryocooler zieht die Komponenten der ersten und zweiten Stufe mit seiner Kühlleistung zu niedrigen Temperaturen (s. Abb. 1). Dabei kommt der genauen Auslegung der inneren und äußeren Kupferschilde eine hohe Bedeutung zu, um äußere Wärmestrahlung abzuschirmen.

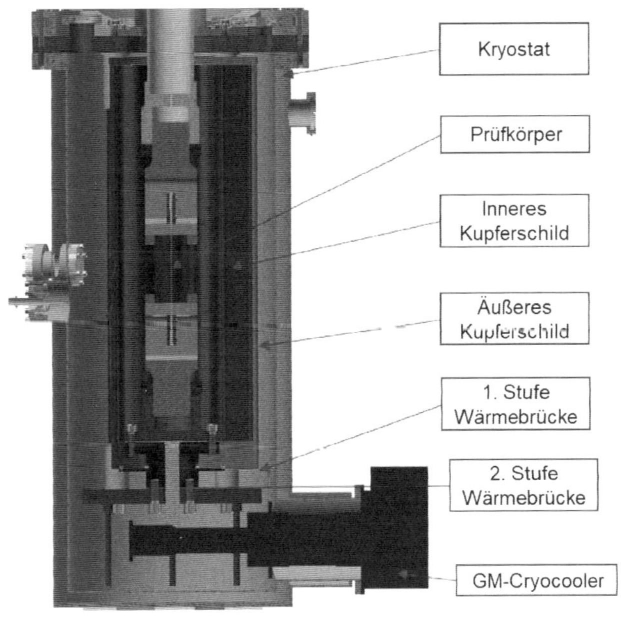

Abb. 1. Details zum thermischen Management des Prüfstands.

Wie in Abb. 2 dargestellt, wird die Lasteinleitung in den Prüfkörper mittels einer Lastumlenkung innerhalb der Prüfmaschine umgesetzt. Wie in Abb. 1 ersichtlich, wird die Bewegung der Fahrtraverse über den Zugstab von oben direkt in den Prüfkörper eingebracht. Auf der gegenüberliegenden Seite des Prüfkörpers wirkt die Bodenplatte als fixiertes Ende. Da dieses jedoch nicht direkt mit den Kryostaten verbunden werden kann, stützt sich diese mittels eines Lastgestänges am Anbindungselement zu den seitlichen Stützen des Lastrahmen der Prüfmaschine ab. Die gesamte Struktur wurde so konstruiert und erprobt, dass sie einerseits einer Prüflast von 50 kN mit einem Sicherheitsbeiwert von 2 standhalten kann, andererseits aber eine minimale thermische Ankopplung nach außen bietet. Hierzu wurden spezielle GFK-Metall Hybridlösungen entworfen und an ausgewählten Stellen ein zusätzlicher lq(N_2) Kühlkreislauf integriert um die lokalen Wärmelasten abzufangen.

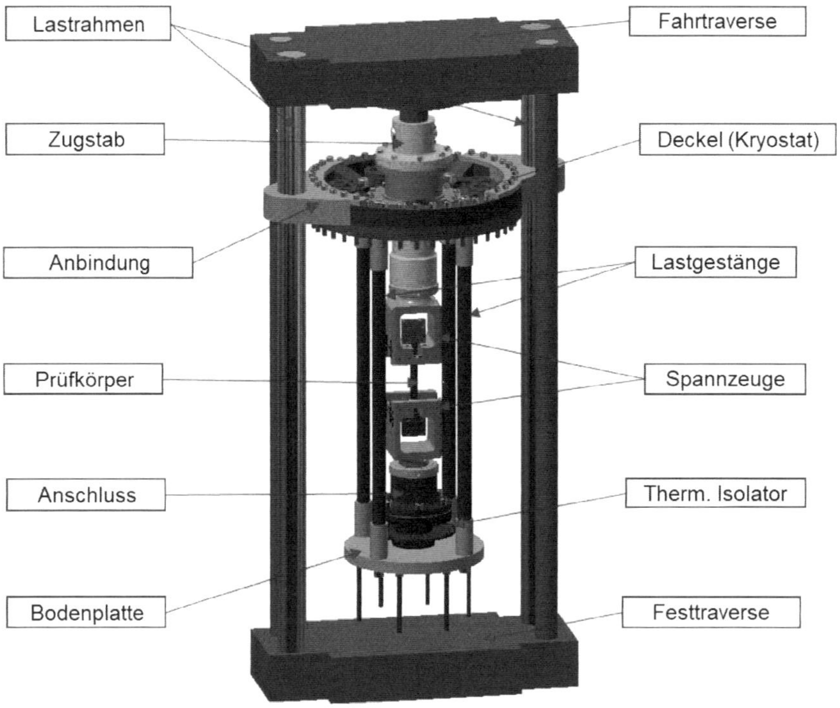

Abb. 2. Details zum Lasteinleitungskonzept des Prüfstands.

Neben der erfolgreichen und schnellen Erzeugung von kryogenen Temperaturen ist für die mechanische Kennwertermittlung bei Faserverbundwerkstoffen auch die Kombination mit sekundären Prüfmethoden eine wesentliche Herausforderung. Für die Bestimmung der Dehnung ist ein großer Nachteil der üblichen Konstruktionen, die Probenverschiebung während des Tests mit hoher Präzision zu messen, da die Aufbauten eine hohe Nachgiebigkeit aufweisen. Klassisch werden bei Raumtemperatur Dehnungsmessstreifen verwendet, die bei kryogenen Temperaturen allerdings schwierig in der Handhabung sind. Die Dehnung der Proben wird im vorliegenden Fall daher mittels Digitaler Bildkorrelation (DIC) durchgeführt, was eine hohe Messgenauigkeit aufweist und Temperaturinduzierte Einflüsse der des Gesamtaufbaus vollständig unterbindet. DIC ermöglicht jedoch nur die Erkennung von Verformungen an der Oberfläche des Materials und berücksichtigt keine Spannungsakkumulationen im Inneren. Aus diesem Grund ist ein zusätzliches Risserkennungssystem für die umfassende Materialcharakterisierung wichtig.

Für die Auslegung von Faserverbundstrukturen kommen moderne Auslegungskriterien, wie beispielsweise das Puck'sche Versagenskriterium zum Einsatz welche eine umfassende Kennwertermittlung erfordern [5], [6]. Für die Anwendung von Faserverbundwerkstoffen als Drucktanks ist zudem die Bildung erster Zwischenfaserbrüche ein auslegungsrelevantes Schädigungsszenario, da der Drucktank dadurch seine Permeationsbarriere verliert [7]. Insofern ist die Begleitung von mechanischen Prüfverfahren durch sekundäre Prüfmethoden, wie z.B. der Schallemissionsanalyse zur Detektion von

Zwischenfaserbrüchen mittlerweile Standard [8]. Um diese Messmethode in Analogie zur etablierten Herangehensweise bei Raumtemperatur nutzbar zu machen, wurde ein eigenes Sensorsystem entwickelt.

2. Schallemissionsprüfung bei kryogenen Temperaturen

Aufgrund der vergleichsweisen geringen Verbreitung von Prüfanwendungen bei kryogenen Temperaturen gibt es bisher nur wenige Berichte von Sensoren mit einem Einsatzbereich unterhalb von 77K. Stattdessen werden bei diesen Temperaturen bevorzugt Wellenleiter verwendet, so dass der Sensor thermisch vom Prüfobjekt entkoppelt wird.

Der Ansatz, mittels Wellenleitern klassische piezoelektrische Sensoren von den extremen Temperaturen zu entkoppeln, stammt ursprünglich von Forschern, die Wellenleiter für nukleare Anwendungen verwendeten [9]. Lynnworth et al. und Peterson [10], [11] verwendeten dünne Stäbe, plattierte Stäbe und Hohlrohre zwischen dem piezoelektrischen Sensor und überwachten Hochtemperaturstrukturen als Wellenleiter. In der Praxis ist die Auswahl und Fertigung des richtigen Wellenleiters für Messungen, bei denen Temperaturen außerhalb der Sensorspezifikation liegt trotz großer Fortschritte in der Modellierung und Berechnung [12], [13] immer noch eine große Herausforderung. Neben der verlässlichen Ankopplung des Wellenleiters an das Prüfobjekt ist die richtige Wahl des Wellenleitermaterials und des Öffnungswinkels entscheidend für eine gute Prüfung. Insbesondere bei kryogenen Prüfungen widerspricht die direkte Ankopplung eines Wellenleiters auch den Bestrebungen der thermischen Entkopplung.

Es bietet sich daher an, den Sensor direkt auf dem Prüfobjekt anzubringen. Dem stehen jedoch die thermische Beständigkeit der eingesetzten Sensormaterialien und des ggf. integrierten Vorverstärkers entgegen.

3. Sensorverifikation

Erste Versuche mit kommerziellen Sensoren ohne integrierten Vorverstärker bei einer Temperaturexposition von 77K zeigten zunächst ein vergleichbares Schadensbild. Aufgrund der stark unterschiedlichen thermischen Ausdehnungskoeffizienten des Sensorgehäuses, des Piezoelektrikums und der Dämpfungsmasse führen zum Aufbau erheblicher innerer Spannungen, was zur Rissbildung zwischen den Elementen führt. Durch den Austausch einzelner Komponenten mit thermisch kompatibleren Elementen konnten diese inneren Spannungen erheblich reduziert werden. Gleichzeitig wurde ein thermisch beständiger Klebstoff verwendet, dessen Duktilität bei Temperaturen bis zu 20K ausreichend hoch ist, so dass der Sensor mechanisch stoßfest bleibt. Im Folgenden wurden die Sensoren anhand der Vorgehensweise in Anlehnung an die DGZfP Richtlinie SE02 in einem teilautomatisierten Aufbau geprüft und mittels des Programms SENSORtoolbox 2.11 ausgewertet, was in [14] detailliert beschrieben ist.

Im Vergleich zum Referenzsensor, einem Vallen VS375 ist die neue Variante für den Einsatz bei kryogenen Temperaturen, der Vallen VS375-LT, im Frequenzbereich um 380 kHz sowie 600 kHz um bis zu 5 dB weniger empfindlich (s. Abb. 3). Allerdings bietet der Sensor im Frequenzbereich unterhalb von 300 kHz und im Bereich bis zu 1 MHz eine vergleichbare Sensitivität. Mit der ermittelten Bandbreite ist der Sensor somit auch für die Detektion der üblicherweise hohen Frequenzen bei Faserverbundwerkstoffen gut geeignet.

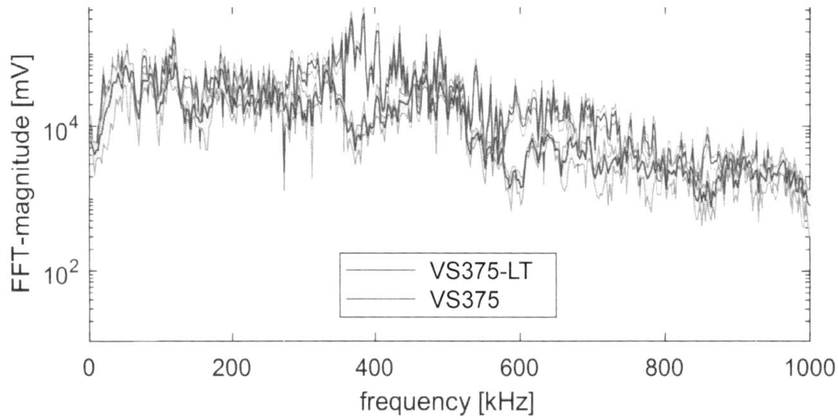

Abb. 3. Vergleich der spektralen Sensitivität des konventionellen VS375 im Vergleich zum VS375-LT.

Neben einer guten spektralen Empfindlichkeit ist insbesondere die Beständigkeit unter thermomechanischer Belastung wichtig für den Einsatz des Sensors. In Abb. 4 sind die Messungen eines VS375-LT Sensors im Referenzzustand (RT) gezeigt.

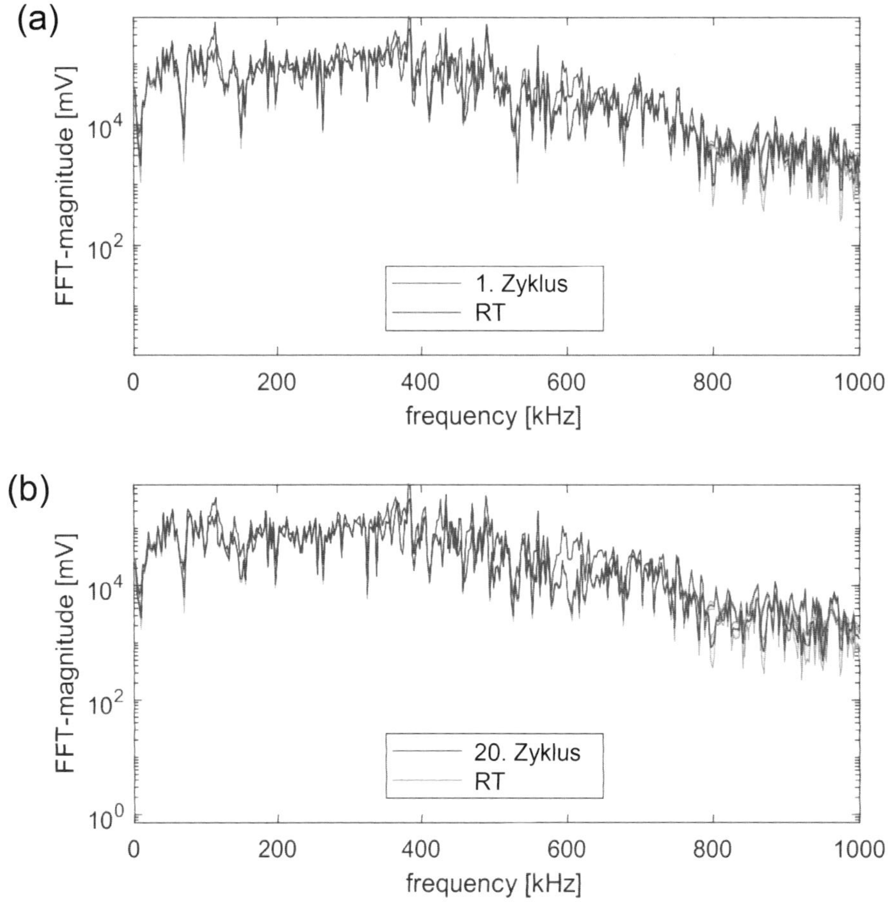

Abb. 4. Vergleich der Spektren desselben VS375-LT Sensors nach einem Zyklus (a) und nach 20 Zyklen (b), jeweils bei Raumtemperatur gemessen.

Zu Testzwecken wurde der Sensor in einem ersten Zyklus in eine Kanne mit flüssigem Stickstoff getaucht und anschießend wieder bei Raumtemperatur gemessen. Wie in Abb. 4-a gezeigt, kommt es dabei zu einer leichten Veränderung des Spektrums im Bereich um

600 kHz. In Abb. 4-b ist derselbe Sensor nach 20 Zyklen im Vergleich zum Ausgangszustand gezeigt. Es zeigt sich, dass der Sensitivitätsabfall bei 600 kHz zwar permanent ist, sich aber nicht wesentlich in seiner Ausprägung verändert. Dies wird daher auf eine irreversible innere Änderung beim ersten Abkühlvorgang zurückgeführt. Vergleichbare Änderungen haben sich ebenfalls bei anderen Sensoren gezeigt.

Alle VS375-LT Sensoren wurden über einen längeren Zeitraum für die Kennwertermittlung von Faserverbundproben bei kryogenen Temperaturen im Aufbau aus Abb. 2 verwendet. Insgesamt zeigte sich bei ca. 50 Zugprüfungen mit explosionsartiger Energiefreisetzung beim Bruch eine vergleichbare Ausfallrate wie bei konventionellen Sensoren und Zugprüfung bei Raumtemperatur.

4. Koppelhilfsmittel für die Komponentenprüfung

Während bei klassischer Prüfung im Temperaturbereich rund um Raumtemperatur verschiedene Kopplungsmittel zur Verfügung stehen, so zeigen diese bei der Prüfung bei kryogenen Temperaturen verschiedene Defizite. Soll der Abkühlvorgang auf die temperaturinduzierte Rissbildung überwacht werden, so müssen temperaturinduzierte Störquellen ausgeschlossen werden. Während dies sensorseitig gewährleistet werden kann, zeigte sich bei allen untersuchten Koppelmitteln (Öle, Wasser, Silikonpasten, Teflonpasten) eine intensive Aktivität von Schallemissionssignalen mit Einsatz bei etwa 0°C. Dies lässt sich auf die Mikrorissbildung als Folge des Ausfrierens von enthaltenem Wasser zurückführen. Grundsätzlich wird erwartet, dass diese Aktivität ab einer gewissen Temperatur zurückgeht. Allerdings verspröden die Koppelmittel gleichzeitig, so dass durch die Relativbewegung zwischen Sensor und Prüfobjekt aufgrund der unterschiedlichen thermischen Ausdehnungskoeffizienten sich die thermisch induzierten Spannungen durch weitere Rissbildung und teilweise Ablösung wieder abbauen.

Somit wird kein stabiler Messzustand bei Abkühlvorgang erreicht, sobald ein Koppelmittel verwendet wurde. Daher wurden die Sensoren im trockenen Zustand angekoppelt und deren Ankopplungsgüte mittels einer Hsu-Nielsen Quelle überprüft. Der damit verbundene Sensitivitätsverlust konnte durch eine Erhöhung des Vorverstärkungsfaktors von 40 dB auf 60 dB gut kompensiert werden.

Durch den Wegfall eines Koppelmittels mit gleichzeitiger Tragkraft für den Sensor ist zwingend ein mechanisches Koppelhilfsmittel notwendig. Während das bei beidseitig zugänglichen Proben, wie z.B. einfachen Zugversuchen weiterhin über mechanische Klammern gelöst werden kann (s. beispielsweise Abb. 1 in [15]). Dies stellt jedoch für Komponentenversuche oftmals keine brauchbare Lösung dar. Für die thermomechanische Belastung von Faserverbunddrucktanks wurden daher neue Sensorhalter konzeptioniert, welche flexibel an einem äußeren Lastrahmen montiert werden können und flexibel zum Tank ausgerichtet werden können (s. Abb. 5). Die Ausrichtung des Sensors zum Tank geschieht dabei über ein Kugelgelenk, welches in einem 3D-gedruckten Formstück integriert ist. Eine axiale Beweglichkeit des Sensors erlaubt die Kompensation der auftretenden Längenänderungen zwischen Drucktank und äußerem Rahmen. Mittels einer integrierten Feder wird der Anpressdruck, zwischen Sensor und Drucktank, während des Abkühlvorgangs und auch der Druckbeaufschlagung bei kryogenen Temperaturen aufrechterhalten werden.

Abb. 5. Flexibler Befestigungsarm für die Sensorinstallation bei Komponententest.

5. Zusammenfassung

Es wurde ein Prüfstand zur Erzeugung kryogener Temperaturen vorgestellt, welcher kompatibel mit dem Einsatz von Schallemissionssensoren in konventioneller Weise, d.h. analog zu Prüfungen bei Raumtemperatur ist. Da sich aufgrund der hohen Wärmeinträge Wellenleiterkonzepte nicht eignen, wurde ein spezieller VS375-LT Sensor entwickelt, welcher auch bei kryogenen Temperaturen eingesetzt werden kann. Vergleichsmessungen nach mehrfacher Belastung zeigten, dass dieser Langzeitstabilität besitzt und somit auch für Prüfaufgaben unter diesen Randbedingungen geeignet ist. Darüber hinaus wurde ein Sensorhalterkonzept vorgestellt, welches eine sichere Ankopplung auch bei Komponententests unter kryogenen Bedingungen zulässt.

Danksagung

Wir danken Ralf Hartmond und Andreas Scherer von der MT Aerospace AG für die Möglichkeit zur Durchführung der Schallemissionsmessungen bei der kryogenen thermomechanischen Belastung von Faserverbundtanks im Rahmen des Projektes ComET gefördert durch die Europäische Weltraumorganisation ESA.

Referenzen

[1] R. F. Nicholls-Lee, T. D. Bostock, and P. Watt, "Fully submerged composite cryogenic testing," in *18th International conference on composite materials*, 2011.

[2] G. Geiss, "Einfluss von Tieftemperatur und Wasserstoff auf das Versagensverhalten von Glasfaser-Verbundwerkstoffen unter statischer und zyklischer Belastung," Universität Karlsruhe (TH), 2001.

[3] R. Radebaugh, "Cryocoolers: the state of the art and recent developments," *J. Phys. Condens. Matter*, vol. 21, no. 16, p. 164219, Apr. 2009.

[4] R. J. Huang, Q. Liu, L. F. Li, L. H. Gong, H. M. Liu, and D. Xu, "Cryogenic mechanical property testing system directly cooled by G-M cryocooler," 2014, pp. 81–85.

[5] A. Puck and H. Schürmann, "Failure analysis of FRP laminates by means of physically based phenomenological models," in *Failure Criteria in Fibre-Reinforced-Polymer Composites*, 2004.

[6] H. M. Deuschle and A. Puck, "Application of the Puck failure theory for fibre-reinforced composites under three-dimensional stress: Comparison with experimental results," *J. Compos. Mater.*, vol. 47, no. 6–7, pp. 827–846, Mar. 2013.

[7] Timmerman, J. F., Hayes, B. S., Seferis, J. C., "Cryogenic Microcracking of Carbon Fiber/Epoxy Composites: Influences of Fiber–Matrix Adhesion," *J. Compos. Mater.*, no. 37:21, pp. 1939–1950, 2003.

[8] M. G. R. Sause, *In Situ Monitoring of Fiber-Reinforced Composites*, vol. 242. Cham: Springer International Publishing, 2016.

[9] B. Woodward and R. W. B. Stephens, "Some aspects of boiling noise detection in sodium reactors by means of a mechanical waveguide," *Ultrasonics*, vol. 9, no. 1, pp. 21–25, Jan. 1971.

[10] L. C. Lynnworth and J. A. Umina, "Extensional bundle waveguide techniques for measuring flow of hot fluids," *IEEE Trans. Ultrason. Ferroelectr. Freq. Control*, vol. 52, no. 4, pp. 538–544, Apr. 2005.

[11] M. L. Peterson, "A Signal Processing Technique for Measurement of Multimode Waveguide Signals: An Application to Monitoring of Reaction Bonding in Silicon Nitride," *Res. Nondestruct. Eval.*, vol. 5, no. 4, pp. 239–256, Jan. 1994.

[12] A.-M. Zelenyak, M. A. Hamstad, and M. G. R. Sause, "Finite Element Modeling of Acoustic Emission Signal Propagation with Various Shaped Waveguides," in *31st Conference of the European Working Group on Acoustic Emission*, 2014, pp. 1–8.

[13] A.-M. Zelenyak, M. Hamstad, and M. Sause, "Modeling of Acoustic Emission Signal Propagation in Waveguides," *Sensors*, vol. 15, no. 5, pp. 11805–11822, May 2015.

[14] M. G. R. Sause, S. Schmitt, and P. Potstada, "Kontinuierliche und Wiederkehrende Prüfung von Schallemissionssensoren," in *21. Kolloquium Schallemission*, 2017.

[15] M. Sause *et al.*, "Vergleich von Messsystemen zur Schallemissionsprüfung von Faserverbundwerkstoffen," in *22. Kolloquium Schallemission und 3. Anwenderseminar Zustandsüberwachung mit geführten Wellen*, 2019.

Integrale Prüfung von Miniaturdrehteilen mit Klangprüfung im Ultraschallbereich

Mario KIEL [1], Christoph PIENTSCHKE [1], Ralf STEINHAUSEN [1], Oliver SCHMIDTKE [1]
Torsten HÖRISCH [2]

[1] Forschungszentrum Ultraschall gGmbH, Halle (Saale)
[2] HÖRISCH-PRÄZISION GmbH, Apolda

Kontakt E-Mail: christoph.pientschke@fz-u.de

Kurzfassung. Miniaturdrehteile für den Automobilbau unterliegen höchsten Qualitätsansprüchen. Durch die hohe Automatisierungsrate der Produktion ist eine hohe Fertigungsgenauigkeit erforderlich. Die Zerstörungsfreie Prüfung trägt zu möglichst geringen Ausfallraten bei. Idealerweise erfolgt die Prüfung inline im Produktionstakt. Die Klangprüfung als integrale Prüfmethode ist für die stabförmigen Bauteile vielversprechend, wobei die relevanten Eigenschwingungsfrequenzen im Ultraschallbereich liegen. Im Beitrag wird ein Überblick über die physikalisch erwartbaren Zusammenhänge zwischen Stabeigenschaften und Schwingungsfrequenzen gegeben. Die Herausforderungen für eine reproduzierbare Aufnahme von für die Stäbe charakteristischen Schwingungsspektren werden an Beispielen illustriert. Außerdem wird auf die Analyse der gewonnenen Frequenzspektren eingegangen, die von Methoden des Maschinellen Lernens profitiert. Die Optimierungen an Messaufbau und Auswertealgorithmen führten zu einem praxistauglichen Ansatz für die integrale Klangprüfung von Miniaturdrehteilen.

1 Prüfaufgabe: Miniaturdrehteile schnell und vollständig prüfen

1.1 Hohe Qualitätsansprüche an Miniaturdrehteile

Miniaturdrehteile sind wichtige Komponenten u. a. im Automobilbau. Sie bilden einen entscheiden Bestandteil von Maschinen (Motoren, Ventilen), Steckverbindern oder auch Schließzylindern. Ein paar typische Teile sind in Abb. 1 beispielhaft dargestellt.

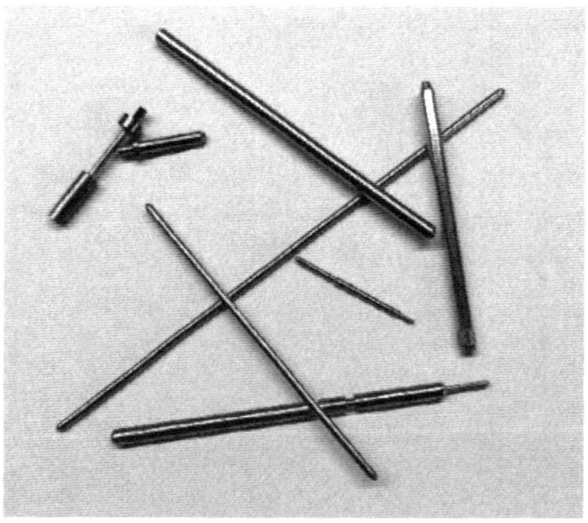

Abb. 1. Typische Miniaturdrehteile. Der längste Stab besitzt eine Länge von 100 mm.

Solche Miniaturdrehteile sind einerseits ein Massenprodukt, bei denen mit kurzen Taktzeiten hohe Stückzahlen produziert werden können. Dabei sind Stückzahlen im Millionenbereich pro Jahr keine Seltenheit, was theoretisch zu 3 bis 30 Tausend produzierten Teilen am Tag führt. Je nach Einsatzgebiet weisen sie eine hohe Variabilität auf: Form und Abmessungen unterscheiden sich ebenso wie das Material aus dem sie bestehen.

Im Automobilbereich werden aus Sicherheitsgründen und wegen der sehr arbeitsteiligen Produktionsweise höchste Qualitätsansprüche an die Miniaturdrehteile gestellt. Die Qualitätssicherung in arbeitsteiligen und weitgehend automatisierten Prozessen erfordert hochgradig reproduzierbare und verlässliche Teilprozesse. Das Vereinzeln, das Greifen oder Zuführen der Miniaturdrehteile wird maschinell erledigt, wobei kleinere Abweichungen schnell zu einem Fehler des Ablaufs und damit Maschinenstillstand führen können. Dieser verursacht hohen Kosten. Deswegen ist es nicht unüblich, dass der Endkunde schon bei einem einzigen abweichenden Bauteil ganze Produktionschargen mit hohen Stückzahlen bei seinen Lieferanten reklamiert.

Um den störungsfreien Ablauf der voneinander abhängenden Prozessschritte zu gewährleisten, sind nur geringe Toleranzen in den Zwischenprodukten statthaft. Vom Endkunden werden strenge Qualitätsklassen für die Zwischenprodukte definiert. Die Miniaturdrehteile müssen deswegen nicht nur frei von Fehlstellen wie Rissen sein, sondern auch maßhaltig mit Toleranzen im Mikrometerbereich sein. Zwar liegen die Herstellungskosten im Cent-Bereich, jedoch sind die Kosten bei Verletzung der Qualitätsnormen derart hoch, dass eine 100-Prozent-Prüfung der Bauteile angestrebt wird.

1.2 Die Klangprüfung als vollständiges und integrales Verfahren

Eine vollständige Prüfung aller Bauteile ist bei Taktzeiten im Bereich von Sekunden nur durch weitgehende Automatisierung zu erreichen. Zur Prüfung der Maßhaltigkeit werden optische Methoden eingesetzt. Risse können durch eine fluoreszierende Eindringprüfung ebenfalls visuell erfasst werden. Allerdings ist der Reinigungsaufwand sowohl davor als auch danach erheblich. Beide genannten Verfahren sind nicht direkt miteinander koppelbar, da die Anforderungen an die Optik bei der Prüfung der Maßhaltigkeit oder der Prüfung auf vorhandene Risse grundlegend unterschiedlich sind. Unabhängig davon ist die Prüfung selbst ein nachgelagerter Prozess, bei dem Bauteile stets vereinzelt werden müssen. Wünschenswert sind Verfahren, die mit *einer* Messung gleich *im Anschluss* an den eigentlichen Produktionsschritt eine Aussage über den gesamten Zustand des Prüflings im Vergleich zu einem Referenzzustand ermöglichen. Die Klangprüfung ist dazu grundsätzlich in der Lage.

Als Erfahrungswissen ist vielen Menschen die Klangprüfung vertraut, zum Beispiel um rissige Schüsseln anhand des dumpfen (statt tonhaften) Klangs nach der Schwingungsanregung zu erkennen. In ihrer messtechnisch fundierten Form ist sie als Akustische Resonanzanalyse in der Lage, eine verlässliche, nachvollziehbare Prüfaussage aus Messdaten zu erlangen[1]. Die Grundidee besteht darin, aus dem Resonanzverhalten der Miniaturdrehteile auf Abweichungen zu einem definierten Referenzzustand zu schließen. Physikalische Überlegungen zeigen, dass Abmessungen, Material und Form der Bauteile sowie die mechanische Anregung Einfluss auf die Resonanzfrequenzen haben. Damit bietet eine Messung auf dieser Basis ein ganzheitliches Bild des Bauteils und somit kann im Rahmen der Qualitätssicherung der Herstellungsprozess überwacht werden. Auch Abnutzung der Werkzeuge oder Schwankung der Materialchargen könnten so detektierbar sein.

2 Prüfansätze

2.1 Das Spektrum zeigt die Unterschiede

Die Anwendung der Akustischen Resonanzanalyse auf die Miniaturdrehteile erscheint vielversprechend. In der Sprechweise der technischen Mechanik stellen die Drehteile Stäbe dar. Für diese gibt es einen theoretischen Rahmen, der die Berechnung von Resonanzfrequenzen ermöglicht. Freilich gilt dies nur für idealisierte Randbedingungen wie beispielsweise freie oder ein- bzw. zweiseitig starr eingespannte Stäbe.

Drei Eigenschwingungstypen können dabei unterschieden werden: die Längs- und die Biegeschwingung (Abb. 2) sowie die Torsionsschwingung (wegen ihrer schwierigen Anregbarkeit nicht weiter diskutiert).

Abb. 2. Schwingungsmoden von frei schwingenden zylindrischen Stäben, a) Längsschwingung, b) Biegeschwingung

Bei der Betrachtung rotationssysmmetrischer, homogener und isotroper Stäbe lassen sich die Eigenfrequenzen berechnen. Das ist auch analytisch möglich [2]. Die Form der Ausdrücke ist dabei für Längs- und Biegeschwingung

$$f_n = A_n\sqrt{E/\varrho}$$

mit dem Elastizitätsmodul E und der Massendichte ϱ. Die Parameter A_n unterscheiden sich je nach Schwingungstyp und Randbedingungen. Sie beinhalten Abmessungen sowie den Zusammenhang zur Ordnungsnummer n der Schwingungsmode. Im Falle der Biegeschwingungen ist dieser Zusammenhang durch die Nullstelle einer transzendenten Gleichung gegeben. Vor diesem Hintergrund lassen sich definierte Änderungen der Stäbe vornehmen und ihre Auswirkung im Frequenzspektrum analysieren. Die Resonanzfrequenzen sind über die A_n mit charakteristischen Abmessungen der Stäbe verbunden. Es werden Stäbe der Länge l und des Durchmessers d betrachtet. Für die Eigenschwingungsfrequenzen der Längsschwingungen gilt beispielsweise, dass eine Längenänderung um $\Delta\, l$ zu einer relativen Änderung der n-ten Eigenschwingungsfrequenz f_n

$$\frac{\Delta f_n}{f_n} = -\frac{\Delta l}{l}$$

führt. Stabverkürzung führt zu Frequenzerhöhung. Bei Biegeschwingungen ist der relative Einfluss der Längenänderung auf die Eigenfrequenz doppelt so hoch und zusätzlich gibt es einen Einfluss des Stabdurchmessers

$$\frac{\Delta f_n}{f_n} = -2\frac{\Delta l}{l} \text{ und } \frac{\Delta f_n}{f_n} = +\frac{\Delta d}{d}.$$

Die Biegeschwingung dürfte für die Analyse der Eigenschwingungen von großem Wert sein, weil sie in zwei voneinander unabhängige Schwingungsrichtungen erfolgen. Bei zylindersymmetrischen Stäben führen diese auf gleiche Resonanzfrequenzen. Wird diese Zylindersymmetrie jedoch gebrochen, sind verschiedene Resonanzfrequenzen zu erwarten.

Modalanalysen mit der Finite-Elemente-Methode (Software COMSOL Multiphysics) haben die analytischen Überlegungen bestätigt (Beispiele in Abb. 2). Es wurden dabei auch verschiedene idealisierte Randbedingungen untersucht. Bei den höheren Moden der Biegeschwingungen zeigten sich Abweichungen bei den Zusammenhängen zwischen relativer Frequenzänderung und relativen Abmessungsänderungen. Modellierungen mit verfeinertem Netz veränderten daran nicht viel, so dass auch die im analytischen Modell unterstellten Näherungen der Balkentheorie Ursache der Abweichung sein könnten. An Modell-Fehlstellen wurde die Vermutung bestätigt, dass Asymmetrien des Stabes (Kerben) zu einer Aufspaltung der Biegemoden führen. Je nach Position der Kerben relativ zu den Schwingungsknoten und Bäuchen der jeweiligen Schwingungsmode ändert sich die Aufspaltung der Resonanzfrequenzen. Auch die Kerbentiefe hat einen Einfluss. Die numerische Modellierung zeigt damit die Sensitivität der Eigenfrequenzen auf Stabeigenschaften, die für die Qualitätssicherung relevant sind.

Sowohl die analytische Beschreibung als auch die Modellierung liefern somit die physikalische Begründung für die akustische Resonanzanalyse an den Miniaturdrehteilen und erlauben die Größenordnung der Effekte abzuschätzen. Beide Methoden sind jedoch nicht in der Lage, die komplexen Randbedingungen und Anregungsverhältnisse experimenteller Aufbauten vollständige zu berücksichtigen. Grundsätzlich wurden analytische Berechnungen und numerische Modellierungen unter Laborbedingungen experimentell bereits verifiziert– jedoch für Stäbe deutlich größere Abmessungen [3]. Bei den hier untersuchten Miniaturdrehteilen ist die experimentelle Realisierung entscheidend.

2.2 Resonante Anregung

Die Abmessung der untersuchten Miniaturdrehteile bewirkt, dass die meisten Eigenschwingungen im Ultraschallbereich schwingen. Das ist der untere Ultraschallbereich von maximal einigen 100 kHz. Es wurden deswegen tieffrequente Ultraschallwandler verwendet, wie sie auch für die Luftultraschallprüfung zum Einsatz kommen. Ziel war dabei, die Eigenschwingungen im erwarteten Frequenzbereich effizient anzuregen als auch empfindlich zu empfangen. Für die Anregung der Längs- bzw. Biegeschwingungen wurden zwei Messgeometrien untersucht, die in Abb. 3 dargestellt sind. Die Stäbe wurden eingespannt, um sie axial zu Längsschwingungen (vergleichbar zu einer Transmissionsanordnung) bzw. seitlich zu Biegeschwingungen (vergleichbar zu einem 3-Punkt Biegeversuch) anzuregen.

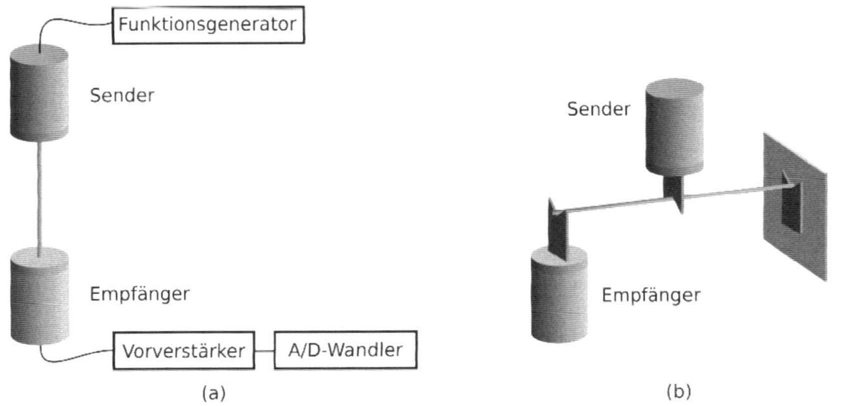

Abb. 3. Messaufbauten für die resonante Anregung von (a) Längs- und (b) Biegeschwingungen.

Mit einem Ultraschallempfänger wurden die zeitlich aufgelösten Amplituden aufgenommen. Diese wurden mittels Fast Fourier Transformation (FFT) in ein Frequenzspektrum umgerechnet und weiter analysiert. Der erste verfolgte Messansatz bestand in einer quasi-resonanten Anregung der Stäbe. Die Frequenzen des sinus-förmigen Anregungssignals wurden dabei zeitabhängig durchgestimmt (Sweep). Das Signal am Empfänger wurde mit einem Vorverstärker verstärkt und A/D gewandelt. Hierbei war die Hoffnung, dass die dabei angeregten Eigenschwingungen der Stäbe zu einer Überhöhung des Signals führen (Resonanz).

2.3 Impulsanregung

Für die Impulsanregung wurde eine Apparatur entwickelt, welche die teilautomatisierte und sehr gut reproduzierbare Einspannung der Stäbe und eine impulsförmige Anregung mittels eines Schlagarmes ermöglicht (Schema in Abb. 4). Die Stäbe wurden dafür zunächst in ihrer Mitte fixiert. Es konnte so erwartet werden, dass der Stab vorrangig in Biegemoden schwingt, was jedoch nicht expliziert verifiziert werden kann.

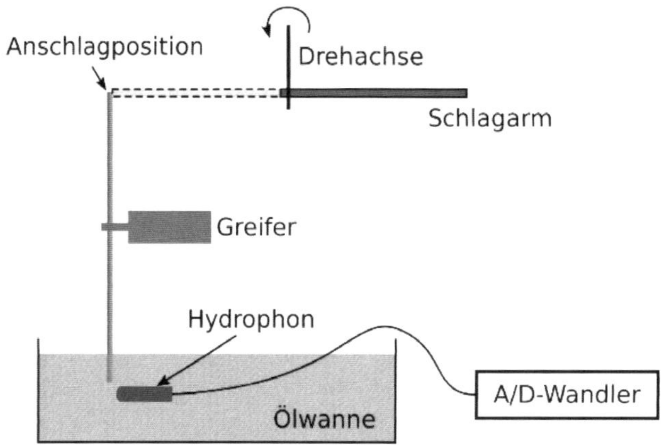

Abb. 4. Messaufbau für die Impulsanregung.

2.4 Generelles zu den experimentellen Anforderungen

Für die verlässliche Auswertung der ermittelten Resonanzspektren ist – wie in allen Messverfahren – die Reproduzierbarkeit der Messungen notwendig. In der hier vorliegenden Messaufgabe fällt dies besonders bei der Probenaufnahme ins Gewicht. Die Randbedingungen haben entscheidenden Einfluss auf die Resonanzspektren, wie auch die analytischen Überlegungen idealisierter Spezialfälle zeigten. In der Messanordnung sind sie ausschlaggebend für die Verlässlichkeit der Methode. Die Klemmung des Prüflings zwischen zwei Ultraschallwandlern (Resonanzanregung) oder die relative Position der Halterung bzgl. der Stablänge (Impulsanregung) beeinflussen die Resonanzeigenschaften des Stabes erheblich. Der Stab ist damit kein frei schwingendes System mehr. Daher wurden viele nominell gleichartige Miniaturdrehteile untersucht. Die Reproduzierbarkeit des Einspannens und die Einflüsse der Einspannung (z. B. Anpressdruck) wurden untersucht. Als einfache Modelle für Maßabweichungen wurden Stäbe deutlich unterschiedlicher Länge untersucht. Mit dem verbesserten Messaufbau sind aber auch wesentlich kleinere Maßabweichungen messbar.

3 Ergebnisse

3.1 Resonante Anregung

Die resonante Anregung führte zu schwer zu interpretierenden Resonanzspektren. Beispielhaft sei in Abb. 5 das rot gefärbte Spektrum einer Messung eines 47 mm langen Stabes in der Messanordnung für Längsschwingungen gezeigt. Es zeigte sich, dass trotz großer Sorgfalt die Messdaten nicht gut reproduzierbar waren. Auch stellte sich die Frage, welchen Schwingungsmoden die vielen Peaks zuzuordnen sind. Als Vergleich wurden daher auch Messungen ohne Stab (also beide Wandler samt Probenaufnahme berühren sich gegenseitig) aufgenommen, wie ebenfalls in Abb. 5 gezeigt. Das Spektrum reduziert sich auf weniger Peaks, welche aber darauf hindeuten, dass das ganze untersuchte System viel komplizierter ist, als es die grundsätzlichen theoretischen Betrachtungen im Abschnitt 2.1 vermuten lassen.

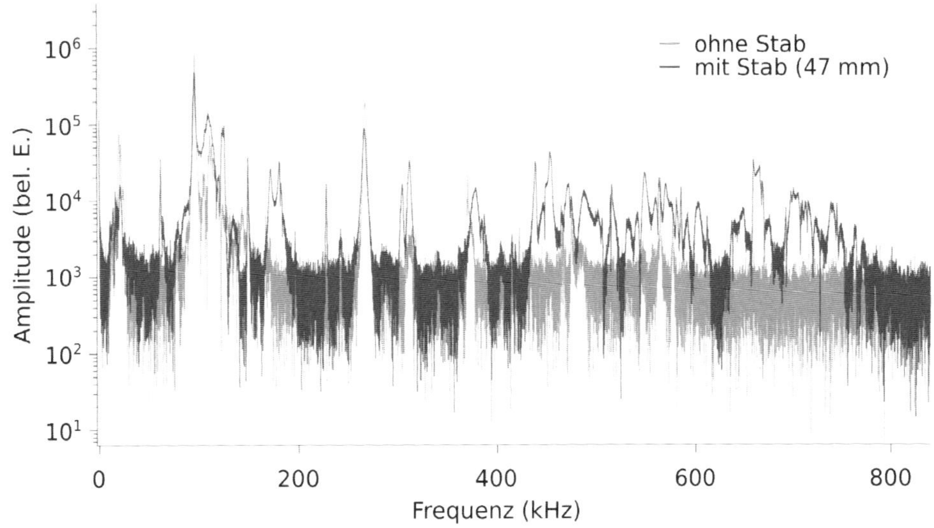

Abb. 5. Spektren bei resonanter Anregung eines 47 mm langen Stabes (rot) und des Messaufbaus ohne Stab (türkis).

Um einen Eindruck zu bekommen, welche Peaks des Spektrums sich konkreten Schwingungsmoden zuordnen lassen, wurden Stäbe mit deutlichen Längenunterschieden vermessen. Die Spektren sind in Abb. 6 gezeigt. In beiden Frequenzbereichen konnte ein Peak gefunden werden, der sich im Rahmen der Messgenauigkeit so verhält, wie es der formelle Zusammenhang zwischen relativer Längenänderung und relativer Frequenzverschiebung für Längsschwingungen aus Abschnitt 2.3 erwarten lässt. Somit konnten zwei der vielen auftretenden Peaks der Längsschwingung zugeordnet werden

Die Herkunft bzw. Ursache für anderen Peaks im Spektrum konnte in diesem Stadium der Untersuchung nicht geklärt werden. Es bleibt jedoch zu vermuten, dass es sich dabei teils auch um spektrale Anteile des Messaufbaus (dann in Kombination mit dem Stab selbst) handelt, da diese unbeeinflusst von der deutlichen Änderung der Stablänge bleiben. Prüfköpfe und Halterung haben eine erheblich größere Masse als die Stäbe, so dass deren Schwingungsfrequenzen weniger bis gar nicht von der Stablänge abhängen. Selbst nach verschiedenen Anpassungen ließen sich mit diesem Messprinzip deswegen keine ausschließlich für die Stäbe charakteristischen Resonanzfrequenzen anregen. Auch die Methoden des Maschinellen Lernens (wie im Abschnitt 5 zu den Impulsmessungen diskutiert) führten zu keinen anderen Aussagen, was die Vermutung bestärkt, dass die Messungen kaum bis gar nicht von den Stäben selbst dominiert werden.

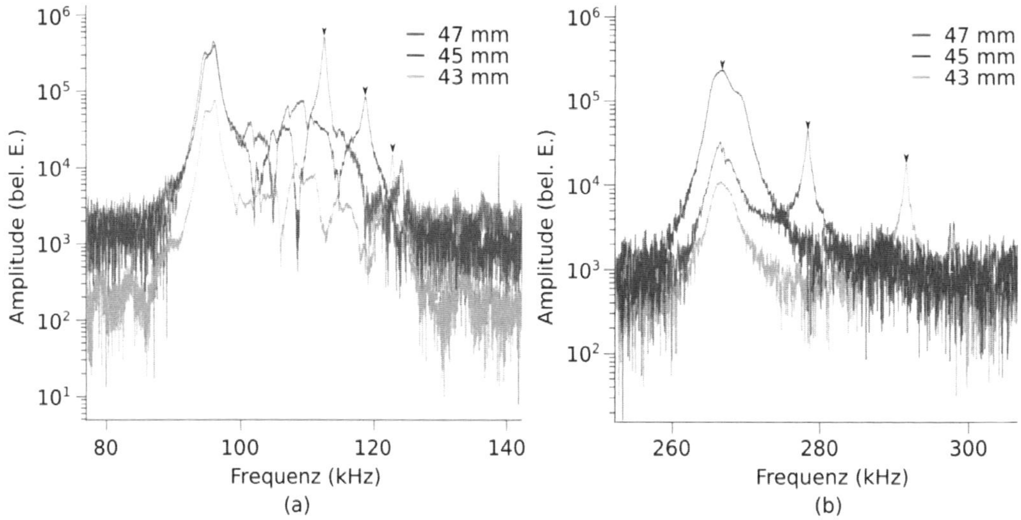

Abb. 6. Spektren bei resonanter Anregung von drei verschiedenen langen Stäben. In (a) und (b) sind zwei Frequenzbereiche dargestellt, welche die Abhängigkeit der Resonanzfrequenz von der Stablänge illustrieren.

3.2 Impulsanregung

Wie im vorigen Abschnitt beschrieben, ist die resonante Anregung mittels Ultraschallsensoren nicht zielführend für die vorliegende Prüfaufgabe. Es war also nötig, eine Messmethode zu entwickeln, die einerseits breitbandig anregen kann, aber andererseits die Schwingung der Stäbe möglichst wenig oder gar nicht beeinflusst. Mit einem neu entwickelten Messaufbau (vgl. Abschnitt 2.3) konnten diese Anforderungen mittels Impulsanregung erfüllt werden.

In der Abb. 7 sind die Zeitreihen und die Spektren der Messungen von einem Stab, der ein nominelles Sollmaß von 104 mm besitzt (grüne Messkurven) als auch von Stäben mit technisch relevantem Über- (blau) bzw. Untermaß (rot) von nur 30 µm (also nur etwa 0,03% Abweichung) dargestellt.

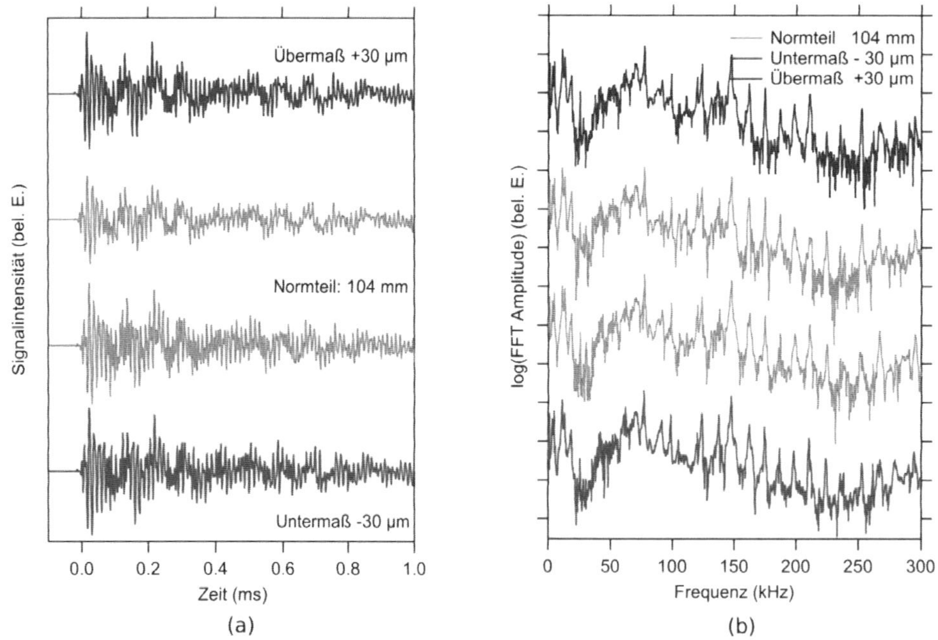

Abb. 7. (a) Zeitreihen für unterschiedlich lange Miniaturdrehteile, (b) Spektren

Wie man anhand der zwei Messungen (jeweils am gleichen Stab) der Normlänge erkennen kann, sind weder die Zeitreihen noch die Spektren identisch, was zunächst auch hier auf fehlende Reproduzierbarkeit hindeutet. Dennoch ist zumindest der prinzipielle Zeitverlauf (Amplitude, Signalabnahme mit der Zeit) auch die Spektren zumindest ähnlich. Das Gleiche gilt aber auch für die beiden anderen Messungen der Stäbe mit leicht unterschiedlicher Länge. Zieht man den oben aufgeführten Zusammenhang zwischen Längen- und Frequenzänderung in Betracht, so würde man hier eine Frequenzverschiebung der Peaks von etwa 60 Hz (entspricht 0,03% bei angenommener Peakposition von 100 kHz) erwarten. Dies ist aufgrund der erzielbaren Auflösung und der Breite der Peaks mit dem aktuellen Messaufbau nicht möglich. Die punktweise Auswertung einzelner Eigenschwingungsfrequenzen gelangt hier trotz grundsätzlich geeignetem Messaufbau an ihre Grenzen.

Um dennoch Aussagen über das Prüfergebnis zu erhalten wurden Methoden des Maschinellen Lernens angewandt, womit sich die Möglichkeit ergibt, die Daten ganzheitlicher und nicht anhand einzelner Merkmale zu analysieren. Die Ergebnisse werden im folgenden Abschnitt diskutiert.

4 Datenanalyse

Auch wenn die Auswirkung von Abmessungsänderungen physikalisch prinzipiell verstanden ist, so kann umgekehrt aus den Resonanzspektren nicht ohne weiteres auf sie zurückgeschlossen werden. Außerdem zielt die Prüfung auf zum Teil subtile Abweichungen von einem Referenzzustand, die sich auch in Aufspaltungen von Resonanzpeaks, zusätzlichen Resonanzen oder auch in Amplitudenänderungen äußern sollten. Diese Unterschiede gehen über das punktweise Vergleichen von einzelnen Resonanzfrequenzen heraus. Komplexere Entscheidungskriterien sind erforderlich. Für den praktischen Einsatzzweck muss es zudem gelingen, einen Referenzzustand aus den Messdaten so gut und messtechnisch reproduzierbar zu definieren, dass auch kleine Abweichungen robust gegenüber zufälligen Störungen aufgefunden werden können. Deswegen ist es notwendig, das Resonanzspektrum in seiner Gesamtheit zu analysieren. Hierfür erscheinen Methoden des Maschinellen Lernens (ML) als vielversprechender Ansatz, insbesondere solche zur Klassifikation.

Es wurden einige Methoden anhand experimentell erfasster Resonanzspektren getestet. Sie haben sich als grundsätzlich geeignet erwiesen. Sie bieten den überragenden Vorteil, dass sie leicht an bestehende Referenzkörper angepasst werden können. Freilich sind für gute Ergebnisse viele definierte gleichartige Referenzproben zum Anlernen notwendig. Dabei muss jedoch das bloße Auswendiglernen vermieden werden, weil solches Overfitting die Beurteilungsstärke für unbekannte Proben reduziert.

Bei den oben vorgestellten Messungen von Stäben mit unterschiedlichen Längen wurden jeweils 100 Messungen durchgeführt. Davon wurde die Hälfte der Messungen für das Anlernen des jeweiligen Algorithmus verwendet, wobei jede der drei Stablängen einer anzulernenden Gruppe zugeordnet wurde. Die übrigen Messungen wurden anschließend anhand des gelernten Schemas den Gruppen zugeordnet. Dabei wurden zunächst die Algorithmen „*Support Vector Machine*“ (SVM), „*Random Forest*“ (RF) und „*Logistische Regression*“ (LR) verwendet [4]. Die Zuordnung wurde anhand der Testdaten überprüft, die nicht zum Trainieren der Algorithmen verwendet worden sind. Die erzielte Genauigkeit bei der Zuordnung betrug 99,3% (SVM), 98,7% (RF) und 100% (LR) und stellt damit eine sehr gute Basis für die Applikation dieser Methoden in den Prüfalltag dar. Es muss natürlich sichergestellt werden, dass zwar durchaus intakte Teile als fehlerhaft klassifiziert werden dürfen (also nur vermeintlich defekte Teile) aber auf keinen Fall fehlerhafte Teile als intakt klassifiziert werden dürfen. Die Optimierung der Algorithmen ist Bestandteil weiterer Untersuchungen.

Beim Test des Versuchsaufbaus wurden auch sehr viele Messungen an einem einzelnen Stab durchgeführt. Dabei fiel auf, dass der Schlagarm mit der Zeit durchaus Abdrücke auf dem Bauteil hinterließ. Zwar stellt das die Zerstörungsfreiheit der Methode in Frage, jedoch sollte eine einzelne Messung, wie sie für die endgültige Anwendung angestrebt wird, keinen merklichen Einfluss auf die Qualität der Bauteile haben.

Es wurde versucht, die Veränderung des Stabes messtechnisch nachzuweisen. Hierfür wurden 150 wiederholte Messungen aufgenommen. Anschließend wurden Schritt für Schritt jeweils 20 Messungen einer virtuellen Gruppe zum Training verwendet. Innerhalb einer solchen Gruppe kann ein ähnlicher Beanspruchungsgrad unterstellt werden. Die Messungen Nr. 1–20 bildeten dabei die Vergleichsgruppe 1 und jeweils nächsten 20 Messungen die Gruppe 2, wobei diese Gruppe mit jeder weiteren Analyse um 20 Messungen weiter verschoben wird (also 21–40, 41–60 usw.). Wenn es eine Veränderung des Prüflings mit der Zeit gibt, welche das Messsignal beeinflusst, so sollten die der 2. Gruppe nachfolgenden Messungen mit der Zeit immer zuverlässiger mittels des Algorithmus in die 2. Gruppe zugeordnet werden. Die Ergebnisse für die Wahrscheinlichkeit dieser Zuordnung in die Gruppe 2 sind in Abb. 8 mittels blauer Punkte dargestellt. Die gestrichelte Regressionskurve zeigt den deutlichen Trend, der bei den letzten Messungen eine Zuordnung von 100% erreicht.

Das Ergebnis zeigt einerseits, dass die Messung den Stab mit der Zeit verändert, unterstreicht aber auch anderseits die Funktionalität der Methode. Das Beispiel kann als Modell für eine zeitliche Veränderung im Produktionsprozess angesehen werden. Im Rahmen der Qualitätssicherung erlaubt die Methodik offenbar den Nachweis auch einer Apparatedrift.

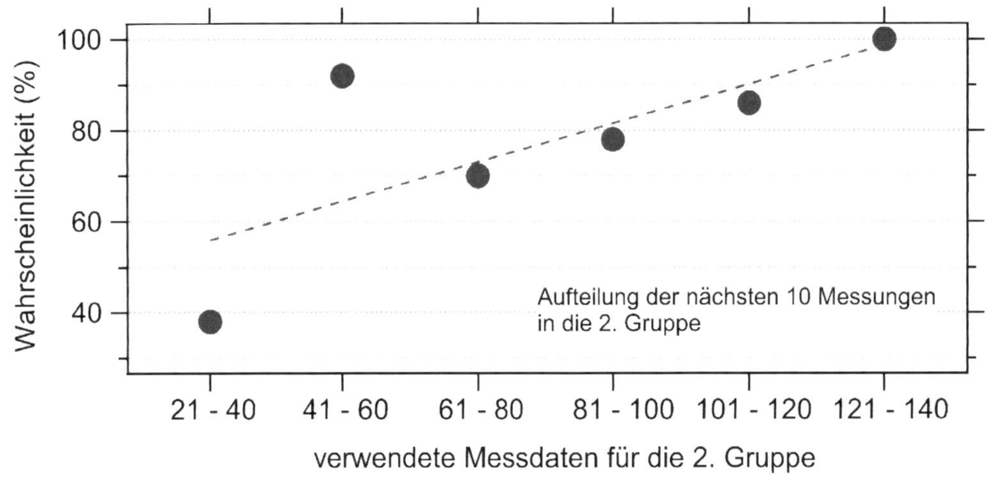

Abb. 8. Wahrscheinlichkeit der Zuordnung der nachfolgenden Messungen in die trainierte vorangegangene Gruppe bei einer Dauerprüfung eines Stabes.

5 Zusammenfassung und Ausblick

Die Arbeiten haben gezeigt, dass die Akustische Resonanzanalyse (Klangprüfung) für die schnelle und integrale Prüfung von Miniaturdrehteilen geeignet ist. Eine inline-Prüfung in Taktstraßen erscheint damit möglich. Dabei scheint die breitbandige Impulsanregung geeignet zu sein, aussagekräftige Spektren zu generieren. Der reproduzierbaren Anregung und Auswertung der Prüflinge kommt dabei hohe Bedeutung zu. Die Beschränkung der Auswertung allein auf die Resonanzfrequenzen ist für die Prüfaufgabe nicht ausreichend. Die Abweichung des Prüflingszustandes vom Referenzzustand muss aufgrund komplexerer Eigenschaften des Resonanzspektrums erfolgen. Algorithmen des Maschinellen Lernens sind offenkundig geeignet, Maßabweichungen aber auch Drifteffekte nachzuweisen.

6 Danksagung

Dieses Projekt wurde unter dem Förderkennzeichen ZF4029303PO8 vom Zentralen Innovationsprogramm Mittelstand (ZIM) des Bundesministeriums für Wirtschaft und Energie gefördert. Wir danken dem Fördermittelgeber herzlich für die Unterstützung.

7 Referenzen

[1] Ingolf HERTLIN, *Akustische Resonanzanalyse*, Band 5 der Reihe „Informationsschriften zur zerstörungsfreien Prüfung – ZfP kompakt und verständlich", Castell-Verlag, Wuppertal, 2003.

[2] A. BUDÓ, *Theoretische Mechanik,* 12. Auflage, VEB Deutscher Verlag der Wissenschaften, Berlin, 1990.

[3] Ute RABE, Kai GENG, Matthias GOEBEL, Ramgopal BALIJEPALLI, Friedhelm WALTE, Bernd VALESKE, *Schwingungen von Stäben als Modell für die Klangprüfung,* DGZfP-Jahrestagung 2010.

[4] Aurélion GÉRON. *Praxiseinstieg Machine Learning mit Scikit-Learn & Tensorflow – Konzepte, Tools und Techniken für intelligente Systeme*. dpunkt.verlag GmbH, Heidelberg, 2018.

Bestimmung des Ladezustands von Lithium-Ionen-Batterien mit geführten Wellen und Impedanzspektroskopie

Tobias GAUL [1], Konrad CHWELATIUK [1], Lars SCHUBERT [1]
[1] Fraunhofer IKTS, Fraunhofer Institut für keramische Technologien und Systeme, Dresden
Kontakt E-Mail: tobias.gaul@ikts.fraunhofer.de

Kurzfassung. Die Anwendung von Lithium-Ionen-Batterien ist heute weit verbreitet. Eine hohe verfügbare Leistung und Energiedichte machen sie neben Anwendungen in der Unterhaltungselektronik auch im rasch wachsenden Bereich der Elektromobilität interessant. Dabei ist für ihren effektiven Betrieb die Verfügbarkeit dieser Leistung über ihre gesamte Lebensdauer entscheidend. Ein Austausch des Akkus wird empfohlen, wenn die Kapazität durch Alterung auf unter 80% der ursprünglichen Kapazität gesunken ist. Für die Abschätzung der verbleibenden Zellenlebensdauer und die Optimierung der Einsatzzeit ist eine genaue Messung des Ladezustands (engl. state-of-charge, SoC) und der Restkapazität (engl. state-of-health, SoH) erforderlich. Dies kann auf Zellebene nicht durch herkömmliche Batteriemanagementsysteme gewährleistet werden, die nur auf Strom- und Spannungsmessungen beruhen.

Diese Arbeit stellt das Potential zur Bestimmung des SoC von Lithium-Ionen-Zellen mit elastisch geführten Wellen dar. Da die Wellenausbreitung von der Dichte und dem Elastizitätsmodul eines Mediums abhängig ist, kann eine Korrelation zwischen dem Ladezustand und der gemessenen Amplitude und Phase gezeigt werden, da sich die Porosität der Anode während des Ladens und Entladens ändert. In einer experimentellen Studie an einer repräsentativen Pouch-Zelle wurden mit piezoelektrischen Wandlern Sende-Empfangs-Messungen durchgeführt. Das verwendete Wandlernetzwerk ermöglicht dabei die Untersuchung unterschiedlicher Ausbreitungswege durch die Batterie.

Neben den Sende-Empfangs-Messungen zwischen zwei räumlich getrennten Wandlern wurde exemplarisch an einem Wandler eine Impedanzspetroskopie während des Ladeprozesses durchgeführt. Durch die Interaktion des Wandlers mit seiner Umgebung beinhaltet die Impedanzspetroskopie neben dem Verhalten des Wandlers auch die Änderungen an der Batteriezelle. Dabei werden unterschiedliche Messgrößen und Frequenzbereiche auf mögliche Effekte, durch die das Laden und Entladen der Batterie, hin untersucht. Abschließend werden beide Verfahren zur Ladezustandsüberwachung gegenübergestellt.

1. Introduction

The application of lithium-ion batteries (LIBs) is nowadays widespread. They can be found especially in consumer electronics such as mobile phones and notebooks, as well as in the rapidly growing field of electric cars. The highly available power and energy density of lithium-ion batteries over their lifetime are crucial for effective operation. However, their complex physicochemical nature should be more investigated, especially in the field of batteries' degradation. Degradation of the battery may occur over time and with use over several cycles and it can significantly reduce the battery's lifetime, which may have serious, dangerous effects for the user, e.g. while driving the electric vehicle. The main problems are the decrease in the LIB capacity and the decrease in power. The first is related to the amount of energy that can be stored in the LIB, the latter with the power that LIB can provide. In the process of LIB aging, these two problems may occur simultaneously [1].

To maintain a secure and effective operation of LIB they need to be monitored constantly. This is done with an additional Battery management system (BMS). The main task of the BMS is the constant monitoring of cell voltage, cell current, and cell temperature to avoid unwanted states, which could lead to the destruction of the LIB during operation. Besides, modern BMS estimates state-of-charge (SoC) and state-of-health (SoH) out of the monitored values. Besides the electrical parameters measured by the BMS also methods that rely on mechanical parameters can be used to determine the SoC and the SoH, as it is reviewed by Popp et al. [2]. Four possibilities were described in more detail by the authors. These methods are expansion-based methods, which measure the expansion and shrinking of a LIB during operation, experimental modal analysis, which measures damping and mode shapes during operation, ultrasonic measurements, which measures the change in elastic modulus of the anode and cathode and acoustic emission, which measures AE sources which are related with various degradation mechanisms.

Especially the use of ultrasonic measurements to characterize the state of modern lithium-ion batteries is addressed by different research groups due to their potential to determine the charge state and monitor the health state of a battery over the entire lifetime [3, 4, 5, 6].

One of the first works on this new research area was published by Sood et al. [7]. Monitoring is performed using a separate ultrasonic pulser and receiver that are attached to the external surfaces of a lithium-ion cell. Compressional waves were excited to verify the degradation of LIB's due to gas evolution. Real-time data from the ultrasonic transducer and receiver are used to non-destructively evaluate the internal condition of vital interfaces inside the cell. Also, the results were verified with radiographic images of degraded cells.

With a comparable transducer arrangement, Hsieh et al. [5] investigated the charge and health state in commercially available lithium-ion and alkaline batteries. The behavior of the transmitted and reflected bulk-wave signal was related to the SoC and aging processes within the cells. The results demonstrate strong correlations between the SoC and the density distribution within a cell, as determined by the acoustic measurements. Furthermore, it was shown that the proposed analysis technique will work regardless of the battery's chemistry and form factor.

The work conducted by Gold et al. [4] also presented a method of SoC estimation based on ultrasound transmission but used a pulser-receiver setup. They extended this method by showing, that ultrasonic signals in the LIB are sensitive to changes in porosity of graphite anode during cycling. Those changes in porosity of the anode are caused by the lithiation of graphite, which varying level has a big impact and is correlated with the SoC of the battery. Gold et al. explained this correlation with Biot's theory for the propagation of waves in fluid-saturated porous media.

In comparison to the previous authors, Ladpli et al. used guided elastic waves instead of ultrasonic waves to determine the SoC and SoH of a LIB. Piezoelectric transducers were attached on the surface of a battery and cycling under constant ambient condition were utilized [8]. Ladpli et al. proved a strong correlation between changes in the time-of-flight and the signal amplitude resulting from shifts in the guided wave signals and the electrochemical charge-discharge cycling and aging. With the use of differential voltage and differential time-of-flight analysis, they were able to detect intercalation staging and phase transitioning in the LIB. Besides, an analytical model of the battery was generated and the nominal magnitude and range of experimental time-of-flight during cycling are validated [9].

The work presented in this paper will follow the approach of Ladpli et al. and guided elastic waves are used for examination of the LIB. Multiple used transducers allow the analysis and comparison of different travel paths of the guided waves. In addition, a novel approach uses electro-mechanical impedance spectroscopy of a piezoelectric transducer to determine the SoC of the LIB. In comparison to electrochemical impedance spectroscopy (EIS), no access to the battery contacts is required.

2. Battery measurements with active excited guided waves

2.1 Measurement set-up for pitch-catch measurements

The experiments were performed on a commercially available lithium polymer battery. Compared to LIB, this type uses a polymer electrode instead of a liquid electrode. The negative electrode is made of graphite, while the positive electrode consists of lithium cobalt oxide. The used battery type has a capacity of 10.000 mAh in mint condition and dimensions of 150 mm x 50 mm x 10 mm. Four piezoelectric transducers P-876.SP1 of PI Ceramic were used for generation and excitation of guided elastic waves. They were attached by honey and pressed on the surface with low force clamps to avoid damages inside the battery. The experimental setup can be seen in Figure 1. During the measurements, the environmental conditions were kept constant with a temperature of 25 °C and a humidity of 50 % in a climate chamber. For driving the piezoelectric transducers and receiving the signals, the MAS 2 hardware platform was used. As excitation, a four cycled Hanning windowed tone burst at frequencies of 75 and 110 kHz was used. The peak-to-peak amplitude of the actuation signals varies in these frequencies between 67.5 V and 90 V. Each signal path was sampled with 5 MHz and every point was averaged 64 times. During the charge and discharge cycle, a measurement every 5 min was carried out. At a constant current of 2 A, the full charge lasted 5 h, resulting in a total of 60 measurements per cycle.

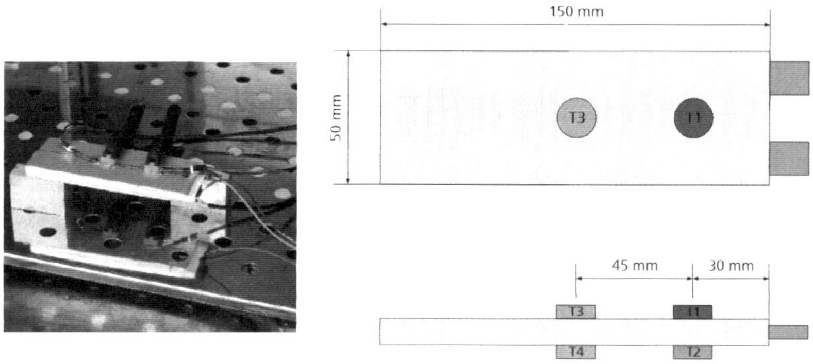

Figure 1: Experimental setup in a climate chamber of Fraunhofer IKTS (left) and the arrangement of the four piezoelectric transducers on the battery (right)

2.2 State of Charge estimation with pitch-catch measurements

To illustrate the behavior of guided waves during charging and discharging of the battery, Figure 2 represents three signals of the transducer pair T3-T1 at different charge states during the charging phase. It can be seen that the signal amplitude of the received wave packages increases with an increasing state of charge. On the other hand, the wave package becomes more compact, resulting in a decreasing ToF while the SoC increases. For further analysis, the time-domain signal parameters maximum signal amplitude (SA) and time-of-flight (ToF) of the wave packet were extracted. To show the general behavior of guided waves during the charge and discharge process only the most sensitive path for each frequency is considered for further analysis in this paper.

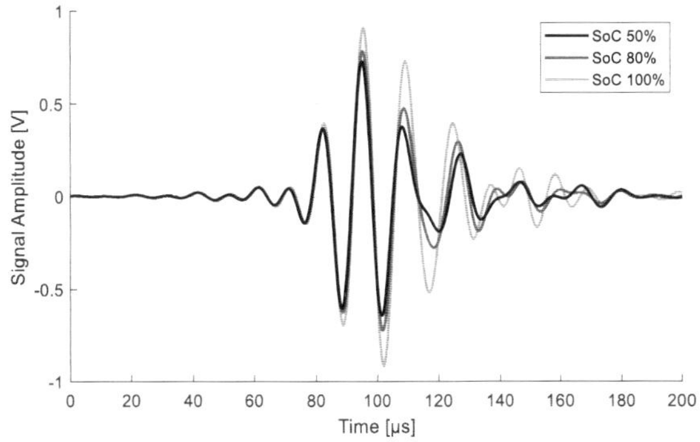

Figure 2: Time-domain signals for transducer pair T3 (actuator) and T1 (sensor) at an excitation frequency of 75 kHz at different SoC level

A signal path is supposed to be sensitive when the change in signal amplitude and time-of-flight is clearly visible within the data between charged and discharged state of the battery. Different configurations have their most sensitive change at different frequencies, whereas Path T3 – T1 is evaluated at 75 kHz and Path T3 – T2 is evaluated at 110 kHz.

The results of the time-domain signal parameters for the whole charge and discharge process at two different transducer configurations, T3 – T1 and T3 – T2 (compare Figure 1) at different frequencies are given in Figure 3(a) and (b). The results are plotted over the SoC where the actual battery capacity is normalized to the maximum charge capacity. For the transmission paths T3 – T1 and T3 – T2, there is a constant increase in SA and ToF above 30 % SoC in the charge phase and a constant decrease in the discharge phase. This is in accordance with other results from Hsieh et al. [5] where it was shown that during discharge, the acoustic absorption is generally increasing and therefore, the amplitude decreases. On contrary, the acoustic absorption is generally decreasing during charge, and therefore the amplitude increases. Below 30 % SoC the SA and ToF remain static or begin to shift in the opposite direction. In this range, the cell voltage drops below 3.5 V in the discharge phase and shows fast-changing values in the charge phase. Similar effects were observed by Ladpli et al. [8] in comparable measurements. In these ranges, it is hypothesized that an occurring phase transformation in the cathode leads to a strong change in the density and the modulus of the cathode [5]. When the cell is charged, the acoustic intensities decrease slightly as the phase transformation is reversed and then followed by a steady increase in the intensities with increasing SoC.

Another effect that can be recognized is a hysteresis between the charge and discharge cycle for both parameters ToF and SA. This is shown for the transducer pairs T3-T1 and T3-T2 in Figure 3(c) and (d) in detail, whereas the parameters of the charge cycles are plotted in solid lines and for the discharge cycle in dashed lines. In both plots, the parameters are normalized to their maximum value to avoid misinterpretation due to different absolute scale. For the two plots, both parameters show a comparable behavior, whereas in the discharge phase the measured parameters are larger than in the charge phase at comparable SoC levels. The curves for charging and discharging intersect between 30 % and 40 % SoC for the SA and between 10 % and 20 % for the ToF. Hysteresis effects has been reported before for both mechanical [10] and electrical [11] properties of lithium-ion cells. Roscher et al. compared the open-circuit voltage (OCV) and the SoC for the charge and discharge process [11]. They showed that the OCV after certain discharge steps is significantly lower than the OCV after charging and both curves enclose a hysteresis. The hysteresis was reduced with increasing current rate and it was stated out that interparticle charge transfer, resulting from strong inhomogeneities among the particles' lithium contents, is a reasonable explanation for a

shrinking OCV hysteresis with increasing current application. Sethuraman et al. reported of compressive stress due to binder swelling and electrochemical intercalation of lithium ions during charge and discharge process [10]. During deintercalation, the stress is reduced but also showed a hysteresis effect. In addition, there appears to be an approximate correlation between the rate of stress rise and the staging behavior of the lithiated graphite.
The previous authors also reported hysteresis effects and explained it with the different intercalation processes of lithium ions during charge and discharge within the anode. As the wave propagation of guided waves is also influenced by pre-stress within the material, hysteresis effects will appear in a comparable manner. The hysteresis will lead to uncertainties in the SoC determination when using one compensating curve for charging and discharging. The effect of hysteresis needs to be reviewed further to develop strategies for compensation.

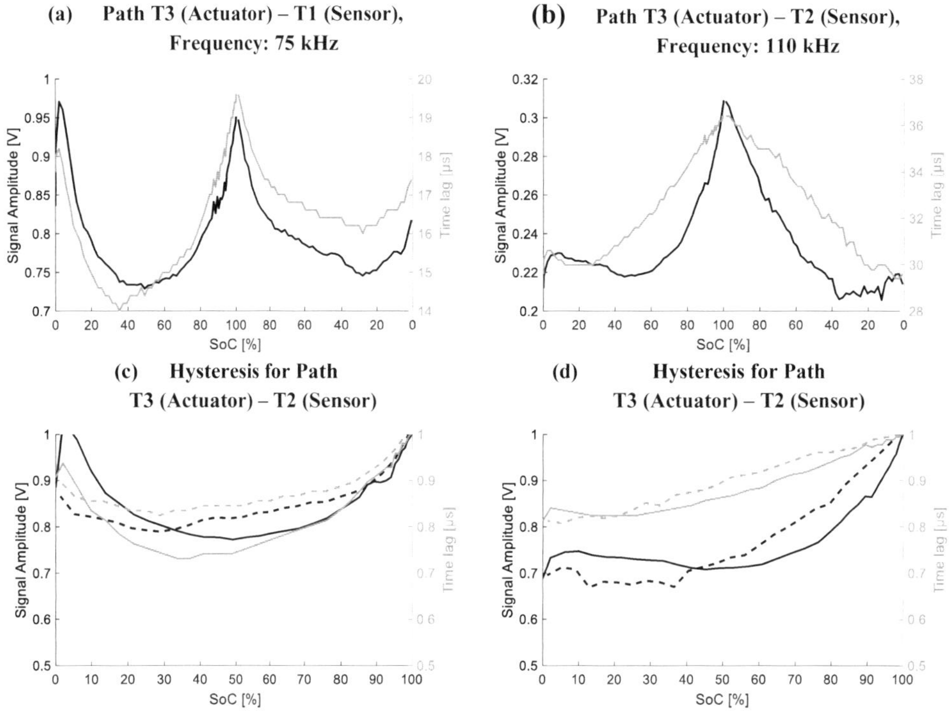

Figure 3: Evolution of signal parameters ToF and SA with respect to the change in SoC for different transducer pairs (a) – (b) and hysteresis of signal parameters for the transducer pairs (c) - (d).

3. Battery Measurement with Impedance spectroscopy

3.1 Measurement set-up

The experiments were conducted with the same Lithium polymer battery used for the active guided wave measurements. Instead of four piezoelectric transducers, only one P-876.SP1 of PI Ceramic was used for the experiments. The transducer was placed on the surface in the center of the cell. Low force clamps ensured a constant pressure on the transducer which was coupled with honey. During the measurements, the impedance analyzer Keysight 4294A was connected by the sensing probe 42941A to the transducer and monitored its impedance periodically during subsequent cycles of charge and discharge of the battery. Impedance was measured every 5 minutes while the device excited the transducer. The excitation were conducted in the frequency range of 10 – 300 kHz, with a frequency step of 0,3625 kHz.

Each measurement point was averaged 4 times. Contrary to the pitch-catch measurement, the electromechanical impedance spectroscopy was not performed in a climate chamber. This time the experiment was conducted in standard conditions for temperature and pressure. Therefore, the temperature sensor was placed on the battery's surface. As in the pitch-catch measurement, the full charge took 5 h at a constant current of 2 A. The experimental setup is presented in Figure 4.

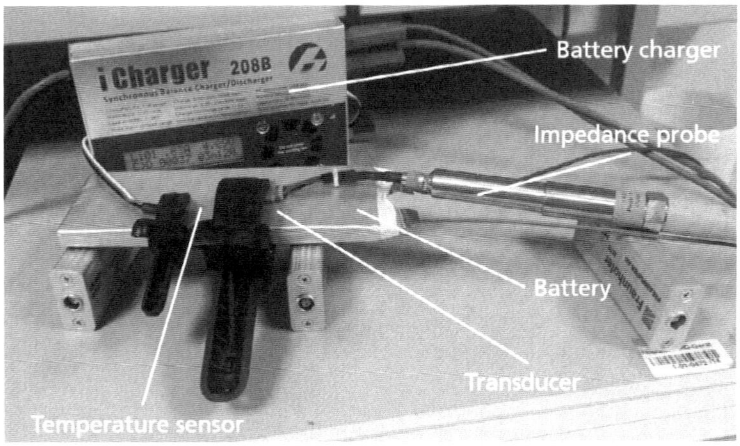

Figure 4: Experimental setup for the electromechanical impedance spectroscopy

3.2 Results – SOC estimation in impedance spectroscopy

To start the analysis of the impedance spectroscopy it is crucial to illustrate the values obtained experimentally. Out of 27 considered cycles, cycle 6th was taken for the analysis. Figure 5 a) shows the absolute values of impedance as a function of the excitation frequency and SoC in the charging phase. High amplitude of absolute impedance values is obtained for excitation frequencies below 10 kHz. At first sight, no conclusions can be drawn, except that the absolute impedance decreases with increasing excitation frequency, where the biggest span is in the frequency range up to ~20 kHz. The lack of any other visible correlations would mean, that it is difficult to indicate the SoC from the absolute impedance values only. However, the measurement of the impedance provides much more information about the behavior of the transducer e.g. phase angle, resistance or reactance. In Figure 5 b) the phase angle is presented as a function of the excitation frequency and SoC in the charging phase. In the frequency range between 160 and 220 kHz, a peak occurs which coincides with the resonance peak of the free oscillating transducer.

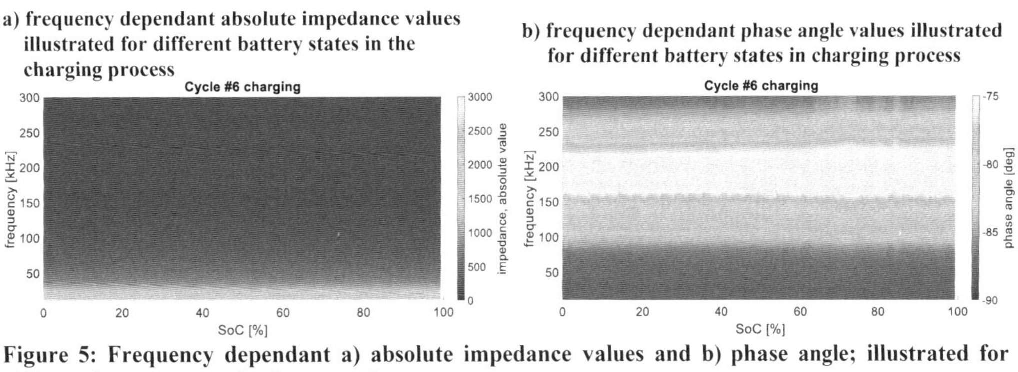

Figure 5: Frequency dependant a) absolute impedance values and b) phase angle; illustrated for different battery states in charging phase

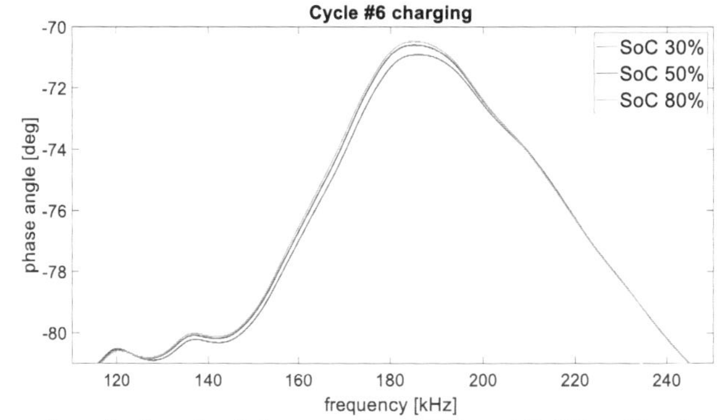

Figure 6: Frequency-domain signals of phase angle at different SoC level in charging phase

With increasing SoC a phase shift in the data can be identified what is assumed to accrue due to changing material parameters during the charging process. A detailed view of this behavior is presented in Figure 6. To show the effect of phase shift more clearly, the figure presents three different SoC states of the charging phase. It can be seen that the signals remain very similar, except in the frequency range between 170 and 200 kHz, where the signal amplitude increases with increasing SoC. This observation led to further analysis of changes between different SoC states.

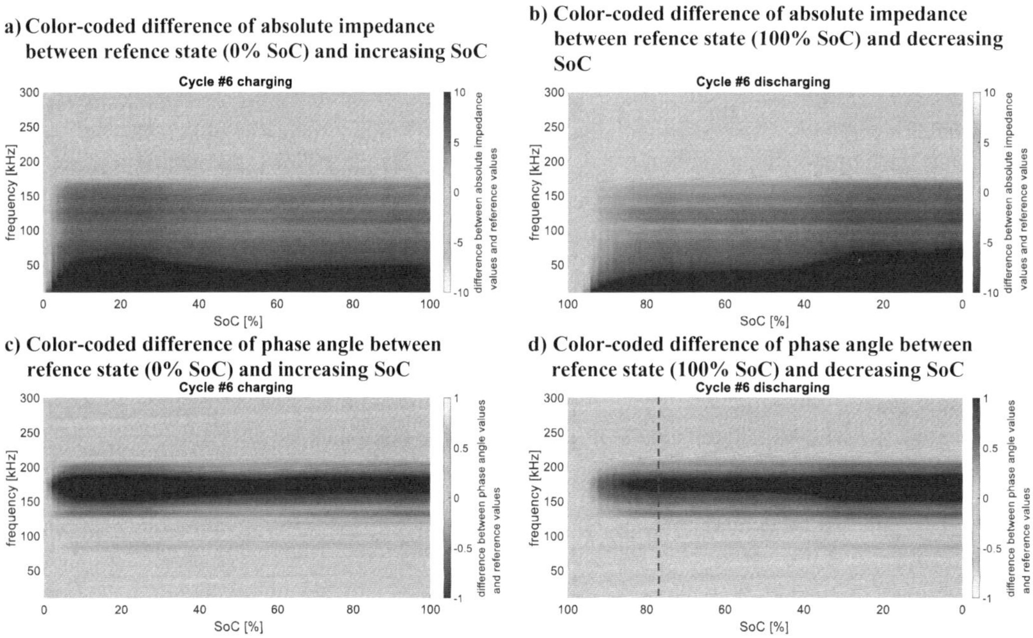

Figure 7: Result of subtracting impedance a), b) and phase angle c), d) values in n-th SoC state and reference values for charging and discharging phase

In further analysis, a baseline subtraction method was used to accentuate the differences in the data during charge and discharge. The reference point was chosen as 0 % or 100 %, the former for the charging phase, the latter for discharging phase. Then, values in this reference were subtracted from the values in each subsequent state, with the step of 1 %. This procedure was applied to both - absolute impedance and phase angle, what can be seen in Figure 7. For absolute impedance values in the charging phase (Figure 7 a)) it is evident that the differences increase in the range between 0-10 %, then saturates in the range between 10-30 %, and slightly decrease until 50 % and remain constant afterward. During the discharge phase (Figure 7 b)), it can be seen that differences are increasing in the range between 95-80 % and between 40-0 %. Besides the differences in impedance, Figure 7 c) and d) presents the differences in the phase angle for charging and discharging states. Moving towards the subsequent SoC states in the charging phase, the color-coded phase angle differences values are wider in SoC range 0-40 % and get narrower in the range 40-100 %. On the contrary, in the discharging phase, starting from 90 % up to 0 %, the differences are getting wider. Therefore, the phase angle of the EIS seems to be appropriate for the determination of the SoC.

To reduce the complexity of Figure 7 and to show how the EIS analysis may be used for SoC evaluation, the area under the curve for the difference values for each battery state was calculated to cover the entire frequency range – like it is presented in Figure 7 d), the sum of values on the red dotted line. Based on the chosen summation, primary the amplitude change of the phase angle is considered. Again, the step for every area calculation was equal to 1 % SoC. As a result, the obtained curves are presented in Figure 8 for the discharge phase for different battery cycles. During the discharge phase, the sum of phase angle difference is increasing constantly with decreasing SoC, except for the SoC range between 80 – 50 %, where the curves are flattened. In the range between 100 – 85 % a very rapid growth is observed, which may be explained by the phase instability of the cathode, where near 100 % state, a two-phase coexistence region occurs which may highly influence the properties of cathode [5]. Anyway, the line of the best fit would be linear for those curves, which could improve the SoC indication. Another thing, that can be observed in this graph, is that the amplitude of curves is decreasing along with an increasing number of cycles. Therefore, it can be concluded, that this type of analysis can be used not only for SoC indication, but also for SoH assessment. The SoH determination will be addressed in further work.

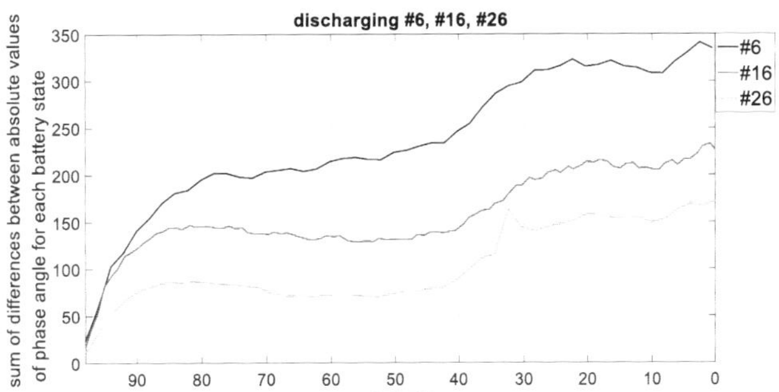

Figure 8: Cumulative sum of differences of phase angle values in entire frequency range – discharging phase in cycle no. 6, 16 and 26

4. Conclusion

The presented work shows the potential to determine the SoC of lithium-ion cells with different techniques using elastic guided waves and electromechanical impedance spectroscopy. For this purpose, extensive measurements with conventional surface-mounted piezoelectric transducers were performed on a commercially available Lithium polymer battery. Several signal parameters were used to show the correlation between the battery state and the change of the measured signal with both techniques.

In the first approach, multiple piezoelectric transducers were distributed on the surface of the battery. Guided waves were excited between the transducers and it was proven that all path combinations can measure a signal shift as a result of changing SoC in the battery. Therefore, the paper showed a clear dependence of SoC on signal amplitude and phase. However, the different pathways between the transducers have varying sensitivities at different frequencies. Also, a hysteresis between charge and discharge cycle for the chosen signal parameters were encountered, which complicates the accurate determination of the SoC without further input data. It is hypothesized that different intercalation processes of lithium ions during charge and discharge within the anode are responsible for the hysteresis. As the hysteresis is also dependent on the present current, further work is needed to explain this phenomenon.

Another measurement method used for SoC determination was the electromechanical impedance spectroscopy. In comparison to active guided wave measurements, only one transducer is necessary to depict the correlation between SoC and the absolute values of the impedance spectroscopy. The paper showed, that in particular, the values related to the imaginary part of the impedance spectroscopy are sensitive to the change in SoC. Therefore, a baseline approach was introduced to consider the change of the phase in the whole measured frequency range and accentuate differences between the different battery states. This approach simplified the complete impedance spectrum to one value for every SoC step and is also capable to detect the ongoing loss of the capacity with an increasing amount of charge and discharge cycles. Further work will focus on the development of a monitoring strategy where SoC and SoH can be predicted simultaneously.

References

[1] M. Woody, M. Arbabzadeh, G. M. Lewis, G. A. Keoleian und A. Stefanopoulou, „Strategies to limit degradation and maximize Li-ion battery service lifetime -Critical review and guidance for stakeholders," *Journal of Energy Storage,* 2020.

[2] H. Popp, M. Koller, M. Jahn und A. Bergmann, „Mechanical methods for state determination of Lithium-Ion secondary batteries: A review," *Journal of Energy Storage,* 2020.

[3] G. Davies, K. W. Knehr, B. Van Tassell, T. Hodson, S. Biswas, A. G. Hsieh und D. A. Steingart, „State of Charge and State of Health Estimation Using Electrochemical Acoustic Time of Flight Analysis," *Journal of The Electrochemical Society,* pp. 2746-2755, 2017.

[4] L. Gold, T. Bach, W. Virsik, A. Schmitt, J. Müller, T. E. M. Staab und G. Sextl, „Probing lithium-ion batteries' state-of-charge using ultrasonic transmission - Concept and laboratory testing," *Journal of Power Sources,* pp. 536-544, 2017.

[5] A. G. Hsieh, S. Bhadra, B. J. Hertzberg, P. J. Gjeltema, A. Goy, J. W. Fleischer und D. A. Steingart, „Electrochemical-acoustic time of flight: in operando correlation of physical dynamics with battery charge and health," *Energy & Environmental Science,* pp. 1569-1577, 2015.

[6] Y. Wu, Y. Wang, W. K. C. Yung und M. Pecht, „Ultrasonic Health Monitoring of Lithium-Ion Batteries," *Electronic,* 2019.

[7] B. Sood, O. Michael und P. Michael, „Health Monitoring of Lithium-ion Batteries," *IEEE Symposium,* 2013.

[8] P. Ladpli, F. Kopsaftopoulos, R. Nardari und F.-K. Chang, „Battery charge and health state monitoring via ultrasonic guided-wave-based methods using built-in piezoelectric transducers," *SPIE Smart Structures and Materials + Nondestructive Evaluation and Health Monitoring,* 2017.

[9] P. Ladpli, F. Kopsaftopoulos und F.-K. Chang, „Estimating state of charge and health of lithium-ion batteries with guided waves using built-in piezoelectric sensors/actuators," *Journal of Power Sources,* pp. 342-354, 2018.

[10] V. A. Sethuraman, N. Van Winkle, D. P. Abraham, A. F. Bower und P. R. Guduru, „Real-time stress measurements in lithium-ion battery negative-electrodes," *Journal of Power Sources,* pp. 334-342, 2012.

[11] M. A. Roscher, O. Bohlen und J. Vetter, „OCV Hysteresis in Li-Ion Batteries including Two-Phase TransitionMaterials," *International Journal of Electrochemistry,* pp. 1-6, 2011.

Geführte elastische Wellen für die Untersuchung von Unterwasserschweißnähten mittels kabelloser Manschettentechnologie und Unterwasserrobotik

Bianca WEIHNACHT [1], Tobias GAUL [1], Thomas KLESSE [1], Martin OEMUS [1], Johann WOLLSTADT [1], Robert NEUBECK [1], Sebastian SONNTAG [1], Lars SCHUBERT [1]

[1] Fraunhofer-Institut für Keramische Technologien und Systeme (IKTS), Dresden

Kontakt E-Mail: bianca.weihnacht@ikts.fraunhofer.de

Kurzfassung. Die Zahl von Offshore-Windenergieanlagen nimmt kontinuierlich zu und leistet einen wichtigen Beitrag zur Erreichung der Klimaziele. Besonders Gründungsstrukturen sind durch widrige und wechselhafte Umweltbedingungen hochbelastet, wodurch Schweißnahtrisse entstehen können. Konventionelle Prüftechniken sind im Offshore-Bereich nur begrenzt einsetzbar. Deshalb ist die Entwicklung geeigneter halb- und vollautonomer Zustandsüberwachungsverfahren wichtig. Grundsätzlich ist diese Technologie aber für alle Offshore-Bauwerke wie Brücken, Konverterplattformen und Pipelines geeignet.

Vorteil bei der Anwendung im Kontext von Unterwasserstrukturen ist die Möglichkeit mittels Unterwasserrobotik wie Remote Operated Vehicles (ROV) oder aber Autonomous Underwater Vehicles (AUV) zu inspizieren. Dafür wurde im Rahmen einer technologischen Adaption die gesamte Wertschöpfungskette von der Auslegung bis zum anwendungsbereiten Funktionsmuster durchlaufen. Die einzelnen Komponenten wurden mit Finite Elemente Simulationen ausgelegt und darauf basierend optimierte piezoelektrische Scherwellenwandler entwickelt. Für die Elektronik stand die Langlebigkeit und Zuverlässigkeit im Vordergrund. Eine dauerhaft schützende Laminierung von Elektronik und Sensorik ist die Voraussetzung für einen erfolgreichen Einsatz unter Wasser über längere Zeiträume. Zum Auslesen der Daten wurde eine kabellose induktive Energieübertragung und Datenkommunikation erfolgreich umgesetzt.

Abschließend erfolgte ein Test im Hafenbecken in Rostock, wobei die ROV-tauglichkeit im Vordergrund stand. Das Einbringen eines künstlichen Fehlers in einen Rohrdemonstrator ermöglichte die Validierung des Verfahrens und dessen Eignung für die Fehlerdetektion an Schweißnähten unter Wasser.

Einführung

Die Betriebskosten von Offshore-Windenergieanlagen und Konverterplattformen beinhalten einen wesentlichen Teil an Wartungs- und Instanthaltungskosten. Daher wurde bei den hier beschriebenen Arbeiten einen weiteren Schritt hin zu einer zustandsbasierten Wartung, die durch längerfristige Planungen mögliche Zeitfenster für Reparaturen optimal ausnutzen kann. Zur Erläuterung ist diese in Abbildung 1 dargestellt. Der Abnutzungsvorrat kann durch periodische Prüfung, wie es derzeit Standard ist, auf Anfangsniveau angehoben werden. Dies ist aber insbesondere im Offshore-Bereich mit hohen Kosten verbunden. Die am wenigsten wünschenswerte Möglichkeit ist eine ausfallbedingte Wartung, da die Anlage durch die schlechte Zugängigkeit u. U. lange nicht betrieben werden kann. Mit der zustandsabhängigen Wartung wird bei Erreichen eines bestimmten Zustandes die Wartung eingeplant. Dies muss in der Regel weniger häufig erfolgen als bei der periodischen Wartung, was zur Kosteneinsparung führt.

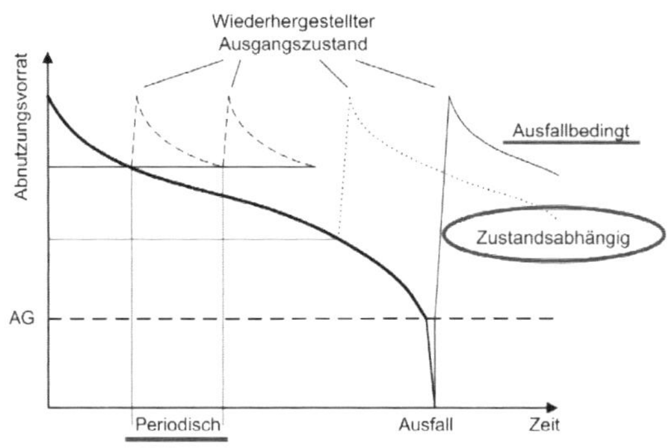

Abb. 1. Prinzip einer zustandsabhängigen Prüfung (in Anlehnung an DIN 31051 2003, S. 6)

Um dieses Ziel effizient zu erreichen, bietet sich der Einsatz von Unterwasserrobotern (Remotely Operated Vehicle – ROV) an. Viele Betreiber versuchen, Tauchstunden aufgrund der Gefahren und der Kosten gering zu halten. Durch die hier angestrebte Neuentwicklung werden Tauchzeiten-unabhängige Prüfzeiten möglich, die länger als die bisher gesetzlich vorgeschriebenen Tauchzeiten je Tauchgang[1] sind und somit die teure Offshore-Zeit besser ausnutzen. Die Kosten für Schiffsmiete inkl. Personal betragen üblicherweise ca. 40 000€/Tag, für ROV-Untersuchungen nur 15.000€/Tag. Durch die zu entwickelnde Technik wird es erstmals möglich, in wesentlich kürzerer Zeit die Prüfaufgaben in einem Windpark zu erfüllen und diese kontinuierlich durchzuführen. Perspektivisch könnten dadurch beispielsweise die Prüfintervalle für ältere Anlagen bei vertretbarem ökonomischem Aufwand erhöht und somit deren Laufzeiten über den ursprünglich geplanten Zeitraum hinaus verlängert werden.

Im Projekt wurden für die Sensormanschette CoMoBelt® ebenfalls neue Scherwellenwandler entwickelt. Diese Arbeiten sind aber nicht Gegenstand dieser Veröffentlichung und können unter [1] eingesehen werden.

1. Umsetzung des Hardwarekonzeptes

In Vorgängerprojekten wurde das Prüfkonzept eines Sensorringes erfolgreich in Manschettenform umgesetzt. Es handelt sich dabei um eine flach laminierte Prüfmanschette

[1] Anlage 1 Tauchtabellen in der BGV C 23: abhängig von Wassertiefe und Strömungsverhältnissen max. alle 6h (Stauwasser) Arbeiten zwischen 30 und 60 Minuten zuzüglich Austauschzeit

mit verschiedenen Hardwarekomponenten, wobei sich eine kabelgebundene Lösung in praktischen Tests in Windparks als ungeeignet erwiesen hat [2],[3].

Diese nun hier vorgestellten Arbeiten konzentrieren sich daher auf das Ersetzen des Kabels durch eine kabellose Lösung mittels Wi-Fi und induktiver Energieübertragung, wie in Abbildung 2 dargestellt.

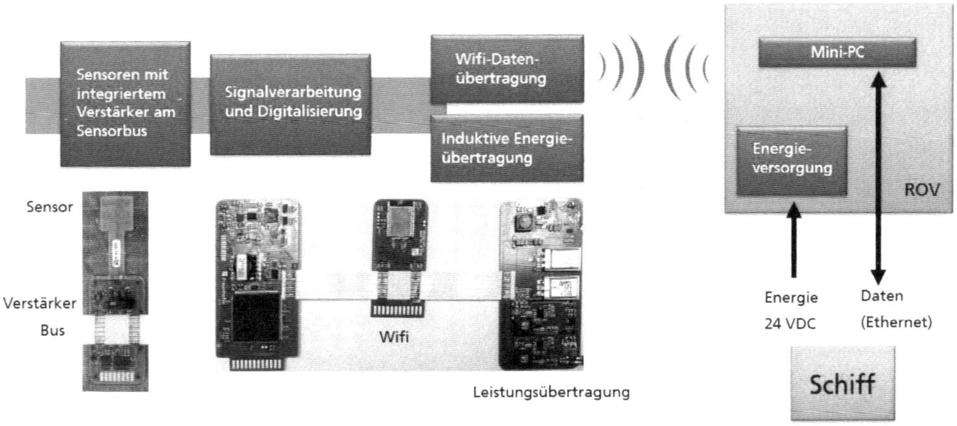

Abb. 2. Umgesetztes Technologiekonzept für eine Wireless- Stromversorgung und Wireless-Datenübertragung unter Wasser

Die Aktoren/Sensoren werden direkt angesteuert, wobei die Datenübertragung und Kommunikation über eine Wi-Fi-Verbindung realisiert wurde. Die Signalvorverarbeitung und auch die Digitalisierung erfolgen direkt am Sensor, um Störsignale gering zu halten. Nach der kabellosen Übertragung zu einem am ROV angebrachten Mini-PC und weiter über das ROV-Ethernet-Kabel zum Schiff.

Im unteren Bereich der Abbildung 2 sind die Hardwarekomponenten zu sehen, die im Folgenden näher erläutert werden.

1.1 Induktive Energieübertragung

Eine große Herausforderung dieses Projektes war eine ausreichende Bereitstellung von Energie mittels eines Spulenpaares für eine kabellosen Energieübertragung unter Wasser. Dieses Modul, wie es in Abbildung 3 zu sehen ist, wurde am Fraunhofer-Institut für Keramische Technologien und Systeme (IKTS) entworfen, das Layout bereitgestellt und dann extern bestückt. Es konnte erfolgreich für Frisch- und Salzwasser in Betrieb genommen werden. Die Zielspannung an Gegenstelle betrug 30 VDC, die benötigte Eingangsspannung 24 VDC.

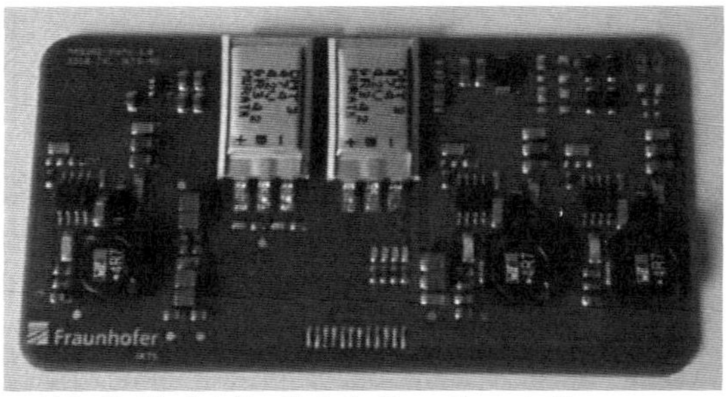

Abb. 3. Modul für die kabellose Energieübertragung

Die erreichten Parameter der Laboruntersuchungen für Strom und Spannung und die verschiedenen Abstände im Frisch- und Salzwasser können Tabelle 1 entnommen werden. Dafür wurden die Spulen in verschiedenen Abständen voneinander platziert und die Leistung mittels Strom- und Spannungsmessungen ermittelt.

Tabelle 1. Leistungsparameter für die kabellose Energieübertragung in Laboruntersuchungen

	Input current	Output voltage	Distance
Freshwater	297 mA	50 V	1 mm
	265 mA	45.2 V	2 mm
	257 mA	38.8 V	3 mm
	230 mA	35 V	4 mm
Saltwater 3%	225mA	48.8 V	1 mm
	210 mA	34.6 V	2 mm
	205 mA	31.9 V	3 mm
	200 mA	31. 5V	4 mm

1.2 Kabellose Unterwasserkommunikation

Die Datenkommunikation (Datenansteuerung und Messdatentransfer wie in Abbildung 4 gezeigt) nutzt ein Raspi–Wi-Fi-Modul (s. Abbildung 5). Eine Herausforderung war hier die Bereitstellung einer konstanten Spannung, so dass ein Spannungsstabilisator integriert werden musste. Die Daten werden über einen TCP-Socket an einen Mini-PC bzw. an einen Router übertragen.

Abb. 4. Wi-Fi-Schnittstelle zur Datenkommunikation

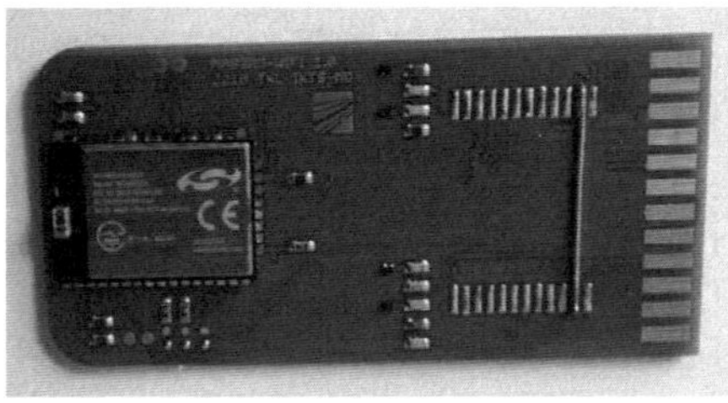

Abb. 5 Wi-Fi-Modul

Im Rahmen der Unterwassertests unter Laborbedingungen sowie für den anschließend beschriebenen Hafenbeckentest konnte die Funktionalität nachgewiesen werden. Das Modul wurde für die Labormessungen vollständig eingetaucht.

Es wurden Datenraten von bis zu 300 kB/s erreicht. Auch der Salzwassereinfluss von 3% zeigt zumindest unter 4 cm Übertragungsstrecke zufriedenstellende Ergebnisse bis 280 KiB/s. Die detaillierten Ergebnisse sind in Tabelle 2 dargestellt.

Tabelle 2. Ergebnisse der Unterwassertests der Wi-Fi-Verbindung

	Abstand Wasser	Abstand Luft	Datenrate
Süßwasser	20 cm	10 cm	150 KiB/s
	20 cm	-	160 KiB/s
	10 cm	(eingetaucht)	292 KiB/s
	0 cm	(eingetaucht)	291 KiB/s
Salzwasser, 3 %	10 cm	(eingetaucht)	-
	5 cm	(eingetaucht)	10 KiB/s
	< 4 cm	(eingetaucht)	280 KiB/s

2.1 Ankopplungseinheit und Manschettenbefestigung

Das Konzept der Koppeleinheit wurde für den Hafenbeckentest gefertigt und ist als 3D-Modell in Abbildung 6 dargestellt. Es wurde bewusst eine runde Form für die Ankoppeleinheit gewählt, um bei allseitigem Druck unter Wasser keine mechanischen Spannungsspitzen am Bauteil zu erzeugen. Zusätzlich wurde das Volumen von Anbauteilen gering gehalten, um den statischen Auftrieb unter Wasser zu minimieren.

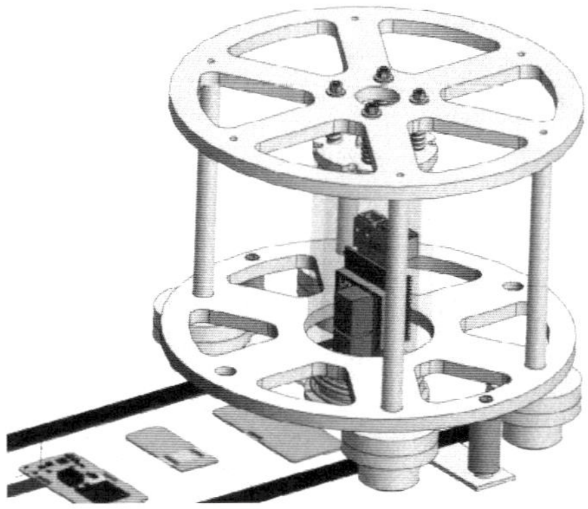

Abb. 6: ROV-Ankoppeleinheit mit Spule für Energieversorgung und Wi-Fi-Gegenstelle

Das Modell gliedert sich in zwei Komponenten. Die innenliegende Kapsel beinhaltet die erforderliche Elektronik zum Aufbau der Wi-Fi-Verbindung und Steuerung der Datenübertragung und zur Bereitstellung von Strom und Spannung zur Energieübertragung mit der Spule. Die Kapsel verfügt über einen abnehmbaren Deckel auf Ober- und Unterseite, welcher durch eine Doppel-O-Ring-Dichtung gegen Eindringen von Wasser in das Innere abgedichtet ist. Zur verlustarmen induktiven Energieübertragung wurde am Auflagepunkt der Spule im Deckel eine Wandstärke von 1 mm gewählt. Die gesamte Kapsel wurde aus dem Kunststoff Polyoxymethylene gefertigt, welcher über hohe Steifigkeits- und Festigkeitseigenschaften verfügt sowie eine geringe Wasseraufnahme aufweist. Notwendige mechanische Verschraubungen wurden mit Messingschrauben und zuvor eingebrachten Messinggewindeeinsätzen hergestellt. Die finale Docking-Einheit ist in Abbildung 7 zu sehen.

Abb. 7: Im Test verwendete Andockeinheit; rechts sind die 4 Elektromagneten, die Energieübertragungspule und die Konusse für die Positionierung in der Ansicht von unten zu sehen

2. Test des Hardwarekonzeptes im Hafenbecken

Die entwickelte Hardware wurde in zwei Hafenbeckentests beim assoziierten Partner Baltic Taucher in Rostock im April 2019 und im September 2020 getestet.

2.1 Verwendeter Demonstrator

Für die Hafenbeckentests wurde ein Demonstrator entworfen (s. Abbildung 8), der vielfältige Testmöglichkeiten bot und skaliert einem Ausschnitt aus einer reellen Offshore Jacket-Gründungsstrukturdarstellt.

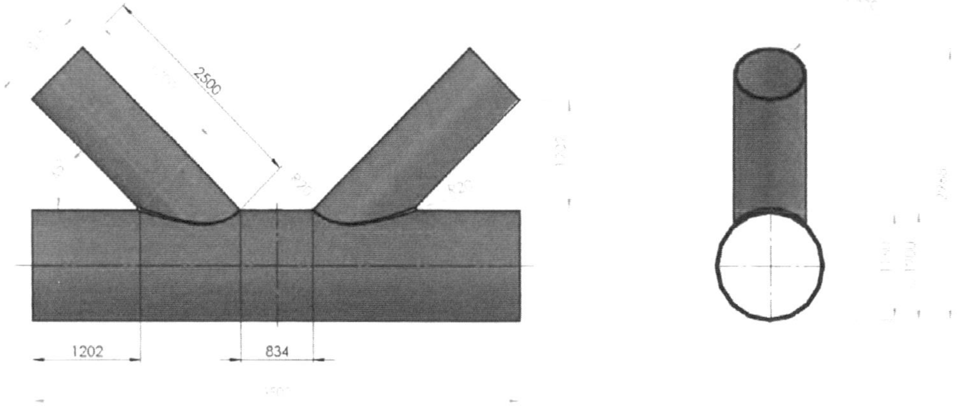

Abb. 8: Für die Hafenbeckentest verwendeter Stahldemonstrator Die Längenangaben sind in Millimeter

2.2 Remote Operated Vehicle (ROV)

Essenziell für diese Tests war die Verfügungstellung eines geeigneten ROV für die Messungen durch die Baltic Taucher (Baltic Taucherei- und Bergungsbetrieb Rostock GmbH). Es handelts sich dabei um ein Valor-ROV der Firma Seatronics[2], welches vergleichsweise klein ist und trotzdem die notwendigen Lasten transportieren kann (s. Abbildung 9).

Abb. 9: Inspection-Class-ROV bei Baltic Taucher

2.3 Ergebnisse

Für den Test wurden zwei Manschetten angebracht, wie in Abbildung 10 zu sehen ist. Für die anschließend gezeigte Auswertung fanden nur Daten der mit grün markierten

---

2 https://seatronics-group.com/subsea-inspection/observation-rov/seatronics-valor-rov/ (abgerufen 28.1.2021)

Manschette Verwendung. Um die Eignung des Verfahrens zu validieren, wurde ein künstlicher Riss mit den Dimensionen 70 x 5 x 2 mm^3 mit einem Winkelschleifer als Schweißnahtflankenfehler eingebracht.

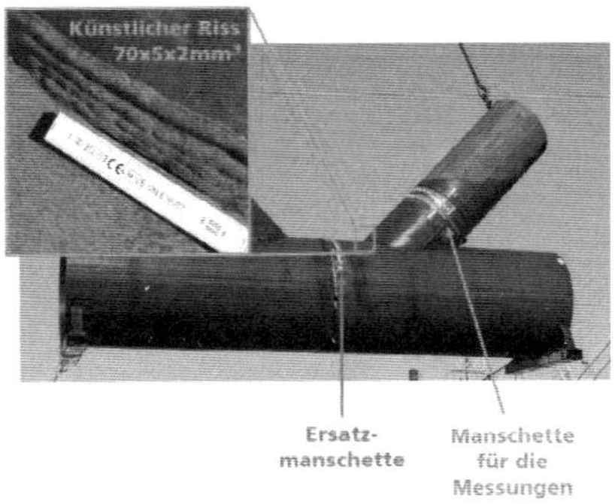

Abb. 10: Instrumentierter Rohrknoten während des Versuchs

Die Datenqualität wird in Abbildung 11 veranschaulicht, wobei es sich um das Gesamtsignal im oberen Bereich handelt. Es sind im Wesentlichen 2 Wellenpakete zu sehen, wobei im ersteren die Fehlerwechselwirkung zu finden ist und das Zweite die Randreflexion darstellt. In der vergrößerten Darstellung ist im Bereich um 500 µs eine Abweichung der beiden Signale zu erkennen, die durch den Schaden verursacht wurde. Durch die Überlagerung der Differenzensignale aller Pfadkombinationen im Tomographie-Algorithmus mit Berücksichtigung der komplexen Wellenausbreitung durch die Geometrie ergibt sich eine signifikante Schadensindikation.

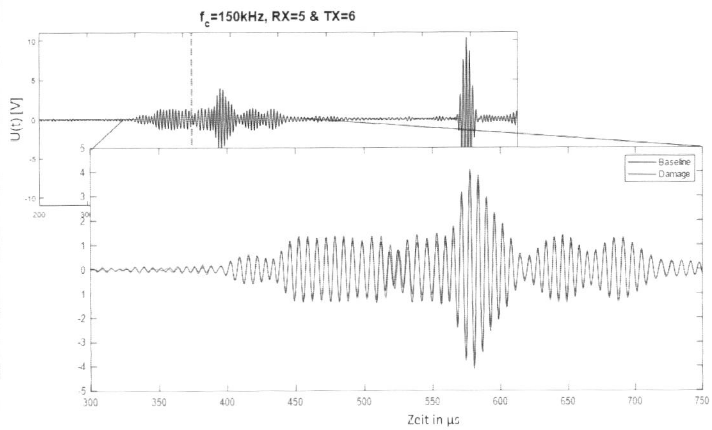

Abb. 11: Beispielsignal eines Pfades mit (rot) und ohne Schaden (schwarz)

Abbildung 12 zeigt das beispielhaft das Ergebnis der Bildgebung für die mittlere Anregungsfrequenz von 150 kHz. Die Dimensionen der Indikation korrelieren mit denen des künstlich eingebrachten Risses. Die beobachtete Datenqualität weist auf die Anwendbarkeit komplexerer Algorithmen hin, mit denen neben Lage und Größe noch zusätzlich Intensität bzw. Schadenstiefe aufgelöst werden könnten.

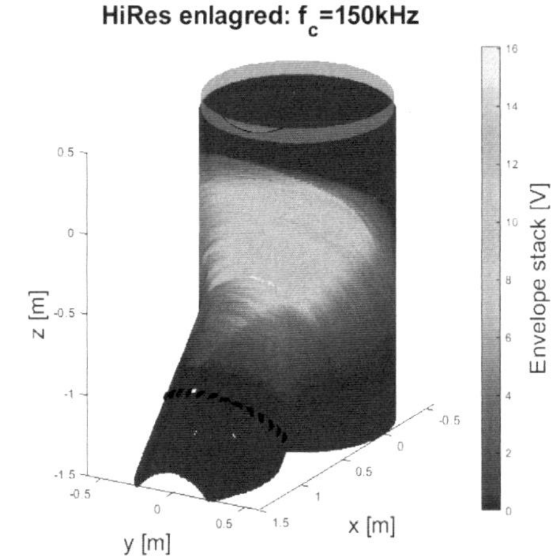

Abb. 12: Ergebnis der Messung mit künstlichem Riss

Zusammenfassung

Im Rahmen der hier vorgestellten Arbeiten wurde für die am IKTS entwickelte Sensormanschette CoMoBelt® eine kabelloser Betriebsmodus von der Manschette zum ROV ermöglicht. Die Datenkommunikation erfolgte über Unterwasser-Wi-Fi und die Energieversorgung induktive über zwei Spulen. Weiterhin wurde eine neue Ankoppeleinheit entwickelt.

Ein finaler Test im Hafenbecken beim assoziierten Partner Baltic Taucher in Rostock zeigte die Eignung des Verfahrens und die gute erzielte Datenqualität. Ein künstlicher Riss konnte erfolgreich detektiert werden.

Danksagung

Die Arbeiten wurden durch das BMWi im Programm "Maritime Technologien" unter dem Aktenzeichen 03SX433C gefördert. Die Autoren bedanken sich beim PTJ Berlin für die kompetente Betreuung des Projektes und bei den Projektpartnern PI Ceramic und Invent sowie den assoziierten Partnern Baltic Taucher und TenneT für die angenehme und zielführende Zusammenarbeit.

Referenzen

[1] Gaul, T., Kim, Y., Weihnacht, B., Schubert, L.: Entwicklung von piezoelektrischen Scherwellenwandlern für die Zustandsüberwachung von Offshore-Gründungsstrukturen; Proc. DACH-Jahrestagung 2019, 27. – 29. Mai 2019 in Friedrichshafen

[2] Weihnacht, B., Frankenstein, B., Gaul, T.; Neubeck, R.; Schubert, L.: Offshore foundation monitoring by guided waves - challenges and perspectives, 19th World Conference on Non-Destructive Testing, WCNDT 2016: Munich, Gemany, 13-17 June 2016; Proceedings

[3] Weihnacht, B., Frankenstein, B., Gaul, T.; Neubeck, R.; Schubert, L.: Monitoring of welded seams on the foundations of offshore wind turbines, Insight 59 (2017), Nr.2, S.72-76

Zerstörende Untersuchung an Spannbetonträgern zur akustischen Charakterisierung des Spanndrahtbruchs

Max KÄDING [1], Gregor SCHACHT [1], Steffen MARX [2]
[1] MKP GmbH, Weimar und Hannover
[2] Institut für Massivbau, Technische Universität Dresden, Dresden

Kontakt E-Mail: max.kaeding@marxkrontal.com

Kurzfassung

Die Schallemissionsanalyse hat sich im Brückenbau als vielversprechendes Messverfahren für die Überwachung von Spann- und Tragseilen zur Detektion einzelner Drahtbrüche etabliert. Geschickt verteilte Sensoren ermöglichen hierbei eine gesamtheitliche Überwachung des Tragwerks. Das Netzwerk aus Sensoren muss jedoch in technischer als auch wirtschaftlicher Hinsicht effizient entworfen werden. Hierzu sind Eingangsparameter zur Charakteristik des untersuchten Schadens, zum Signalübertragungsverhalten des Bauwerks bzw. Materials, sowie zum Nebengeräuschlevel erforderlich, um die Messorte bestmöglich definieren zu können.

Der Beitrag thematisiert die prinzipielle Vorgehensweise für den Entwurf eines, mit Blick auf die Detektionswahrscheinlichkeit für Drahtbrüche, zuverlässigen Sensorlayouts. Einzelne Komponenten der Signalübertragungskette wurden hierzu im Rahmen experimenteller Untersuchungen genauer betrachtet.

Zum einen wurden an verschiedenen Trägerelementen mehrere Hundert Drahtbrüche erzeugt. Die Signale wurden weitestgehend ohne Sättigung erfasst und die statistische Verteilung der Peak-Amplitude in Quellortnähe ermittelt. Beim Erzeugen der Drahtbrüche wurden verschieden mechanische Einflussgrößen berücksichtigt, um eine auf der sicheren Seite liegende Einschätzung zum Quellsignal zu erhalten. Zum anderen wurden für die Träger die Dämpfungseigenschaften für die Drahtbruchsignale und eine Referenzquelle (Rückprallhammer) ermittelt.

Die Ergebnisse wurden verwendet, um hieraus die Verläufe der Detektionswahrscheinlichkeit in Abhängigkeit des Abstands zwischen Quellort und Sensor zu berechnen. Es zeigte sich, dass die baukonstruktiven Randbedingungen diese stark beeinflussen können.

MARX KRONTAL PARTNER

ZERSTÖRENDE UNTERSUCHUNG AN SPANNBETONTRÄGERN ZUR AKUSTISCHEN CHARAKTERISIERUNG DES SPANNDRAHTBRUCHS

SCHALL 21 – Entwicklung und Anwendung der Schallemissionsanalyse und Zustandsüberwachung mit geführten Wellen

Session 5 - Donnerstag, 25. Februar 2021

MARX KRONTAL PARTNER

MOTIVATION

SPANNBETONBRÜCKEN DER ERSTEN GENERATION

MARX KRONTAL PARTNER

BEWERTUNGSBAUSTEINE

MARX KRONTAL PARTNER

SCHALLEMISSIONSMONITORING (SEM)

MARX KRONTAL PARTNER

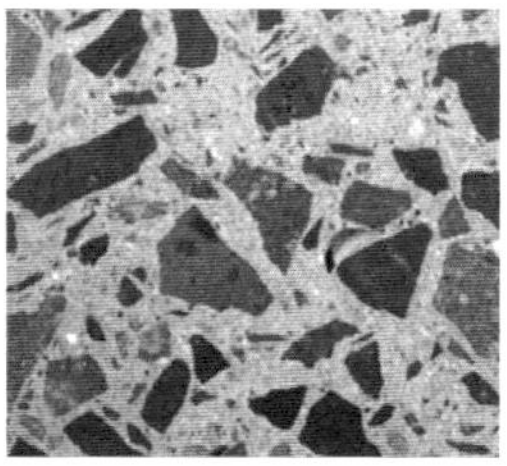

BAUTEIL UND MATERIAL | MESSTECHNIK UND ANALYSE

ENTSTEHUNG
- Vorspannung des Spannstahls
- Eigenschaften der Verbundzone

AUSBREITUNG
- Dämpfung
- Streuung
- Laufweg

ERFASSUNG
- Vorverstärkung
- Frequenzspektrum

VERARBEITUNG
- Triggerkriterien: Schwellwerte / KI
- Filterung

25.02.2021 5

Autor	Sensor-abstand	Antwortspektrum des Sensors	Dämpfung
Cullington (2001)	5 m	1-20 kHz	-
Yuyama (2007)	6 m	40-100 kHz	4,3 dB/m
Fricker (2009)	8,3 m	20-200 kHz	3,7 dB/m
Sodeikat (2019)	>10 m	25-80 kHz	-
Schacht (2019)	10 m	30-100 kHz	3,0 dB/m

MARX KRONTAL PARTNER

ANWENDUNGEN WELTWEIT

- Entwicklung seit Beginn 1990er
- „proof of concept“ erbracht
- Detektion und zerstörende Validierung von Drahtbrüchen
- Zahlreiche Erfahrungen, auch aus der Dauerüberwachung

➔ *Dennoch: umfassende Analyse des Drahtbruchsignals nicht vorhanden*

25.02.2021 6

MARX KRONTAL PARTNER

NOTWENDIGKEIT UND ZIELSTELLUNG

BRÜCKENBAUKONSTRUKTIONEN

MARX KRONTAL PARTNER

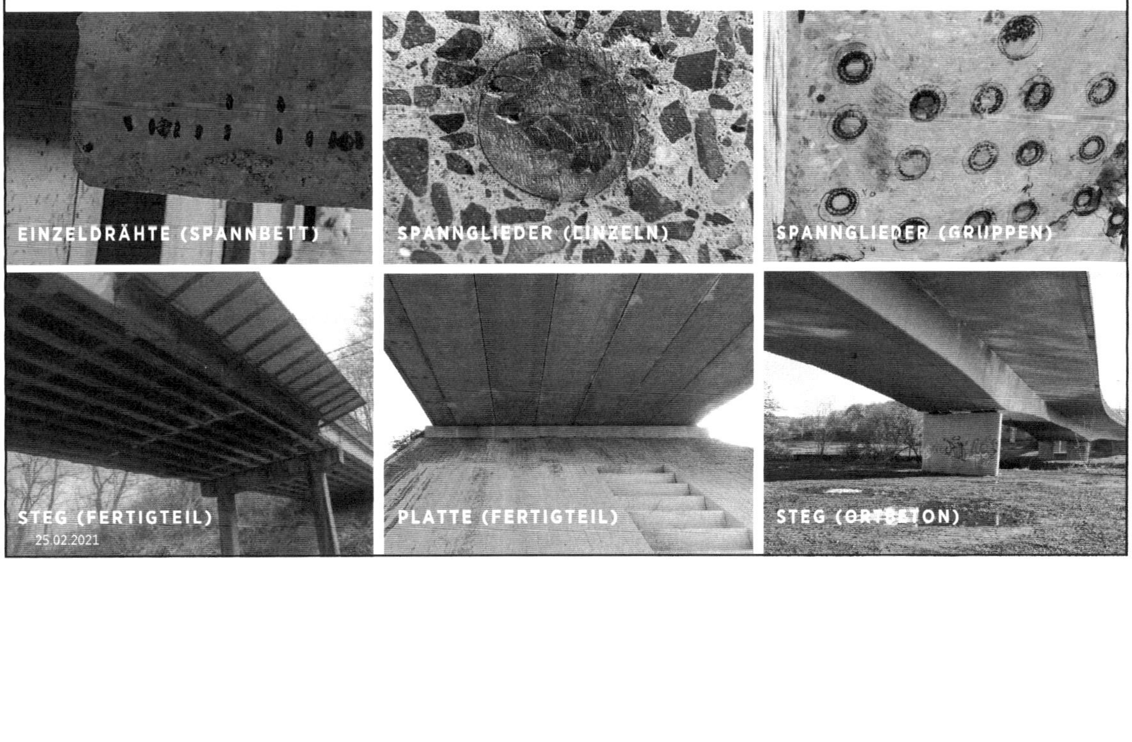

DEFINITION DES SENSORLAYOUTS

MARX KRONTAL PARTNER

- Unterschiedliche konstruktive Randbedingungen
- A priori unbekannte Größen:
  - Schadsignals
  - Verkehrsgeräuschlevel
  - Dämpfungscharakteristik
  - Ausbreitungsgeschwindigkeit
- Quantifizierung des Sicherheitsgewinns für bautechnische Bewertung notwendig (Detektionswahrscheinlichkeit)

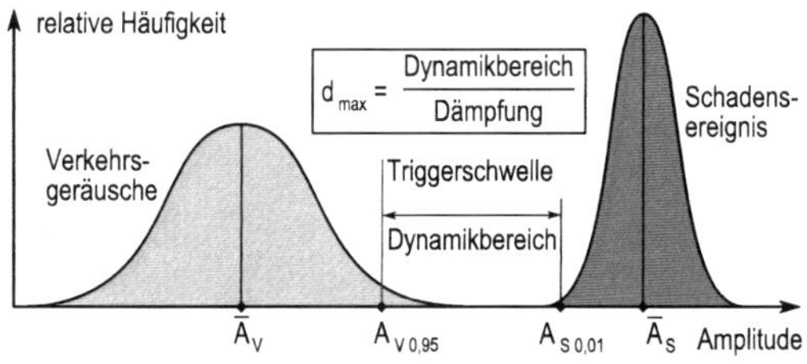

Ziel

- *Ermittlung von Referenzdatensets zur Charakterisierung des Schaden und der Dämpfung*

25.02.2021 9

MARX KRONTAL PARTNER

EXPERIMENTELLE UNTERSUCHUNGEN

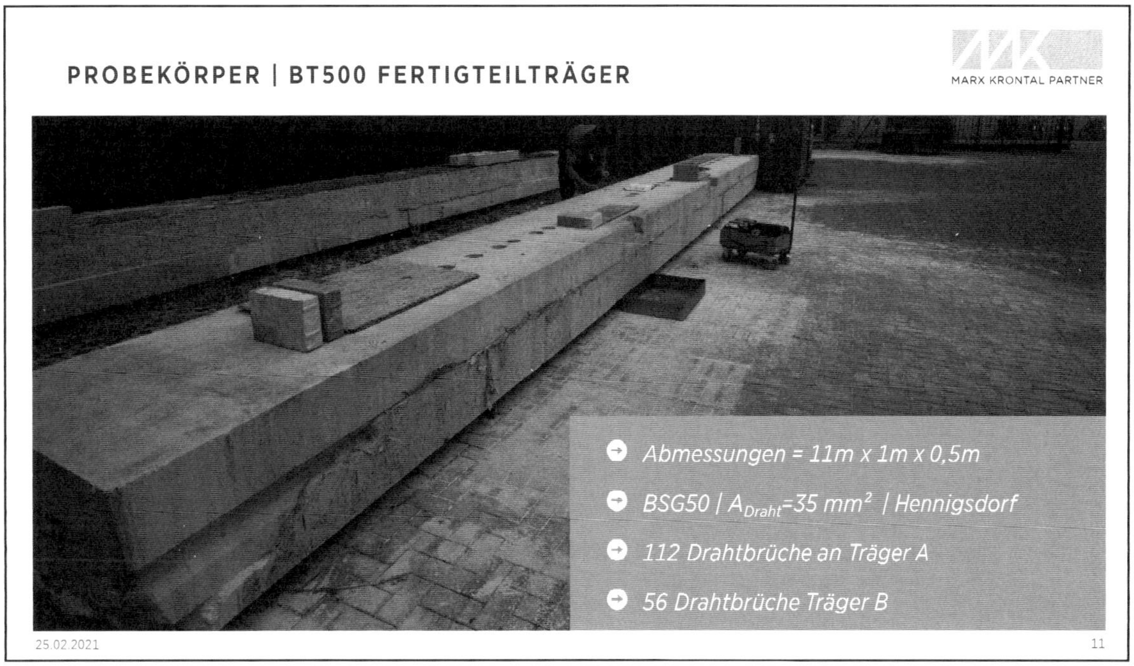
PROBEKÖRPER | BT500 FERTIGTEILTRÄGER
MARX KRONTAL PARTNER
Abmessungen = 11m x 1m x 0,5m
BSG50 | A_{Draht}=35 mm² | Hennigsdorf
112 Drahtbrüche an Träger A
56 Drahtbrüche Träger B
25.02.2021
11

PROBEKÖRPER | BRÜCKE RODING
MARX KRONTAL PARTNER
Abmessungen = 7m x 0,8m x 1,4m
BBRV-Suspa | A_{Draht}=28,3 mm² | Felten & Guilleaume
75 Drahtbrüche an einem Träger
25.02.2021
12

SIMULATION VERSCHIEDENER VERBUNDSITUATIONEN
MARX KRONTAL PARTNER
SCHLECHTER VERBUND
Energiefreisetzung ist bei schlechter mechanischer Bettung am größten
MÄßIGER VERBUND
GUTER VERBUND
HERVORRAGENDER VERBUND
25.02.2021
13

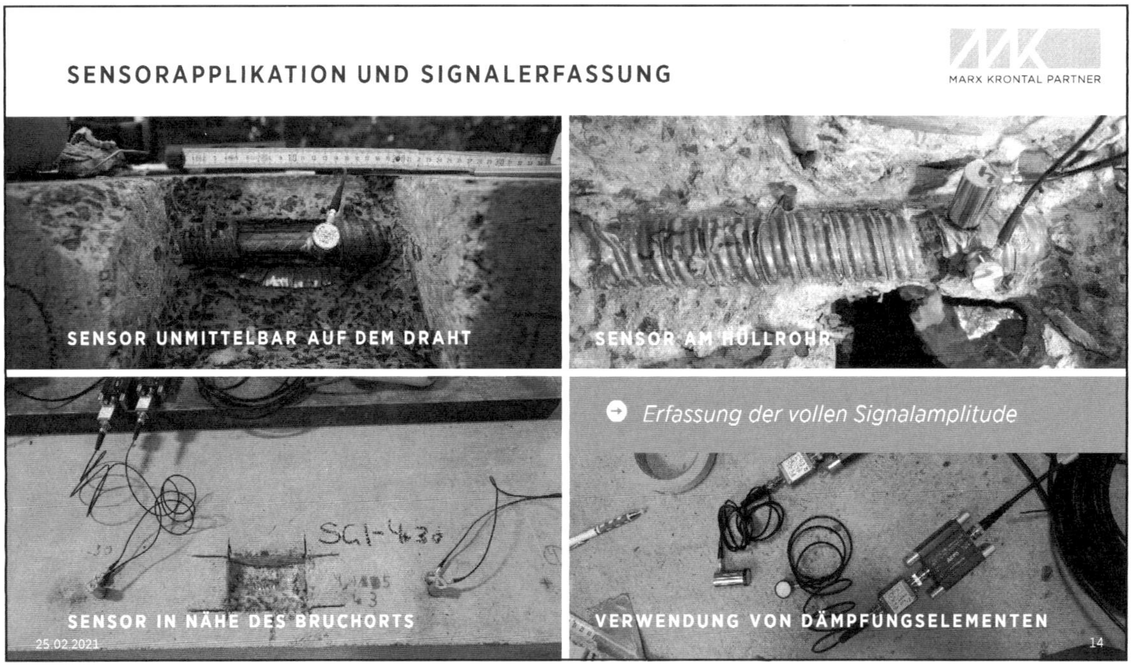
SENSORAPPLIKATION UND SIGNALERFASSUNG
MARX KRONTAL PARTNER
SENSOR UNMITTELBAR AUF DEM DRAHT
SENSOR AM HÜLLROHR
SENSOR IN NÄHE DES BRUCHORTS
Erfassung der vollen Signalamplitude
VERWENDUNG VON DÄMPFUNGSELEMENTEN
25.02.2021
14

MARX KRONTAL PARTNER

ERGEBNISSE

MARX KRONTAL PARTNER

QUELLSIGNAL | DRAHTBRUCH

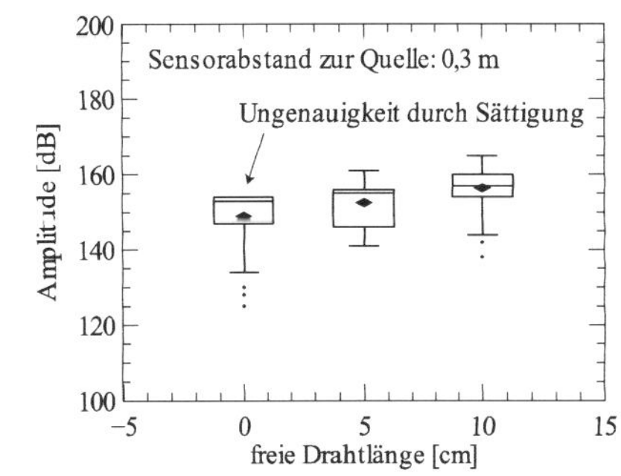

➔ *Zusammenhang zwischen freigesetzter Energie und Verbund in Daten erkennbar*

16

QUELLSIGNAL | DRAHTBRUCH

MARX KRONTAL PARTNER

BT500(A)

- $\bar{A}_{source} \approx 148$ dB (Draht voll im Verbund)
- $\sigma \approx 5{,}65$ (Versuchsdaten: Bruchort)
- $A_{0,05} \approx 140$ dB
- $A_{0,01} \approx 135$ dB

DRAHTBRUCH-VERTEILUNGSFUNKTIONEN

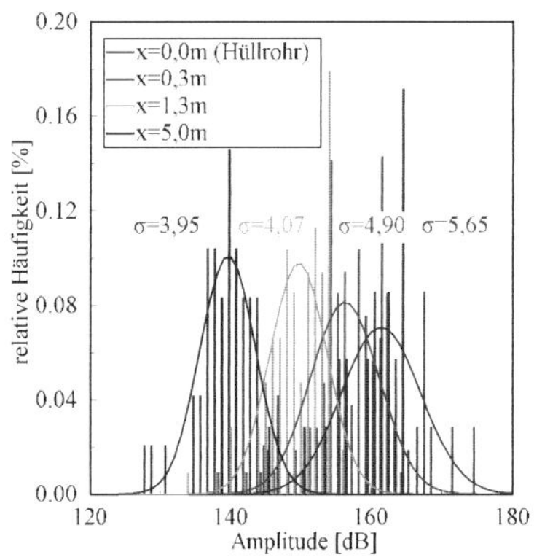

25.02.2021 17

QUELLSIGNAL | DRAHTBRUCH

MARX KRONTAL PARTNER

BRÜCKE RODING

- $\bar{A}_{source} \approx 135$ dB (Draht voll im Verbund)
- $\sigma \approx 6{,}10$ (Versuchsdaten: Trennschnitt)
- $A_{0,05} \approx 125$ dB
- $A_{0,01} \approx 121$ dB

DRAHTBRUCH-VERTEILUNGSFUNKTIONEN

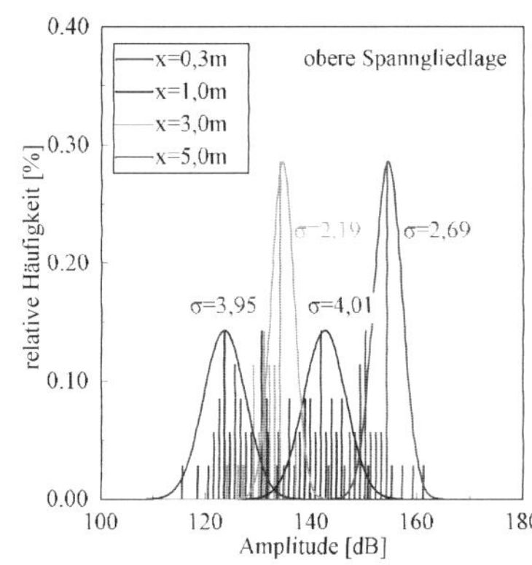

- *Streuung der gemessenen Amplituden tlw. vergleichbar*
- *Maßgebende Amplituden beim direkten Trennschnitt sehr unterschiedlich*

25.02.2021 18

MARX KRONTAL PARTNER

DÄMPFUNGSEIGENSCHAFTEN LÄNGS DER SPANNGLIEDACHSE

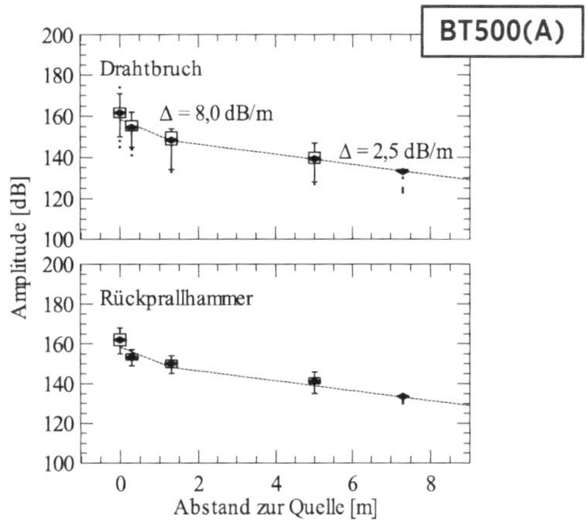

25.02.2021 19

MARX KRONTAL PARTNER

DÄMPFUNGSEIGENSCHAFTEN LÄNGS DER SPANNGLIEDACHSE

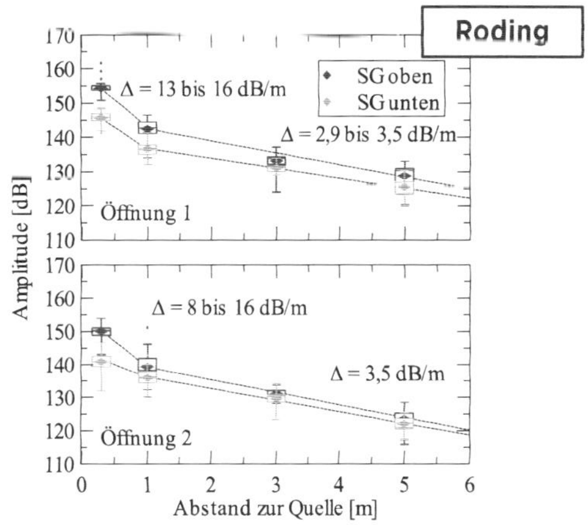

25.02.2021 20

MARX KRONTAL PARTNER

DÄMPFUNGSEIGENSCHAFTEN QUER ZUR SPANNGLIEDACHSE

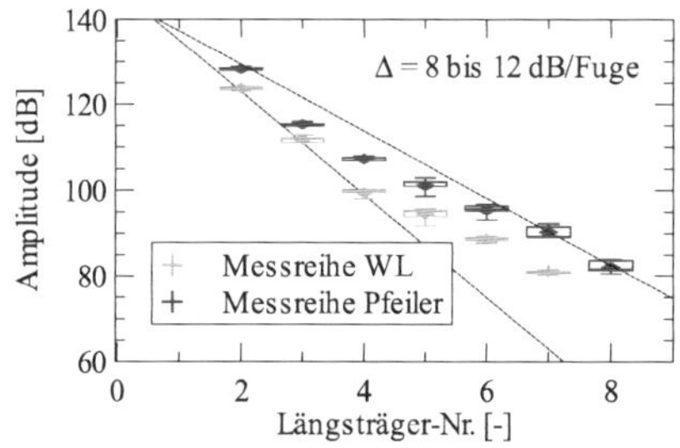

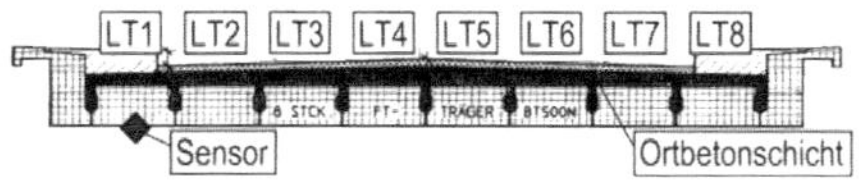

21

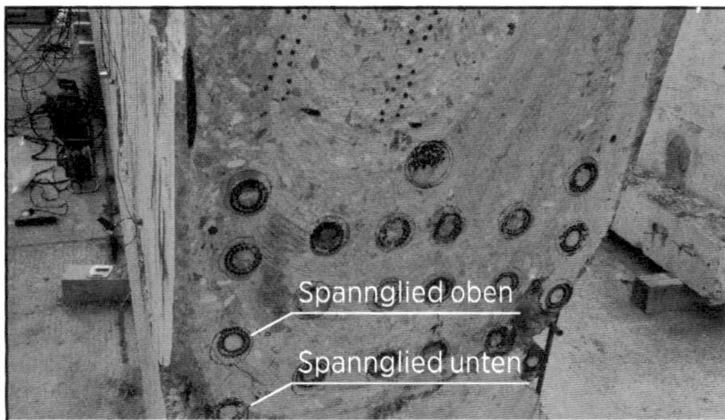

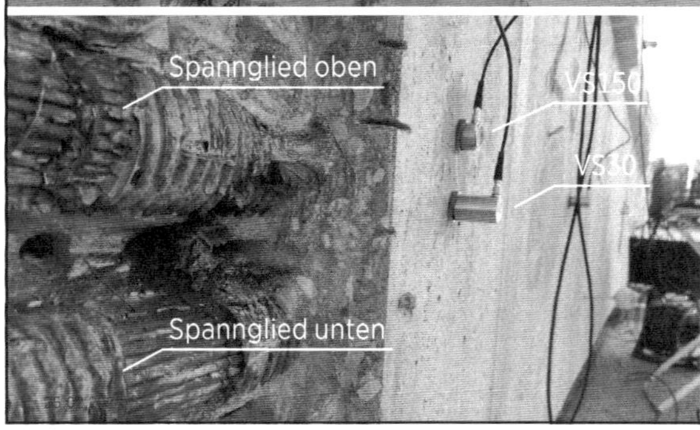

MARX KRONTAL PARTNER

DÄMPFUNGSEIGENSCHAFTEN QUER ZUR SPANNGLIEDACHSE

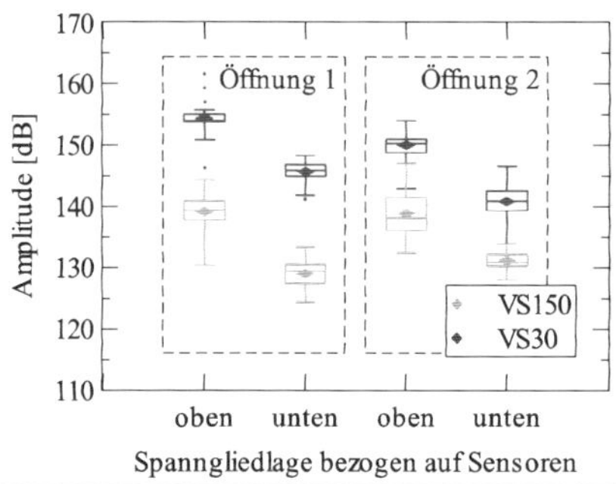

Entstehungsort des Drahtbruchs im Querschnitt beeinflusst messbare Amplitude stark

PROBABILITY OF DETECTION (POD)

MARX KRONTAL PARTNER

- Berechnung von POD-Kurven auf Grundlage der experimentellen Ergebnisse
- Berücksichtigung einer bilinearen Dämpfung in Längsrichtung
- Annahme einer Nachweisschwelle von 90 dB

Stark reduzierte Sensorabstände um sichere Detektion zu gewährleisten

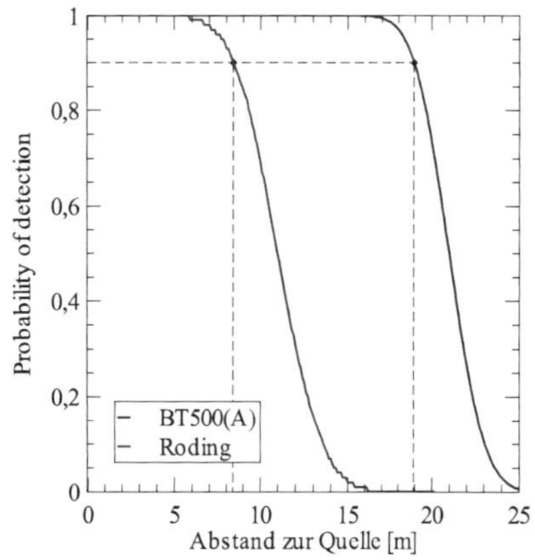

AUSBLICK

MARX KRONTAL PARTNER

ERHÖHUNG DER DIMENSIONALITÄT | MUSTERERKENNUNG

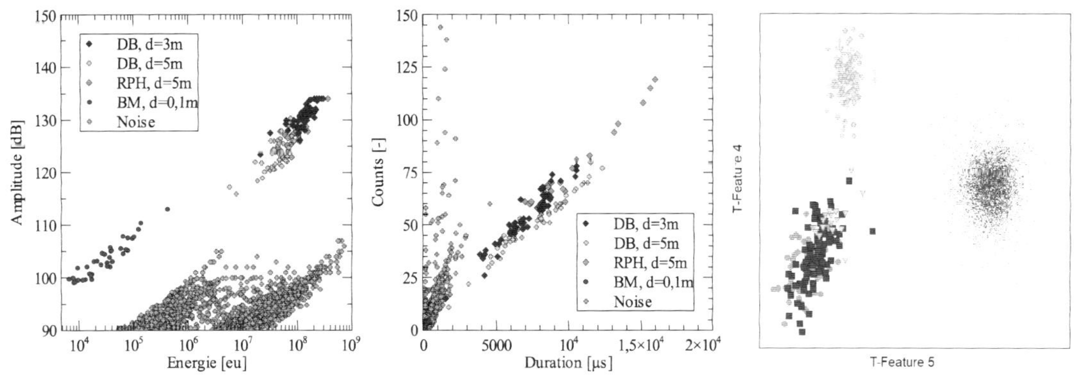

ZEITBEREICH FREQUENZBEREICH

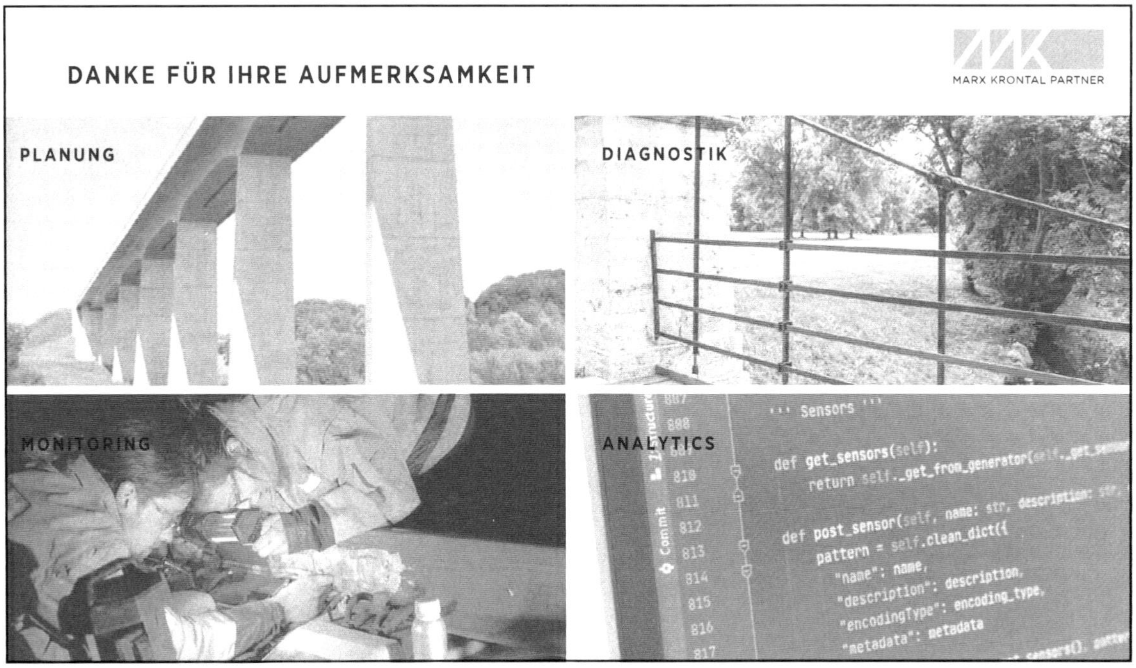
DANKE FÜR IHRE AUFMERKSAMKEIT
MARX KRONTAL PARTNER
PLANUNG
DIAGNOSTIK
MONITORING
ANALYTICS

Monitoring an Bauteilen einer Eisenbahnbrücke mit Schallemission

Heribert MARIHART [1], Mikhail PROKOFYEV [1], Gerald LACKNER [1]
[1] TÜV AUSTRIA SERVICES GmbH, Wien, Österreich

Kontakt E-Mail: heribert.marihart@tuv.at

Kurzfassung

Im ersten Teil wurde ein Monitoring mit Schallemission an Bauteilen einer intakten Eisenbahnbrücke während einiger Zugüberfahrten im normalen Streckenbetrieb durchgeführt. Die Ergebnisse der planaren Ortung der überwachten Brückenabschnitte zeigten gute Übereinstimmung mit bereits vorhandenen Schädigungen (Risse). Die eingeleiteten zeitabhängigen Belastungen durch die Überfahrten wurden über Messungen mit Dehnmessstreifen erfasst. Als Resultat wurden die Zusammenhänge zwischen Schallemission und Belastungssituation gezeigt. Des Weiteren wurden die detektierten Schallemissionsanzeigen mit Betriebsdaten wie Masse, Länge, Geschwindigkeit des jeweiligen Zuges verglichen.

Im zweiten Teil wurden Daten vom Monitoring mittels Schallemission an einem alten Träger von einer abgetragenen Brückenkonstruktion während eines Schwingversuches analysiert. Ziel war es, unter Laborbedingungen auftretendes Risswachstum bzw. fortschreitende Schädigung des Trägers ausgehend von einem künstlich eingebrachten Ermüdungsriss mit Schallemission mitzumessen. Mit den Ergebnissen der planaren Ortung konnte ein entsprechender Schädigungsverlauf mit zunehmenden Lastwechseln festgestellt werden.

Die gewonnenen Erkenntnisse sollen in ein zukünftiges Forschungsprojekt einfließen um ein Prüfverfahren als unterstützendes Werkzeug für den nachhaltigen Betrieb von Eisenbahnbrücken zu entwickeln.

TÜV AUSTRIA GRUPPE

TÜV AUSTRIA

Monitoring an Bauteilen einer Eisenbahnbrücke mit Schallemission

Heribert MARIHART I DGZfP - SCHALL 21

02.02.2021

Inhalt

TÜV AUSTRIA

- ✔ Einleitung – Ziel – Motivation
- ✔ Teil 1 – Schallemissionsmonitoring an intakter Eisenbahnbrücke
- ✔ Teil 2 – Monitoring an Träger einer abgetragenen Brückenkonstruktion während Schwingversuches
- ✔ Teil 3 – Erkenntnisverknüpfung für ein Tool für nachhaltigen Betrieb von Eisenbahnbrücken
- ✔ Ergebnisse - Schlussfolgerung

Einleitung – Ziele – Motivation

- Brückenbauwerke - hohe Einsatzdauer - eventuelles Auftreten von Schädigungsmechanismen
- Monitoring an hoch belasteten Brückenabschnitten
- Welche Schädigungsmechanismen können auftreten?

> Entwicklung eines Schallemissions-Tools zur Unterstützung der Brückeninspektion

office@tuv.at | www.tuv.at © TÜV AUSTRIA 3

Teil 1 – Schallemissionsmonitoring an intakter Eisenbahnbrücke

- Machbarkeitsstudie der Schallemissionsmessung während Zugüberfahrten
- Erkennung von aktiven Rissen mit dem Schallemissionsverfahren während Überfahrten
- Online-Monitoring mittels Schallemission

office@tuv.at | www.tuv.at © TÜV AUSTRIA 4

Teil 1 – *Übersicht*

ÖBB INFRA TÜV AUSTRIA

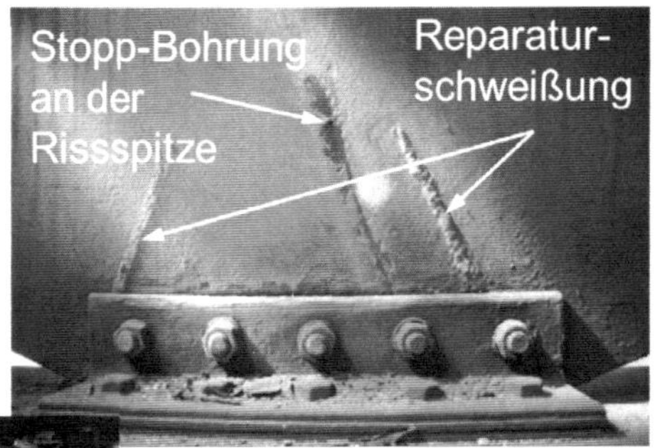

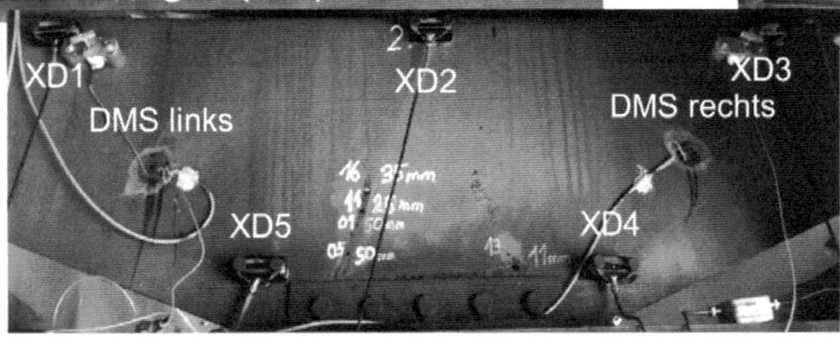

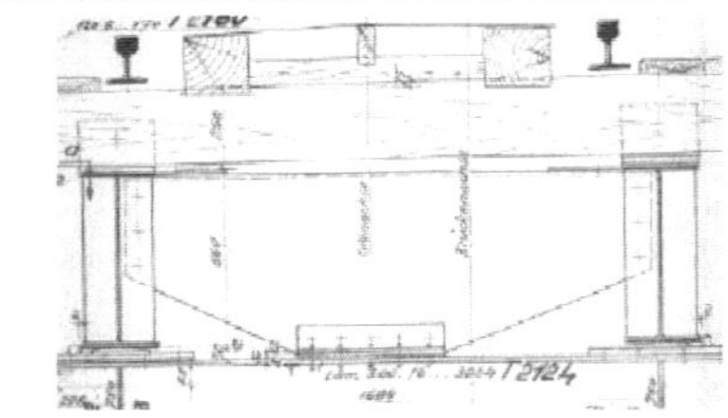

Teil 1 – *Zugüberfahrten 1 - 12*

ÖBB INFRA TÜV AUSTRIA

Personenzug Güterzug

ÜF	AN / AB	IST	GZLAST	GZLAENGE	WGZAHL	V [km/h]	AE QT3	AE QT2
1	Ankunft	31.08.17 08:49:29	559	257	9+L	33,8	52	34
2	Abfahrt	31.08.17 09:13:12	287	122	L+4	39,0	43	22
3	Ankunft	31.08.17 09:44:13	145	75	L+4	41,1	12	14
4	Ankunft	31.08.17 10:47:00	290	122	4+L	39,0	46	25
5	Ankunft	31.08.17 11:01:09	674	435	L+21	40,7	28	46
6	Abfahrt	31.08.17 11:16:34	287	122	L+4	47,3	66	24
7	Abfahrt	31.08.17 11:39:03	709	178	L+8	45,5	178	28
8	Ankunft	31.08.17 12:48:10	579	257	L+9	37,0	57	44
9	Ankunft	31.08.17 12:55:56	689	158	L+7	29,3	110	33
10	Abfahrt	31.08.17 13:13:22	570	257	9+L	33,8	66	28
11	Ankunft	31.08.17 14:48:30	559	257	L+9	28,7	66	27
12	Abfahrt	31.08.17 15:19:24	716	303	2L+10	45,3	72	27

Daten vom Betreiber — Messungen

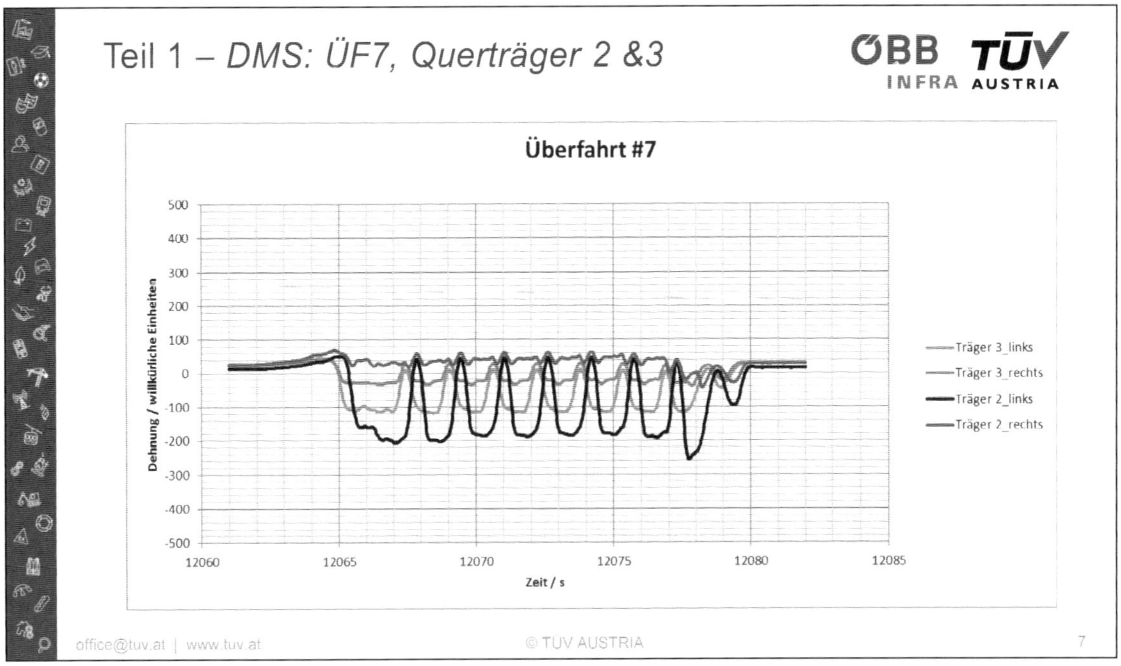
Teil 1 – DMS: ÜF7, Querträger 2 &3
ÖBB INFRA
TÜV AUSTRIA
Überfahrt #7
Dehnung / willkürliche Einheiten
500
400
300
200
100
0
-100
-200
-300
-400
-500
12060
12065
12070
12075
12080
12085
Zeit / s
Träger 3_links
Träger 3_rechts
Träger 2_links
Träger 2_rechts
office@tuv.at | www.tuv.at
© TÜV AUSTRIA
7

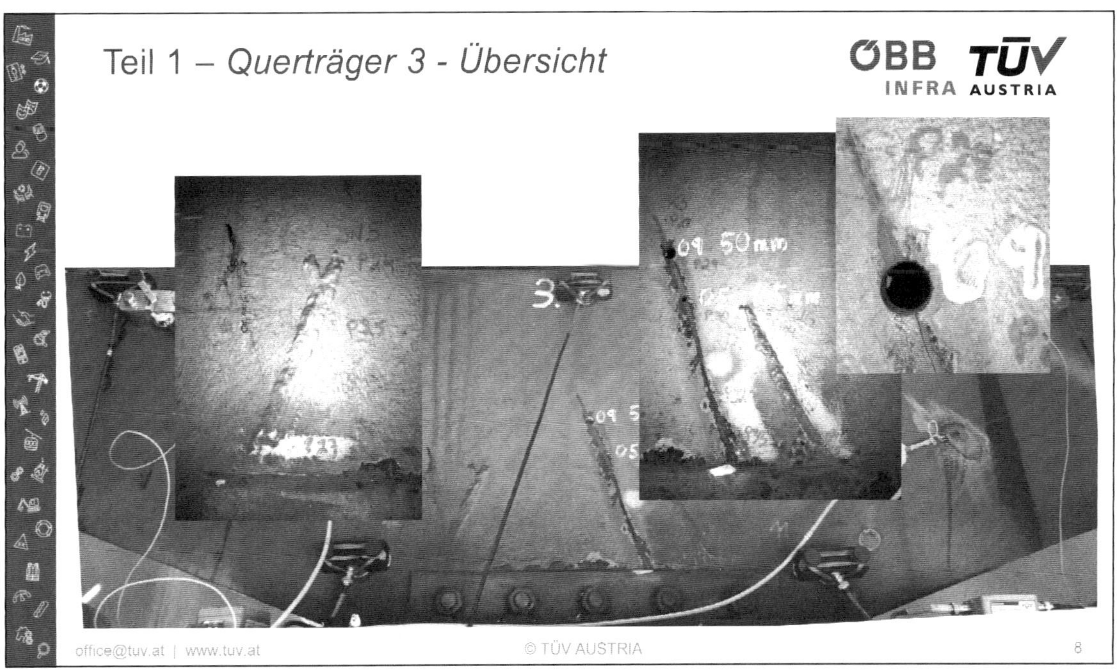
Teil 1 – Querträger 3 - Übersicht
ÖBB INFRA
TÜV AUSTRIA
office@tuv.at | www.tuv.at
© TÜV AUSTRIA
8

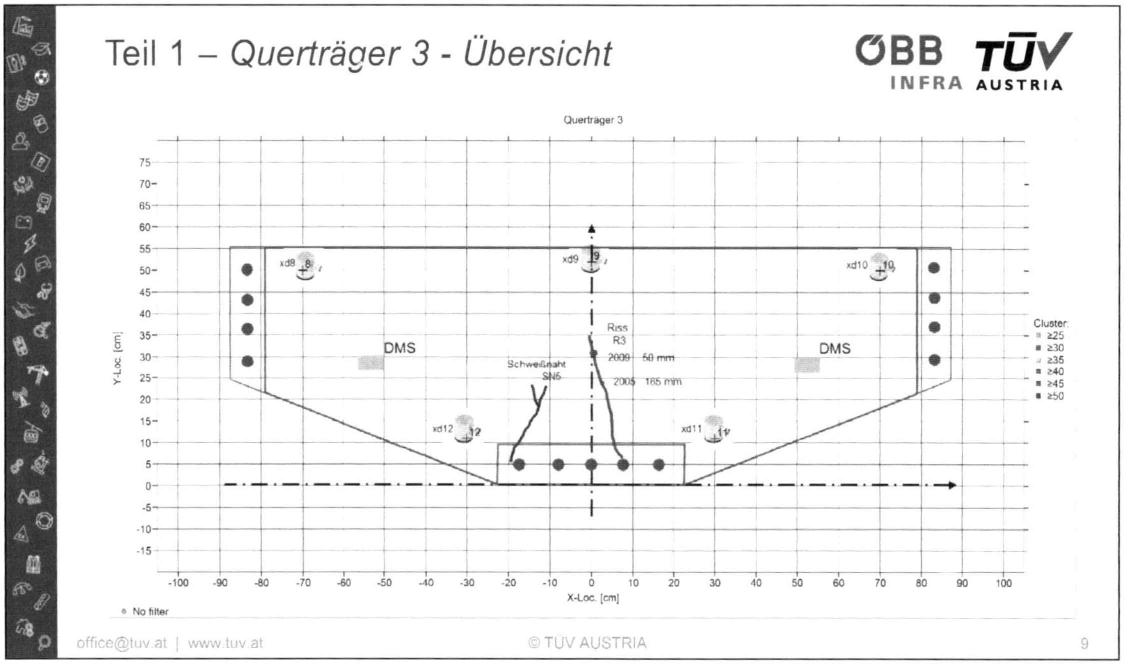
Teil 1 – Querträger 3 - Übersicht
ÖBB INFRA
TÜV AUSTRIA
Querträger 3
DMS
DMS
xd8
xd9
xd10
xd11
xd12
Riss R3
2009 58 mm
2005 165 mm
Schweißnaht SN5
Y-Loc. [cm]
X-Loc. [cm]
Cluster:
≥25
≥30
≥35
≥40
≥45
≥50
No filter
office@tuv.at | www.tuv.at
© TÜV AUSTRIA
9

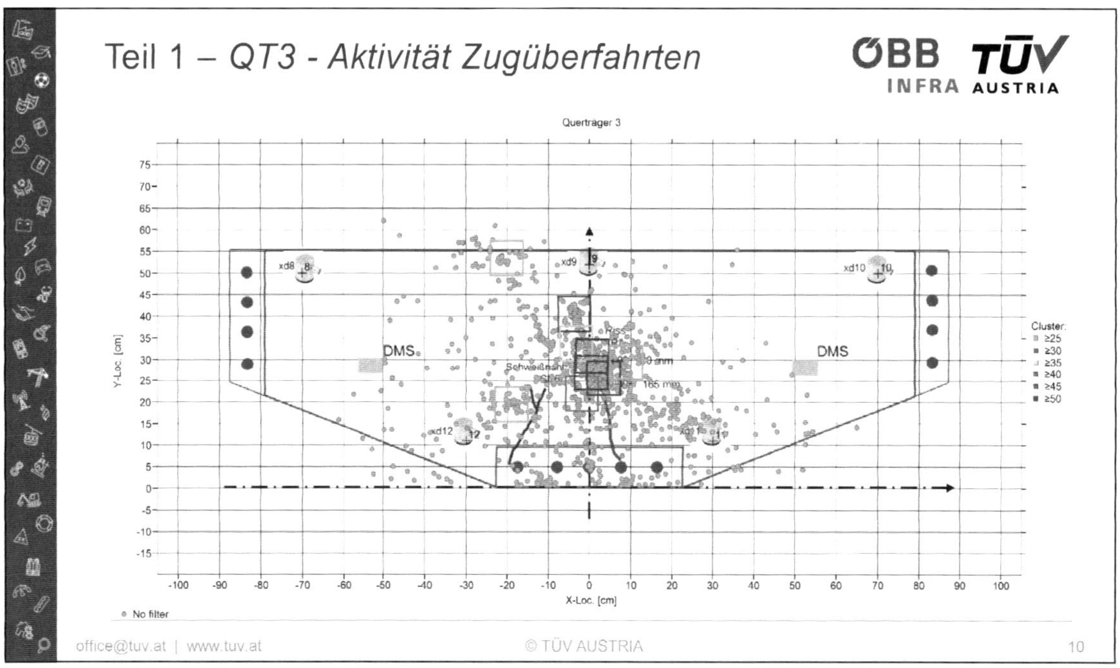
Teil 1 – QT3 - Aktivität Zugüberfahrten
ÖBB INFRA
TÜV AUSTRIA
Querträger 3
DMS
DMS
xd8
xd9
xd10
xd12
Y-Loc. [cm]
X-Loc. [cm]
Cluster:
≥25
≥30
≥35
≥40
≥45
≥50
No filter
office@tuv.at | www.tuv.at
© TÜV AUSTRIA
10

Querträger 3
Überfahrt #07

Personenzug Güterzug

ÜF	GZLAST	GZLAENGE	WGZAHL	V [km/h]	AE QT3
1	559	257	9+L	33,8	52
2	287	122	L+4	39,0	43
3	145	75	L+4	41,1	12
4	290	122	4+L	39,0	46
5	674	435	L+21	40,7	28
6	287	122	L+4	47,3	66
7	709	178	L+8	45,5	178
8	579	257	L+9	37,0	57
9	689	158	L+7	29,3	110
10	570	257	9+L	33,8	66
11	559	257	L+9	28,7	66
12	716	303	2L+10	45,3	72

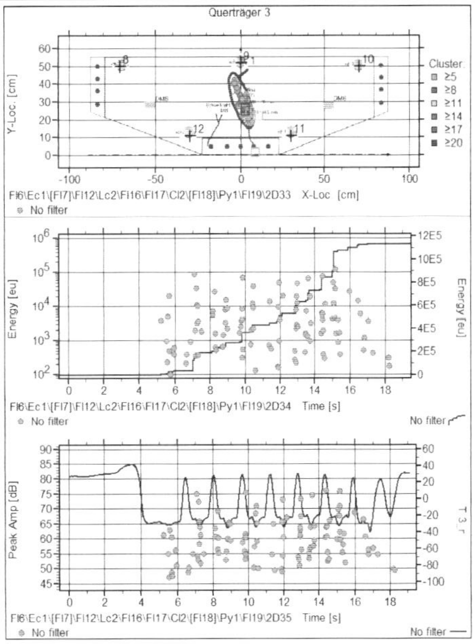

Teil 1 – *Erkenntnis*

✓ Ergebnis:

- Anwendbarkeit von Schallemission
- Erkennung von aktiven Rissen oder Reibung während Überfahrten
- Abhängigkeit der Anzahl der SE-Ereignisse von Betriebsparametern (Gesamtlast, Geschwindigkeit,…)

✓ Ausblick:

- Unterstützung der Brückeninspektion mit SE:
  - Reparaturen/Änderungen an tragenden Bauwerksteilen
  - Wirksamkeit von Maßnahmen zur Lebensdauerverlängerung
  - Abschätzung des zeitlichen Schädigungsverlaufes und Restlebensdauer?
  - Welche Rissgröße kann mit SE detektiert werden?

→ Teil 2

Teil 2 – Monitoring an Träger einer abgetragenen Brückenkonstruktion während Schwingversuches – *Aufgabenstellung*

TÜV AUSTRIA

- TU Graz – Auftrag der ÖBB – Schwing- bzw. Ermüdungsversuche an mehreren gleichartigen Trägern
- 3. Versuchsreihe – TÜV AUSTRIA – Auftrag der ÖBB – Monitoring mit Schallemission am Träger #4
- Aufgabe: angeschwungenen Riss mitzumessen – Risswachstum mit Schallemission nachzuweisen

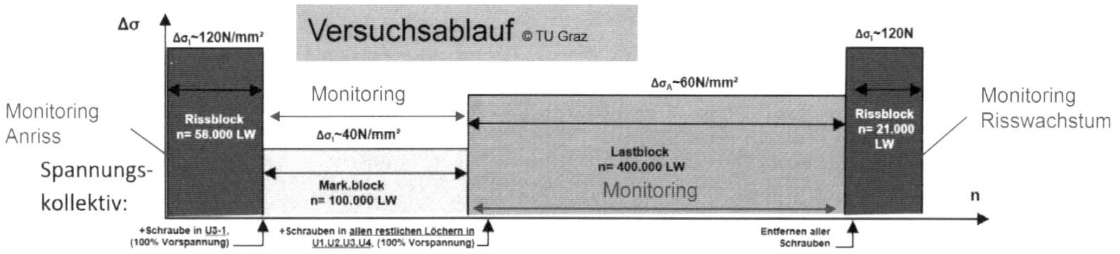

Teil 2 – *Prüfstand – Träger – Sensorpositionierung*

TÜV AUSTRIA

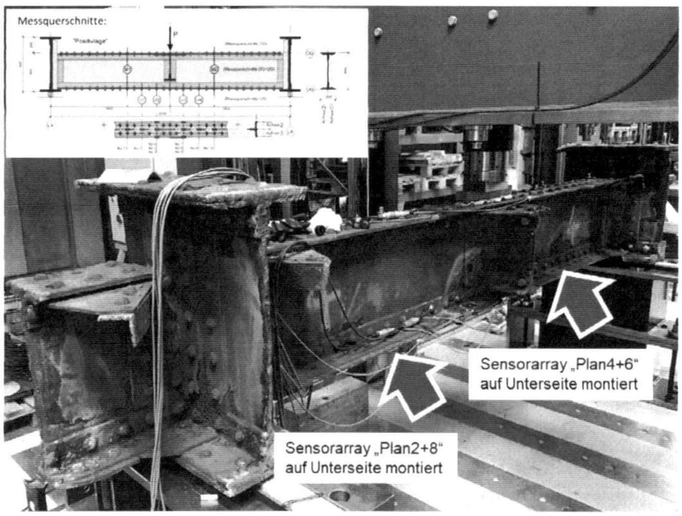

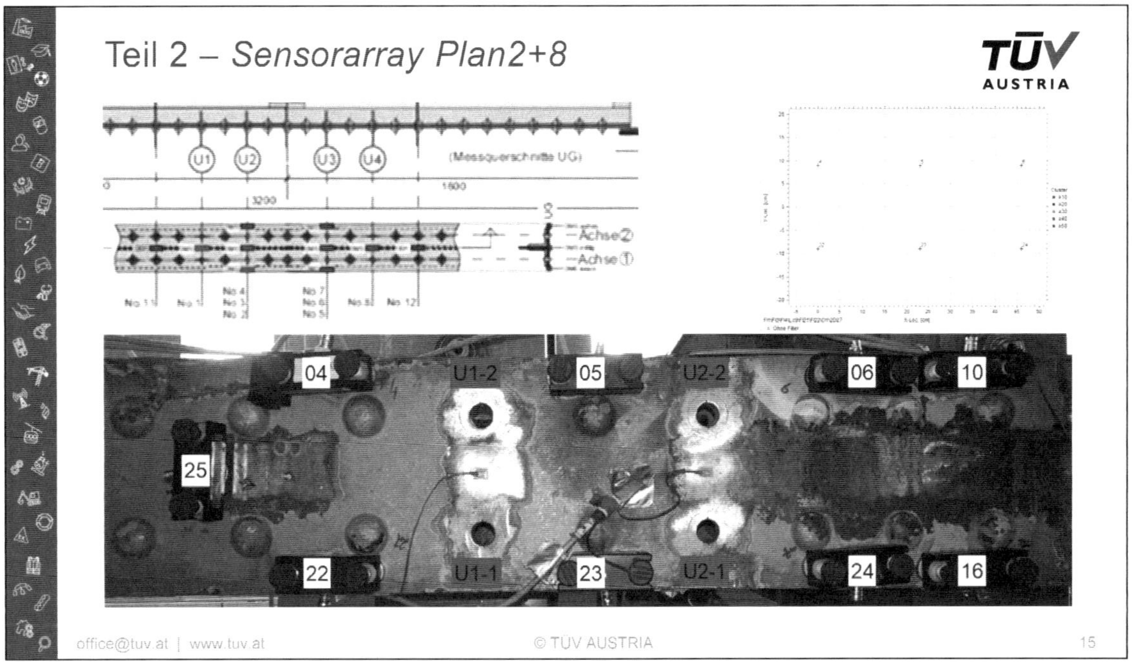
Teil 2 – Sensorarray Plan2+8
TÜV AUSTRIA
U1
U2
U3
U4
(Messquerschnitte UG)
0
1600
3200
Achse②
Achse①
04
U1-2
05
U2-2
06
10
25
22
U1-1
23
U2-1
24
16
office@tuv.at | www.tuv.at
© TÜV AUSTRIA
15

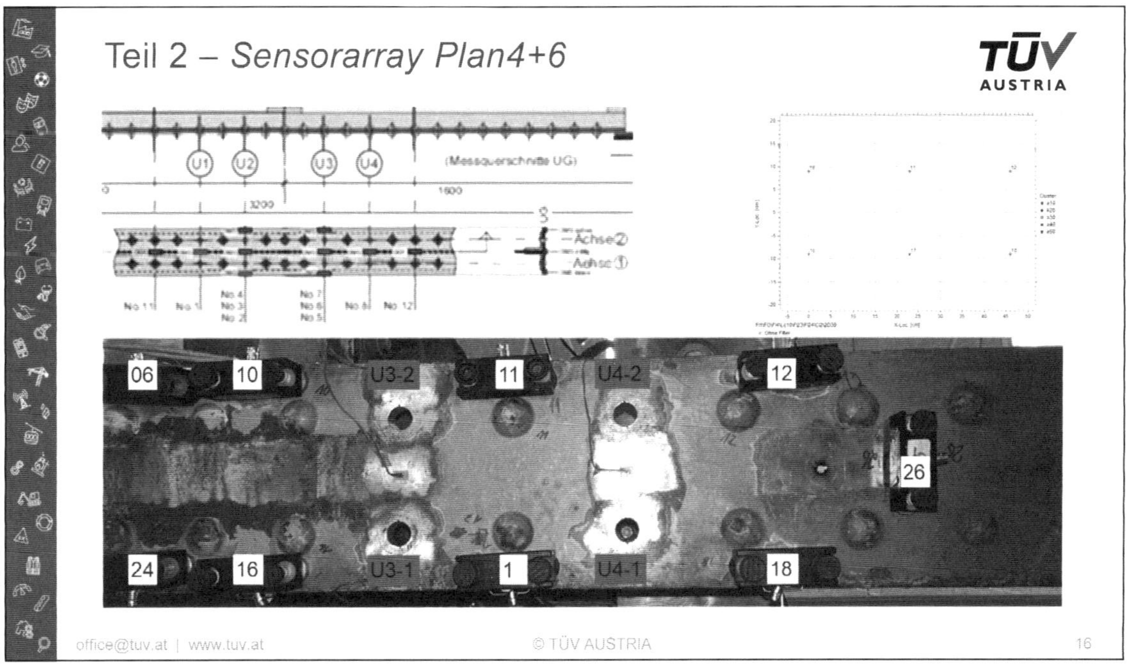
Teil 2 – Sensorarray Plan4+6
TÜV AUSTRIA
U1
U2
U3
U4
(Messquerschnitte UG)
0
1600
3200
Achse②
Achse①
06
10
U3-2
11
U4-2
12
26
24
16
U3-1
1
U4-1
18
office@tuv.at | www.tuv.at
© TÜV AUSTRIA
16

Teil 2 – *Übersicht zu den Messergebnissen*

TÜV AUSTRIA

Messung / Filename	Bereich	Lastniveau	Lastbereich				Lastwechsel	Schallemission geortete Ereignisse		Geortete Ereignisse pro 1000 Zyklen	
			Kolbenkraft [kN]		Kolbenweg [mm]		[ ]	Plan2+8	Plan4+6	Plan2+8	Plan4+6
			untere	obere	unterer	oberer					
2MessebenenEinbaulage0 **01**	A	Rissblock	-42	-412	0,72	4,37	57848	2	170	0	3
2MessebenenEinbaulage0 **02**	C	Markierungsblock	-284	-413	3,2 - 3,26	4,39 - 4,4	101465	0	0	0	0
2MessebenenEinbaulage0 **03**	2	Lastblock	-199	-413	2,5	4,46	354130	1	0	0	0
2MessebenenEinbaulage0 **04**	A+B	Rissblock	-39	-413	0,83	4,5	10500	701	899	67	86
2MessebenenEinbaulage0 **04**	C	Rissblock	-39	-413	0,88	4,57	3175	357	621	112	196
2MessebenenEinbaulage0 **04**	E	Rissblock	-39	-413	0,95 - 1,2	4,68 - 5,03	3101	450	726	145	234

office@tuv.at | www.tuv.at © TÜV AUSTRIA 17

Teil 2 – *Messung 03 – 2: Lastblock*

TÜV AUSTRIA

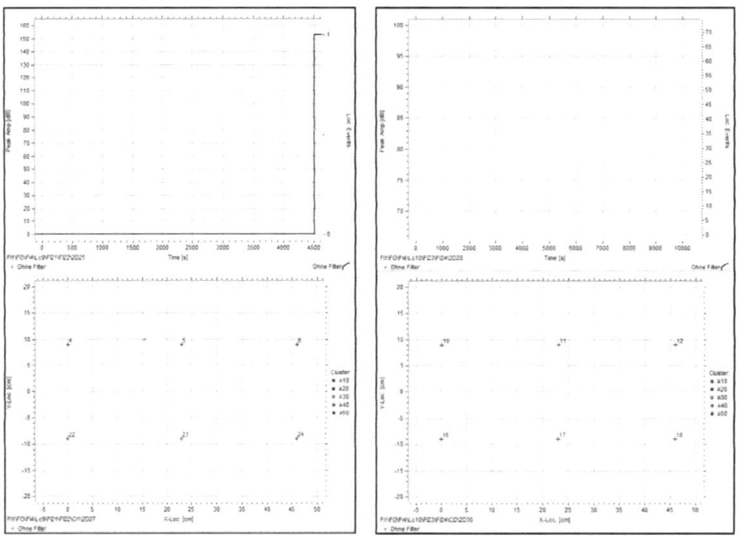

office@tuv.at | www.tuv.at © TÜV AUSTRIA 18

Teil 2 – *Messung 04 – A+B: Rissblock*

TÜV AUSTRIA

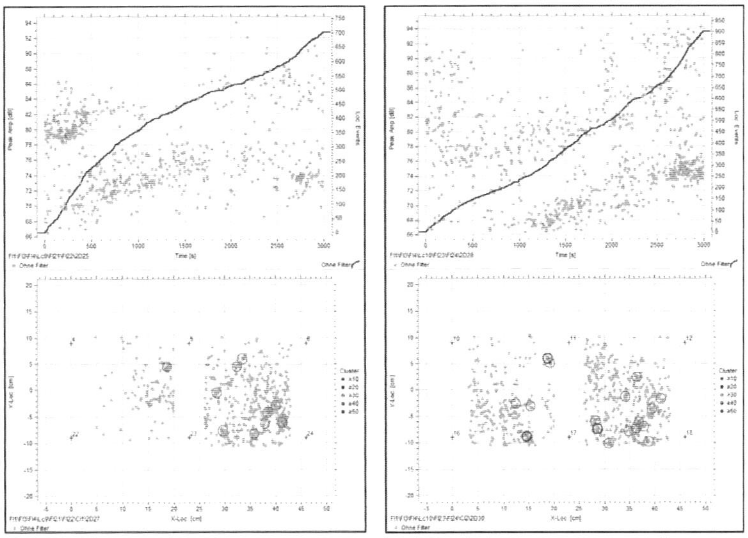

office@tuv.at | www.tuv.at

19

Teil 2 – *Messung 04 – C: Rissblock*

TÜV AUSTRIA

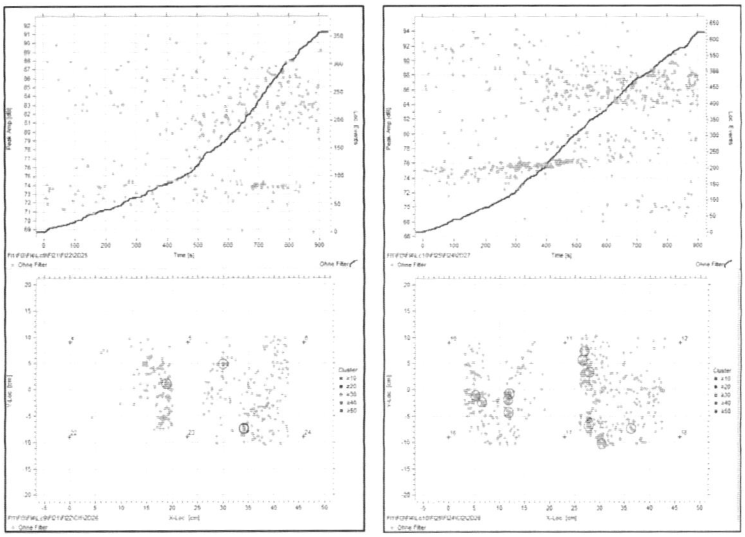

office@tuv.at | www.tuv.at

20

Teil 2 – *Messung 04 – E: Rissblock*

TÜV AUSTRIA

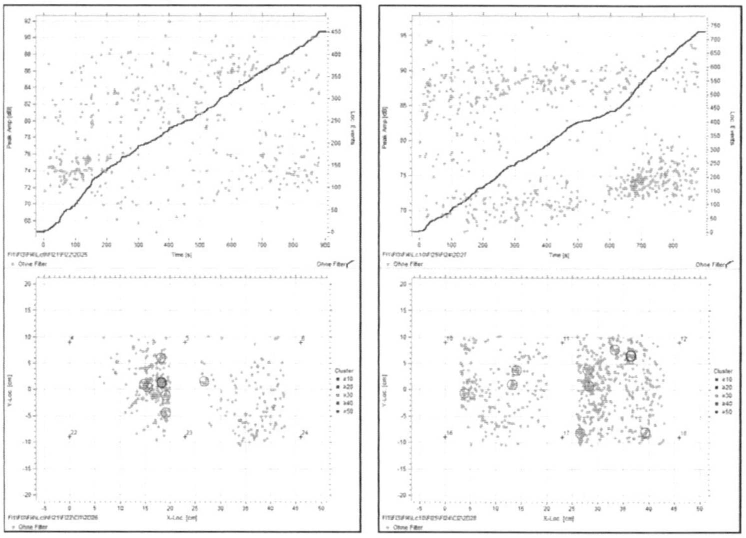

Teil 2 – *Schallemission und Risswachstum*

TÜV AUSTRIA

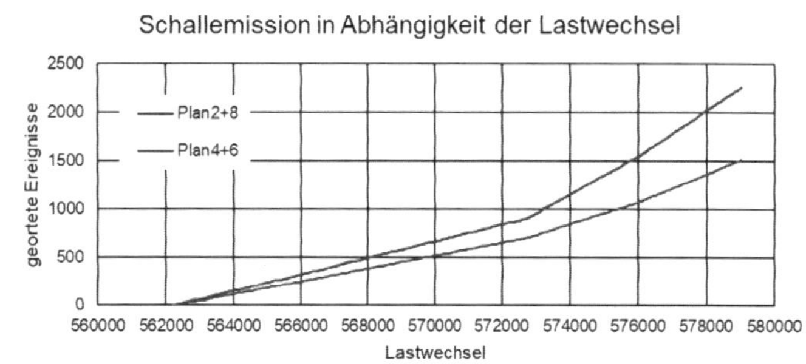

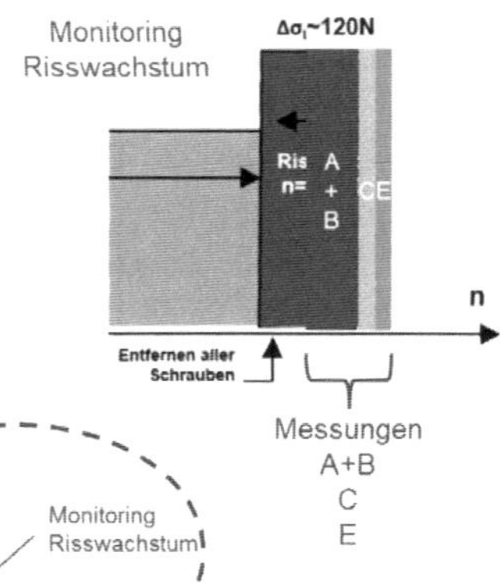

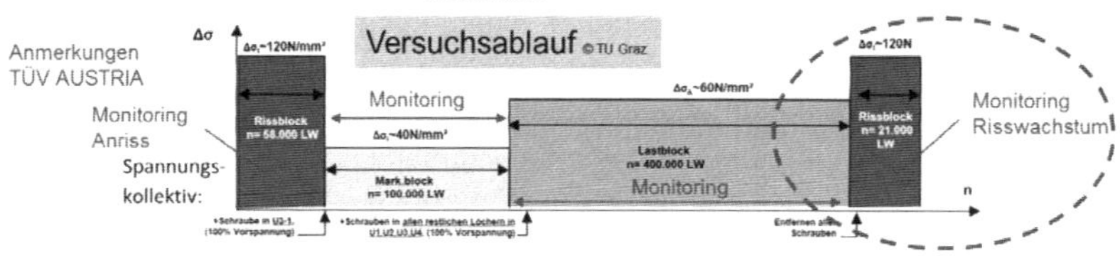

Teil 2 – *Erkenntnis*

TÜV AUSTRIA

- ✔ Zuordnung der Schallemissionsereignisse mit Sensorarrays ‚Plan2+8' und ‚Plan4+6' gegeben
- ✔ Ortungsergebnisse (x-y-Koordinaten) im Einzelnen bedingt durch die vorgefundenen Versuchsbedingungen mit großen Fehlern behaftet
- ✔ Aus Zunahme der Schallemissionsereignisse bei gefahrenen Lastwechseln kann auf progressiven Schädigungsverlauf des Trägers im Zuge des Schwingversuches beim letzten Rissblock geschlossen werden.

office@tuv.at | www.tuv.at © TÜV AUSTRIA 23

Teil 3 – Erkenntnisverknüpfung für ein Tool für nachhaltigen Betrieb von Eisenbahnbrücken

TÜV AUSTRIA

- ✔ Gewonnene Erkenntnisse aus Teil 1 und Teil 2
- ✔ Zukünftiges Forschungsprojekt einfließen
- ✔ Umsetzbarkeit und praktische Anwendung der Schallemission
- ➢ Damit ein Prüfverfahren als unterstützendes Werkzeug für den nachhaltigen Betrieb von Eisenbahnbrücken zu entwickeln

office@tuv.at | www.tuv.at © TÜV AUSTRIA 24

Ergebnisse - Schlussfolgerung

TÜV AUSTRIA

- Ziel: Entwicklung eines Online Monitoring Tool mit Schallemission mit Alarmfunktion

- ✔ Instandhaltung von Brücken, insbesondere älteren Brücken
- ✔ Restlebensdauer, Auswirkung von Reparaturen oder Änderungen an Brückenbauteilen
- ✔ Tragfähigkeitsthemen (Ermüdungsrisse, Korrosionsschäden, ...)

- ✔ Inspektion/Prüfung → engmaschiges Netz aus Instandhaltungsmaßnahmen
- ✔ Art, Umfang und Intervall der Inspektion/Prüfung

- ✔ Lösung anspruchsvoller, umfangreicher Aufgaben

office@tuv.at | www.tuv.at © TÜV AUSTRIA 25

Und abschließend noch...

TÜV AUSTRIA

Vielen Dank für Ihre Zeit!

TÜV AUSTRIA
Geschäftsfeld Industrie & Energie
Business Unit Acoustic Emission & Adv. NDT

www.tuv.at

office@tuv.at | www.tuv.at © TÜV AUSTRIA 26

Metal-Dielectric Stack Damage Evaluation Utilizing Acoustic Emission Signal Analysis

Oliver KÖCHEL[1], Jendrik SILOMON[1,2], Mareike STEPHAN[1], André CLAUSNER[1], Ehrenfried ZSCHECH[1], Lars SCHUBERT[1]
[1] Fraunhofer Institute for Ceramic Technologies and Systems (IKTS), Dresden, Germany
[2] Volkswagen AG, Wolfsburg, Germany

Contact E-Mail: oliver.koechel@ikts.fraunhofer.de

Abstract. The mechanical reliability is of major importance for the development, qualification, and implementation of semiconductor devices. This is especially the case for demanding application cases like e.g. automotive, aerospace, and industrial. Mechanically critical aspects like the stability of metal-dielectric stacks, the so called "back end of line" (BEoL), have to be evaluated thoroughly before implementation. This evaluation is mainly conducted by inflicting (thermo-)mechanical damage to the respective samples and a consequent damage analysis. A new approach presented in this work contains the utilization of acoustic emission measurements during the damage infliction process to identify damage occurrence and obtain more information on the damage mode. This enables the identification of the most damage prone areas in the BEoL stack. The sample analyzed in this work is an unpackaged microchip bumped with Copper pillars (Cu-Pillars) as electrical connectors. These pillars are attached to the subjacent BEoL stack which provides the power supply and distribution of electrical signals of the chip. The application of shear force to the Cu-pillars utilizing a customized indenter tip enables the controlled infliction of damage into the BEoL stack. A sample holder was specifically designed for the experiments which facilitates the placement of an acoustic emission (AE) sensor below the sample. This enables the immediate identification and measurement of AE events during the damage infliction process. Previous works have already exhibited the potential of AE measurements for damage indication in semiconductor structures [1,2]. Acoustic data analysis techniques like cluster analysis can be utilized for damage evaluation, e.g. in composite materials, as well [3]. In this work, the possibility of utilizing this approach for the analysis of damages like delamination or cracking occurring in BEoL stacks is evaluated. This is done by correlating the occurring lateral forces and damage modes with the characteristics of the AE signals. The developed setup as well as first results regarding damage mode evaluation and categorization are provided in this work.
Keywords: Acoustic emission (AE), Cluster analysis, Copper pillar shear-off, Mechanical BEoL reliability, Chip package interaction (CPI)

1. Introduction and Motivation

Reliability challenges are a demanding aspect of the development and implementation of semiconductor applications. Especially in fields with harsh environmental conditions like automotive, aerospace, and industrial, coping with these challenges requires thorough electrical and mechanical testing as well as strict qualification and quality control procedures to prevent failure in the field. Testing in this area is time and resource demanding, therefore the development of accelerated approaches or such that generate additional relevant data is desired. One strategy to accelerate mechanical reliability testing is the direct application of micromechanical load to the respective region of interest (ROI) utilizing e.g. a tribo indenter system. A customized approach to apply shear load to the electrical connectors of a microchip with a tribo indenter to stress and damage the subjacent material stack is presented in this work. To obtain further information on the damage processes triggered by the mechanical loading, the applicability of acoustic emission (AE) measurement was taken into consideration. AE testing is commonly utilized for structural health monitoring (SHM) in fields like e.g. aerospace, civil engineering, gas tanks, pipelines etc. to monitor structural integrity and identify occurring damages. Therefore, it is an excellent tool for damage indication. It has been shown in other works that this concept is indeed transferable to semiconductor samples [1,2]. However, the analysis of AE signals can provide much more information than the only the qualitative identification of a damage event. Examples include for instance studies on type and location of damaging events in fiber-reinforced and other composite materials [7, 8]. This indicates that the application of AE measurements bears major potential to compliment mechanical semiconductor reliability testing procedures and optimize the damage evaluation method. This work explores this potential and represents a first step in the development of an evaluation methodology combining micromechanical loading and AE testing for semiconductor applications.

2. Terminology and State of the Art

In the following, the investigated structures in general and the current state of the art regarding micromechanical reliability testing of semiconductor samples as well as the application of AE testing and data analysis approaches are laid out.

2.1 Microchip Structures and Mechanical Reliability Testing

Microchips are complex devices which contain various materials with different electrical and mechanical properties and structure dimensions in the range of several 100 μm down to the nanometer regime. This work focuses on the mechanical reliability of the back end of line (BEoL) stack, which is a heterogenous material stack, mainly consisting of Copper and brittle organosilicate glasses (OSG). Its function is to provide the distribution of electrical power and signals for the microchip. A BEoL stack bumped with Cu-pillars is schematically depicted in figure 1.

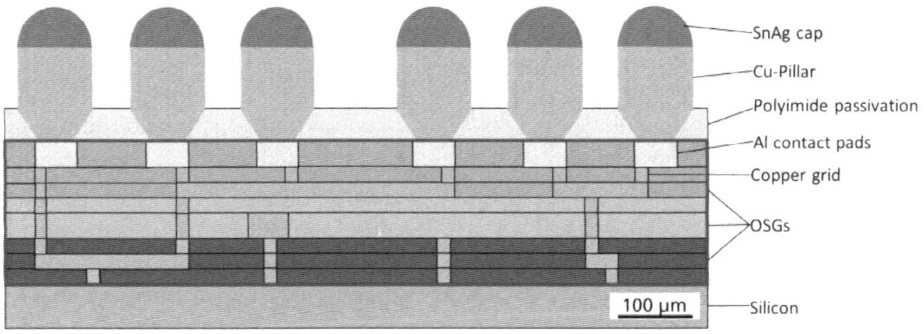

Fig. 1. Schematic microchip cross section with BEoL magnified twentyfold (red)

Due to the size of single elements and the interfaces between them, they cannot be investigated separately but the stability of the stack must be evaluated as a whole. The applied testing procedures can be extremely time and resource demanding. A typical approach is to mimic the stresses that the device is exposed to during its expected lifetime and accelerate the degradation process. This can be achieved for example by temperature cycling (TC), a method for which different procedures with adequate acceleration models exist. This approach harnesses the difference of the coefficients of thermal expansion (CTE) of the materials in the BEoL stack. When heating up, some materials expand more than others which induces mechanical stress that eventually leads to failures. However, even this technique is very time and resource consuming which led to a constant demand for further accelerated testing procedures. This can for instance be achieved by pure micromechanical approaches.

For established technologies like solder bumps, standards are already available [4]. For Cu-pillar bumps, no standardized testing procedure has been developed yet, only experimental approaches like Cu-pillar shear experiments or the bump assisted BEoL stability indentation (BABSI) [6]. However, open questions regarding the damage initiation and propagation in the BEoL stack still remain. Therefore, the development of approaches which accelerate mechanical reliability testing further or extend the range of information on the damage mechanisms is crucial.

A very promising method in this regard is acoustic emission (AE) testing. It has been shown in previous works that AE can be utilized for damage indication in semiconductor samples [1, 2]. With this approach it should be possible to obtain additional information on the extremely fast damage processes without influencing the measurement of the mechanical properties. Based on the respective processing and evaluation method applied to AE data, this technique can provide highly relevant insights to occurring damage modes. Therefore, the application of AE testing during the damage infliction process is explored.

2.2 Acoustic Emission Testing and Data Analysis

Mechanical stress within structures can lead to plastic deformations under the release of energy, leading to acoustic waves that can be detected. Especially within composite structures, starting with Bohse [4], these effects were studied to detect position and type of the occurring changes. For this, a detected signal must be filtered out from the surrounding noise and can then be analyzed regarding its different properties within the time and frequency domain. Especially notable was the discovery, that it is possible to identify different damage mechanism using cluster analysis within a plot of the Partial Power over the Weighted Peak Frequency (WPF) [5]. This can be described as

$$f_{WPF} = \sqrt{f_{peak} f_{cent}} \quad \text{with} \quad f_{cent} = \frac{\int f \tilde{U}(f) df}{\int \tilde{U}(f) df} \qquad [1]$$

and

$$P_n = \frac{\int_{f_1}^{f_2} \tilde{U}^2(f) df}{\int_{f_{begin}}^{f_{end}} \tilde{U}^2(f) df} \qquad [2]$$

where the Weighted Peak Frequency f_{WPF} is determined from the Peak Frequency f_{peak} and the Centroid Frequency f_{cent}, which in return is calculated from the Amplitude within the frequency domain $\tilde{U}$. While the Partial Power P of range n is the proportion of an integral within a frequency range $[f_1, f_2]$ to one calculated over the full frequency range.

The specific objective of this work is to explore the applicability of this approach by triggering and distinguishing between two different damage modes and implement a damage mode categorization based on the AE signal.

3. Experimental Implementation

In the following, the specific samples investigated in this research, the customized experimental setup as well as the experimental parametrization and the resulting damage modes are introduced.

3.1 Sample and Experimental Approach

The sample which was investigated is an unpackaged high-end microchip bumped with round Cu-pillars with a diameter of 95 µm and a height of 65 µm. They are capped with 35 µm of SnAg solder. The BEoL thickness is approximately 10 µm and the thickness of the Silicon substrate measures 700 µm. A sample overview is given in figure 2.

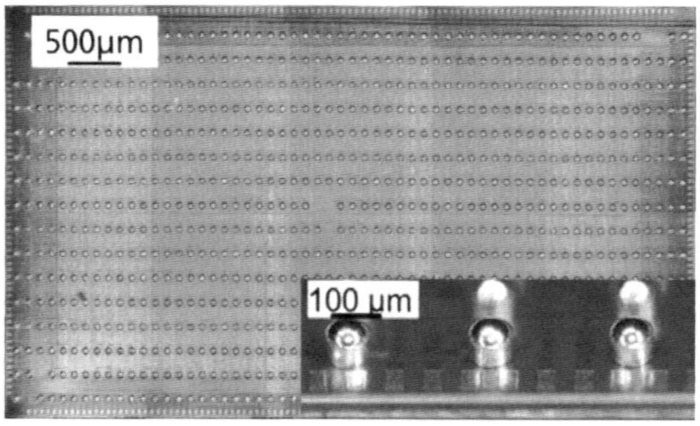

Fig. 2. Test chip overview

The sample overview in figure 1 displays the geometrical size of the sample as well as the Cu-pillar distribution. For the experiments, only the Cu-pillars in the center of the chip were considered. This is due to the fact that the BEoL structures are different close to the edges of the chip which might result in different mechanical and acoustic signals. The experimental setup with the customized sample-sensor holder is schematically depicted in figure 3.

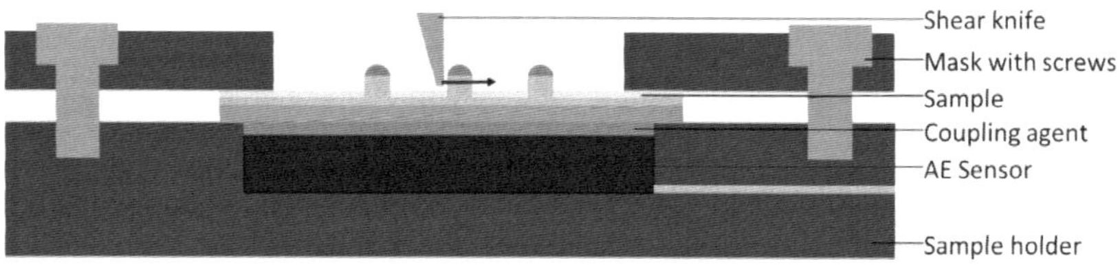

Fig. 3. Schematic experimental setup (side view)

The application of mechanical load was provided utilizing a Hysitron/Bruker TI 950 tribo indenter system with a customized shear indenter tip. The geometrical characteristics of this shear tool had to be adapted to the small features of the sample. It has a base of 50 µm x 50 µm and a 90° edge to enable pure lateral loading. An incline would induce an additional perpendicular force component. During the experiment, the sample was immobilized with a clamping mask. To connect the sample acoustically to the AE sensor, Dow Corning high vacuum grease was used as a coupling agent. The AE events occurring during the Cu-pillar shear-off were measured with a Mistras PICO sensor. This broadband sensor enables measurements from ~200 kHz up to more than 1 MHz and has a peak frequency of 434.57 kHz. To augment the signal, a Mistras 2/4/6 preamplifier was interposed between the sensor and the measurement system, an HBM transient recorder.

3.2 Experimental Parametrization and Conduct

The shear load was induced to the Cu-pillars by a displacement-controlled shear experiment. This means that a specific shear distance and time were set and the occurring force was measured. It could be shown in a previous work that different shear parametrizations can trigger different failure modes [2]. Two failure modes, the cratering mode and the surface shear-off mode were selected for this work. In case of the cratering, the occurring damage progresses through the BEoL stack and several layers delaminate. To trigger this damage, the Cu-pillar is sheared at its base with a velocity of 10 μm/s. In case of the surface shear-off mode only the Cu-pillar and the subjacent Aluminum contact pad delaminate. To trigger this damage, a Cu-pillar is sheared at a height of 20 μm with a velocity of 1 μm/s. The resulting damages are depicted in figure 4 together with the corresponding shear parametrization.

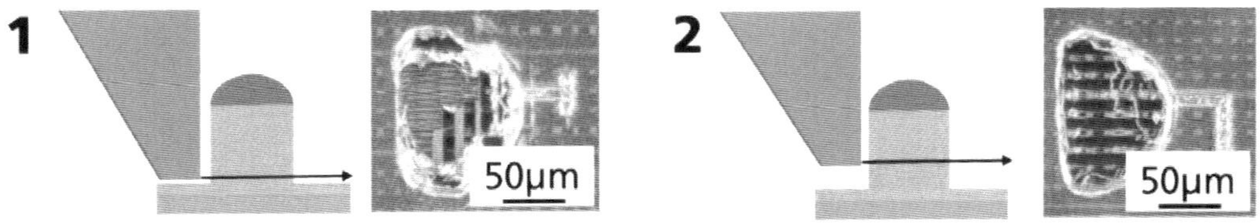

Fig. 4. Visualization of two shear heights resulting in different damages, Cratering mode on the left side(1) and surface shear mode on the right side (2)

In addition to the two damage modes shown in figure 4, mixed modes occurred in some cases. These were taken into account as well for the acoustic analysis. The AE signal, which was amplified with 40 dB was constantly measured during the shear experiments with a sample rate of 100 MS/s and saved to a memory loop with a signal length of 1 s. It was recorded as soon as a threshold of 50 mV was exceeded. With this approach, the signal part right before reaching the threshold could be made available for analysis as well.

4. Experimental Results and Data Analysis

The experimental results and the analyses of the mechanical and acoustic data are presented in the following. Firstly, the mechanical loading scenarios and the resulting damages are introduced and then an AE data analysis approach is provided to enable a categorization concept for BEoL damage modes.

4.1 Mechanical Results and Damage Imaging

During the displacement-controlled shear experiments, the respective lateral force was measured by a sensor in the transducer of the tribo indenter system. The force was then plotted over the measurement time. The force progression curves for 11 experiments respectively triggering the cratering and the surface shear-off mode are depicted in figure 5.

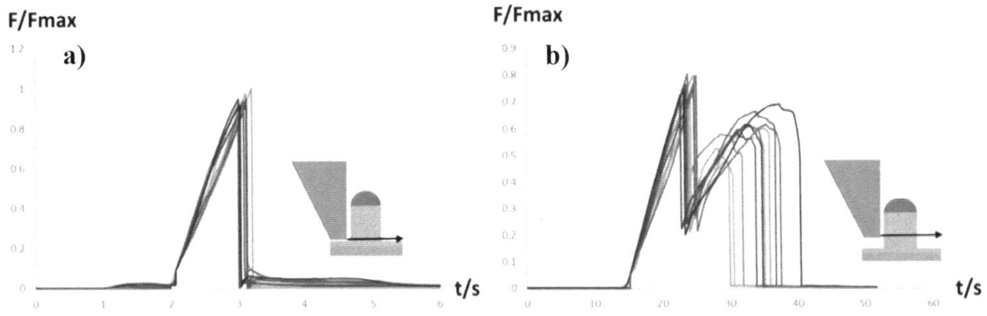

Fig. 5. Force progression curves over time of the cratering (a) and the surface shear-off mode (b)

The graphs in figure 5 show that the shear experiments are well reproducible. The standard deviation is 2.9 % of the average shear force for the cratering mode and 3.7 % for the surface shear-off mode. It is also evident that the cratering mode only consists of one damage event while the surface shear-off mode contains of two separate ones. The average maximum shear force of the cratering mode is approximately 25 % higher than the one of the surface shear-off mode. Both damage events of the latter trigger an AE signal, the second one being considerably smaller than the first one. One example for both damage modes is presented in figure 6.

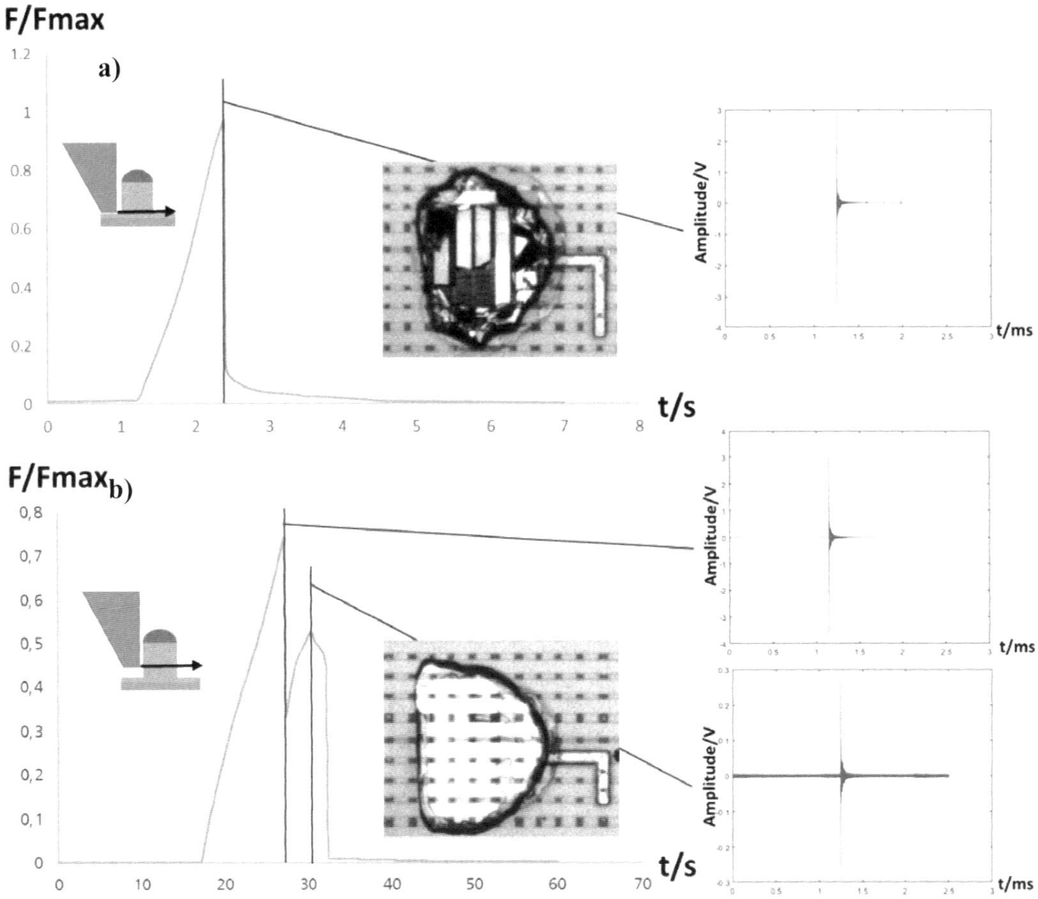

Fig. 6. Force progression curves over time and the respective AE signals of the cratering (a) and the surface shear-off mode (b)

The graphs in figure 6 show the damage progression curves for the two failure modes as well as the respective AE signals and their moment of occurrence. More information can be derived from the AE data by applying acoustic analysis methods to the signals.

4.2 Cluster Analysis, Weighted Peak Frequency, and new Averaging Approach

The experimental data was first cropped into parts of equal length and sorted into the respective damage by manual selection. Four Damage categories were chosen: Two of which show a pure catering or surface shear-off mode and two which do not show a clear mode but a tendency towards one of the pure modes.

For a first analysis, Partial Power ranges were chosen as proposed within [5]. If a damage hit has more then one detectable event, every event is counted separately. Results are shown in figure 8 While some events are separated, most of the events are clustered together.

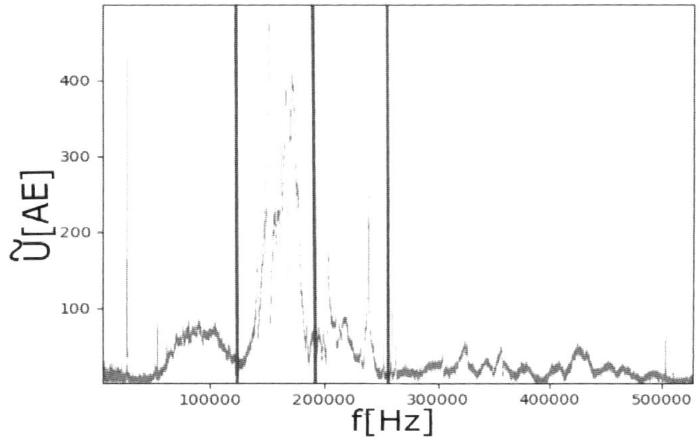

Fig. 7. Example of frequency distribution with Partial Power ranges

Each signal was selected using an AIC-Filter and analysed to extract the different signal parameters. Using the frequency domain, ranges for the Partial Powers were chosen.

As shown in an example in figure 7, some distinct areas can be seen, therefore without loss of generality, the ranges were chosen as displayed in table 1.

Table 1: Ranges of the Partial Powers

Partial Power 1	0 - 125000 Hz
Partial Power 2	125000 - 188000 Hz
Partial Power 3	188000 - 270000 Hz
Partial Power 4	> 270000 Hz

For some damage processes more than one signal was detected. For these ones, the parameters were assumed to be the mean value. The analyzed data is presented in figure 9. Using customized Partial Power ranges in addition to mean values distinguishes the two overall damage modes from each other.

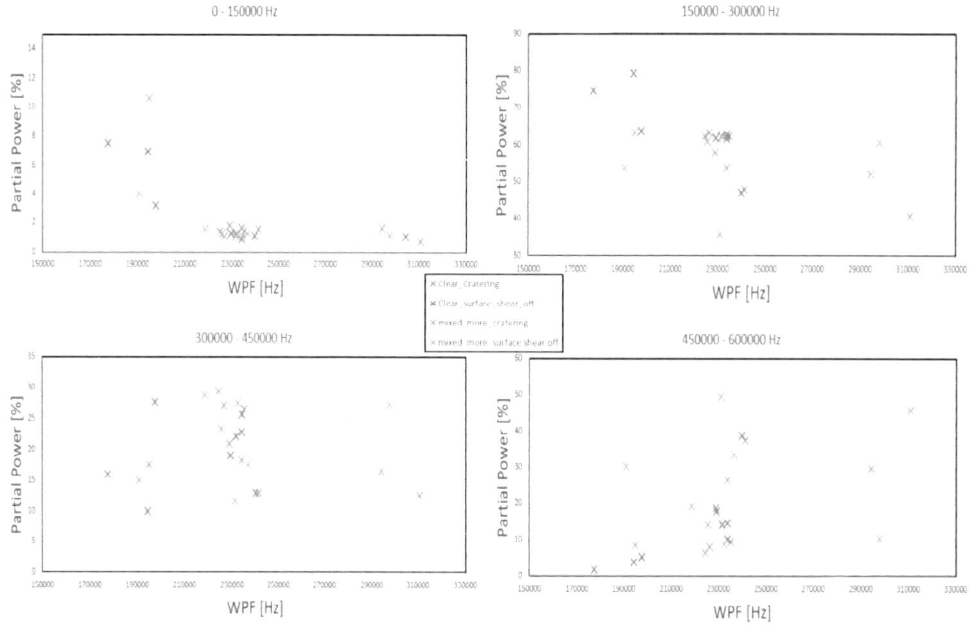

Fig. 8. Diagrams over 4 ranges of partial power, displayed over their dependencies on the WPF

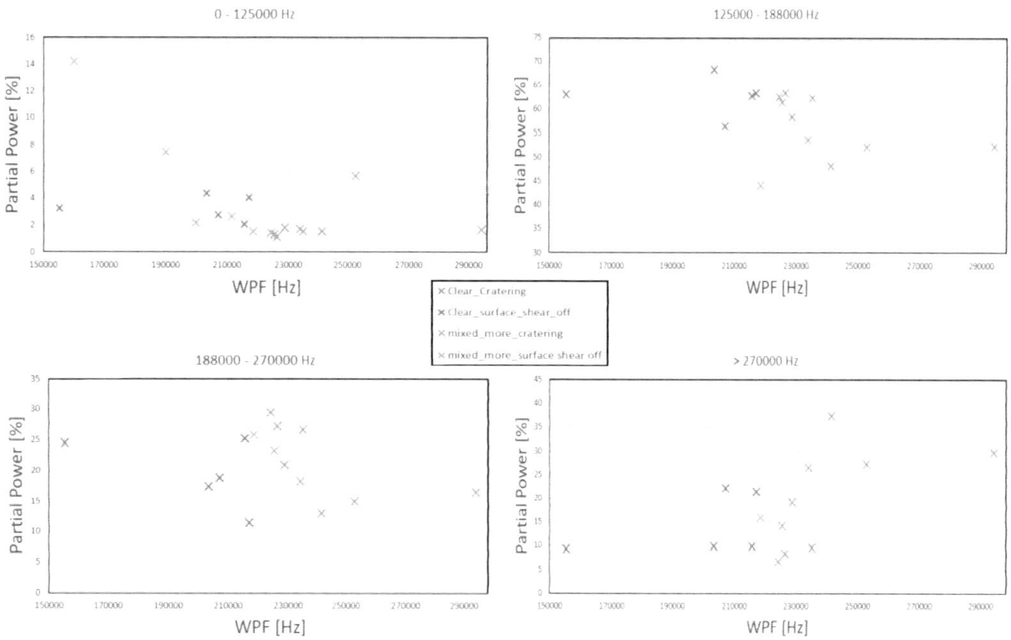

Figure 9. Diagrams of the different partial powers in dependence on the WPF of a set of data within 4 custom chosen frequency ranges

5. Conclusion and Outlook

This work presents a proof-of-concept approach to evaluate BEoL damages with AE data analysis. Two different damage modes and two mixed modes with tendencies to the main ones were investigated. The mechanical damage was triggered by Cu-pillar shear-off utilizing a tribo indenter system and a customized experimental setup. The parameters of the resulting acoustic data were analyzed using processes already established in the field of AE-analysis. With this approach it was indeed possible to allocate the occurring damages to the respective categories "cratering" and "surface shear-off" only by evaluating the acoustic dataset. It could especially be shown that the Weighted Peak Frequency is a promising parameter to differentiate between the selected damage types and can therefore be a good complementary tool for the damage analysis procedure of BEoL stacks.

However, distinguishing between the clear modes and the mixed modes only based on the AE signal analysis is not possible yet. Therefore, some refinements and improvements are proposed future research approaches:

- The experiment should be improved by identifying and controlling the parameters which might have an influence on the AE signals like clamping of the sample with a defined pressure or the specific design of the sample/sensor holder.
- The approach should be extended to other samples and other damage modes to evaluate a more holistic applicability for damage analysis in BEoL stacks.
- Further acoustic parameters could be taken into account to add further dimensions to the analysis approach and enable a clearer distinction between the different damage modes.
- Image analysis algorithms are developed to replace the manual damage categorization. This should result in the automatic of damage parameters, which could provide further insight.
- With automatically generated damage parameters, further automatization, and statistical approaches and eventually even the application of neural networks should be enabled.

The approach presented in this work represents a promising first step regarding damage categorization in BEoL stacks based on AE data analysis. The refinement of the presented approach should lead to the development of a methodology which could be a helpful tool for the damage evaluation procedure in BEoL stacks under mechanical load.

Acknowlegment

The authors like to thank Bruno Mendes Oliveira (Universidade Nova de Lisboa) for the support regarding the conduct of Cu-pillar shear experiments. The manufacturing of the customized indenter tip by Synton-MDP is acknowleged as well.

References

[1] M. Unterreitmeier, O. Nagler et al., An acoustic emission sensor system for thin layer crack detection, Microelectronics Reliability 88 90, September 2018

[2] J. Silomon, J. Gluch et al., Crack Identification in BEoL Stacks Using Acoustic Emission Testing and Nano X-ray Computed Tomography, IEEE International Symposium on the Physical and Failure Analysis (IPFA), 2020

[3] JEDEC Standard JESD22-B117B, JEDEC solid state technology association, May 2014

[4] Bohse, J. and J. Chen. 2001. "Acoustic emission examination of Mode I, Mode II and mixed Mode I/II interlaminar fracture of unidirectional fibre reinforced polymer," Journal of Acoustic Emission, 19:1–10.

[5] Sause, M. 2010. Identification of Failure Mechanisms in Hybrid Materials Utilizing Pattern Recognition Techniques Applied to Acoustic Emission Signals, University Augsburg.

[6] H. Geisler, E. Schuchardt, Experimental Analyses of the Mechanical Reliability of Advanced BEOL/fBEOL Stacks Regarding CPI Loading, IEEE International Reliability Physics Symposium (IRPS) 2013.
[7] Tschöke,K.; Gaul, T.; Pietzsch, A.; Schulze, E. & Schubert, L.
On the Application of Actively and Passively Excited Guided Elastic Waves for the Monitoring of Fiber-Reinforced Plastics *MDPI aerospace,* **2020**, *7*, 1-12
[8] Hönig, U.; Holder, U.; Pietzsch, A.; Schulze, E.; Frankenstein, B. & Schubert, L.
Definition of requirements for reference experiments to determine and evaluate various damage mechanisms in fibre composites by acoustic emission, *19th World Conference on Non-Destructive Testing,* **2016**

Ein neues Rohrkonzept für Anwendungen in konventionellen Kraftwerken – Ergebnisse des Langzeitversuchs im Kohlekraftwerk mit Schallemissionsmessungen

Anne JÜNGERT [1], Maximilian FRIEDRICH [1], Min HUANG [1], Andreas KLENK [1]
[1] MPA Universität Stuttgart, Stuttgart

Kontakt E-Mail: anne.juengert@mpa.uni-stuttgart.de

Kurzfassung

Drucktragende Rohrleitungen in thermischen Anlagen haben bei hohen Betriebstemperaturen eine begrenzte Lebensdauer. Unter Betriebsbeanspruchung bilden sich im Material Poren und die Rohrleitungen versagen schließlich, wenn nicht rechtzeitig Gegenmaßnahmen eingeleitet werden. Dieser Versagensmechanismus wird als Kriechen bezeichnet. Fossil befeuerte Kraftwerke werden heutzutage flexibel und mit möglichst hohem Wirkungsgrad betrieben. Hohe Wirkungsgrade erfordern höhere Prozesstemperaturen. Um Kriechschäden entgegenzuwirken, werden daher größere Wanddicken benötigt. Zum anderen werden die Kraftwerke zur Kompensation der wetterbedingten Schwankungen der Stromerzeugung durch Wind- und Sonnenenergie öfter an- und abgefahren. Die vermehrten Abkühl- und Aufheizvorgänge führen bei großen Wandstärken zu thermische Zusatzbeanspruchung, die wiederum Ermüdungsprozesse begünstigen. Neben dem Einsatz von temperaturbeständigeren Stahlsorten, bietet der Einsatz neuer Materialkonzepte eine Alternative.

Ein derartiges Materialkonzept wird aktuell in einem Langzeitversuch im Grosskraftwerk Mannheim (GKM) erprobt. Ein Verbund aus einem Stahlrohr, der mit einem Keramikfaserverbund (ceramic matrix composite) CMC ummantelt ist, ist dort als Bypass einer Frischdampfleitung in Betrieb. Der Keramikmantel kriecht bei der Betriebstemperatur des Kraftwerks nicht und entlastet so längerfristig das Stahlrohr im Betrieb.

Während des Langzeitversuchs wird das Versuchsrohr mit verschiedenen Methoden überwacht. Neben der Überwachung der Dehnungen über verschiedenen Methoden, sollen Schallemissionssensoren auf dem Fasermantel Schädigungen frühzeitig anzeigen. Insbesondere die dauerhafte Instrumentierung des bis zu 530 °C heißen Fasermantels mit den Schallemissionssensoren stellte eine große Herausforderung dar. Im Folgenden werden die Ergebnisse der Überwachung des seit 2018 laufenden Bauteilversuchs vorgestellt.

Ein neues Rohrkonzept für Anwendungen in konventionellen Kraftwerken – Ergebnisse des Langzeitversuchs im Kohlekraftwerk mit Schallemissionsmessungen

A. Jüngert, M. Maylandt, M. Friedrich, M. Huang, A. Klenk
Materialprüfungsanstalt Universität Stuttgart

Gliederung

- Motivation
- Materialverbund
- Bauteilversuch im Grosskraftwerk Mannheim
- Ergebnisse der bisherigen Messungen

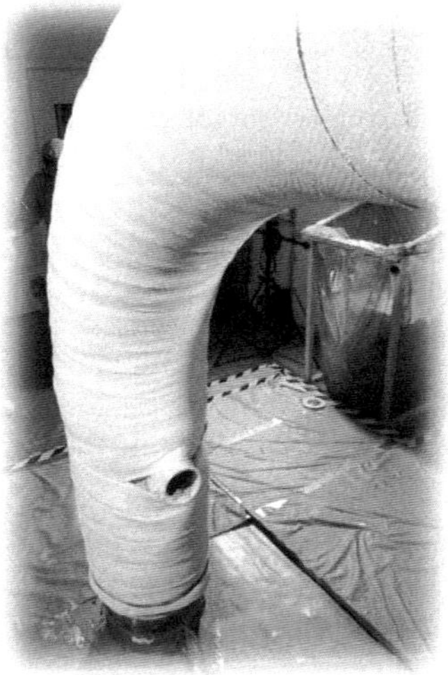

Motivation

Heutige Anforderungen an fossil befeuerte Kraftwerke

Niedrige Emissionen und hoher Wirkungsgrad

Hohe An- und Abfahrt-gradienten

Hohe Dampftemperaturen und -drücke ⇩ Steigende Wandstärken

Hohe thermische Spannungen ⇩ Sinkende Wandstärken

Lösung: Werkstoffkonzept!

Materialverbund für hohe Temperaturen

Keramische Zwischenschichten:
- Kompensation verschiedener Ausdehnungskoeffizienten
- Oxidationsschutz
- Homogenisierung der Krafteinleitung

→ Keramische Beschichtung + Keramikvlies

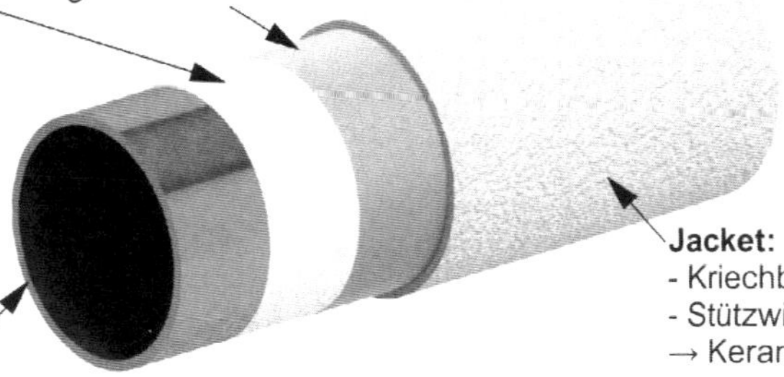

Jacket:
- Kriechbeständigkeit
- Stützwirkung

→ Keramikfaserverbundwerkstoff

Liner:
- Dichtigkeit
- Verformbarkeit bei Überlasten
- Korrosionsbeständigkeit gegen Medium

→ Stahl oder anderer metallischer Werkstoff

Bauteilversuch im Grosskraftwerk Mannheim

Einbau eines CMC-umwickelten Rohrbogens als Bypass einer Frischdampfleitung im GKM

Überwachung

- der Dehnung des Liners mit HT-DMS
- der Dehnung des Jackets mit Widerstandsdrähten
- Der Schallemissionen in Jacket und Liner

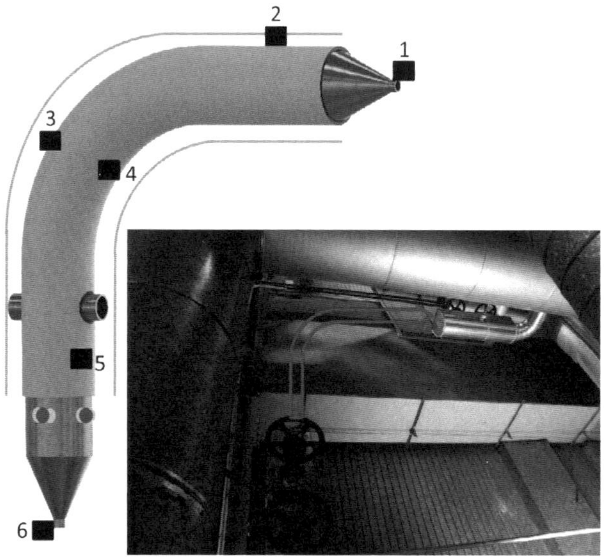

Versuchsaufbau

1. *Auslegung und Herstellung*
2. *Bewicklung, Pyrolyse*
3. *ZfP, Transport und Einbau*
4. *Instrumentierung HT DMS und AE*
5. **Einbindung und Inbetriebnahme**

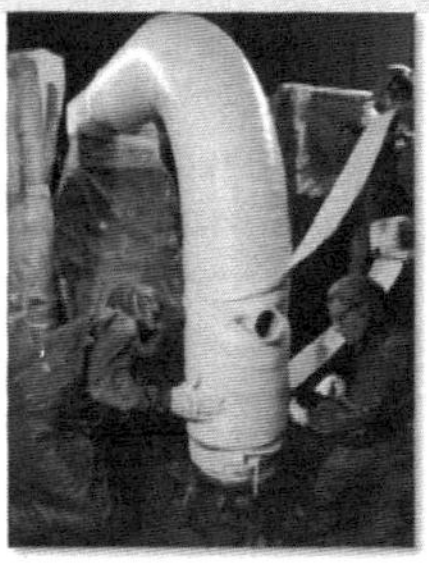

Schallemissionsüberwachung des Jackets

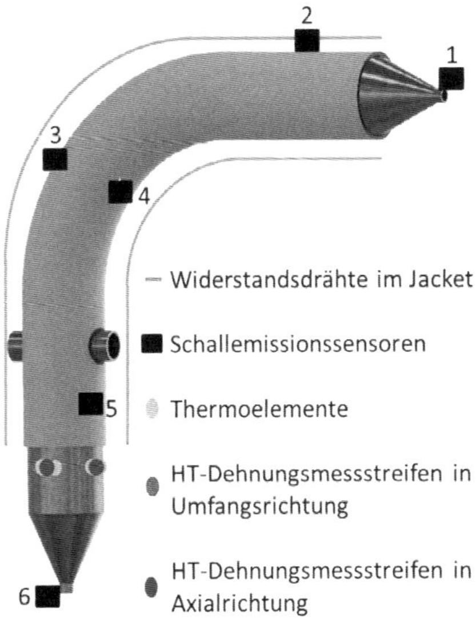

2 SEP-Sensoren auf dem Liner (Chan 1 + Chan 6)

4 SEP-Sensoren auf dem Jacket (Chan 2 – Chan 5)

Sensoren D9215

temperaturbeständig bis 530 °C

Ankopplung mit Keramikklebstoff

Ungefilterter SEP-Datensatz

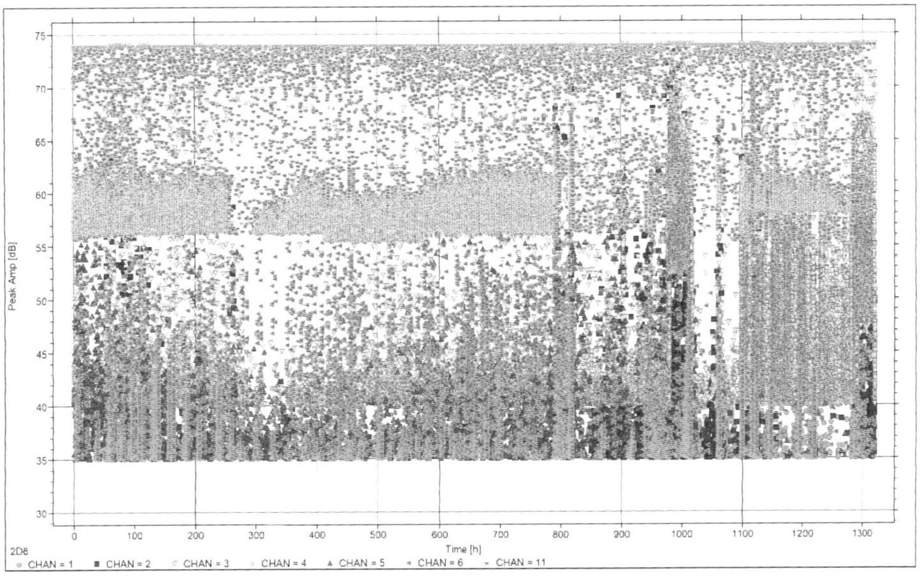

Vielfältige Störsignale auf allen Kanälen

⇒ Filterung

⇒ Trennung nach Lage der Sensoren

Gefilterte Daten auf Liner

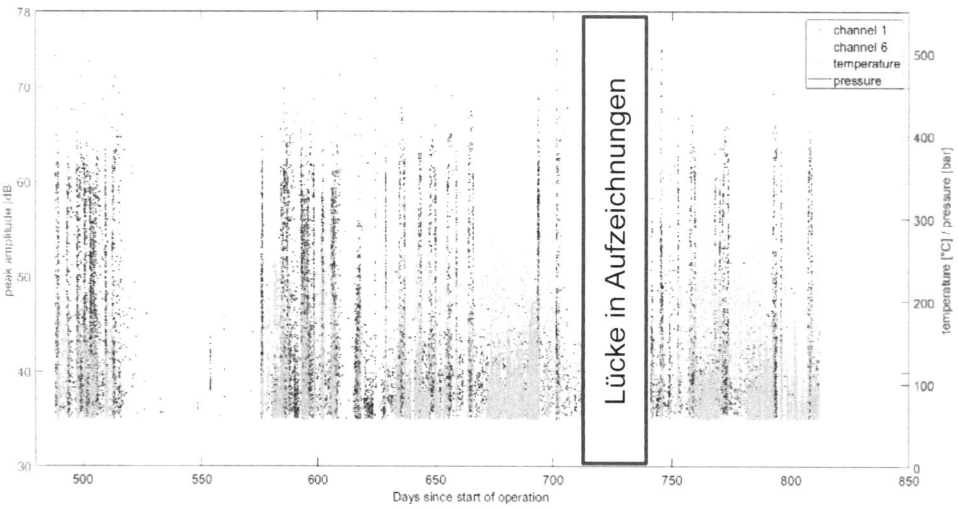

Gefilterte Daten auf Liner + Betriebsdaten

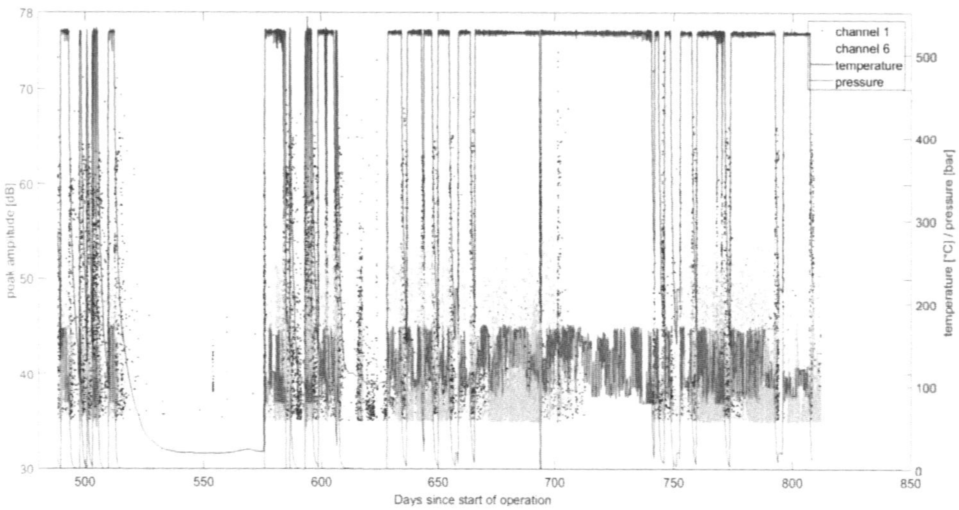

Gefilterte Daten auf Jacket

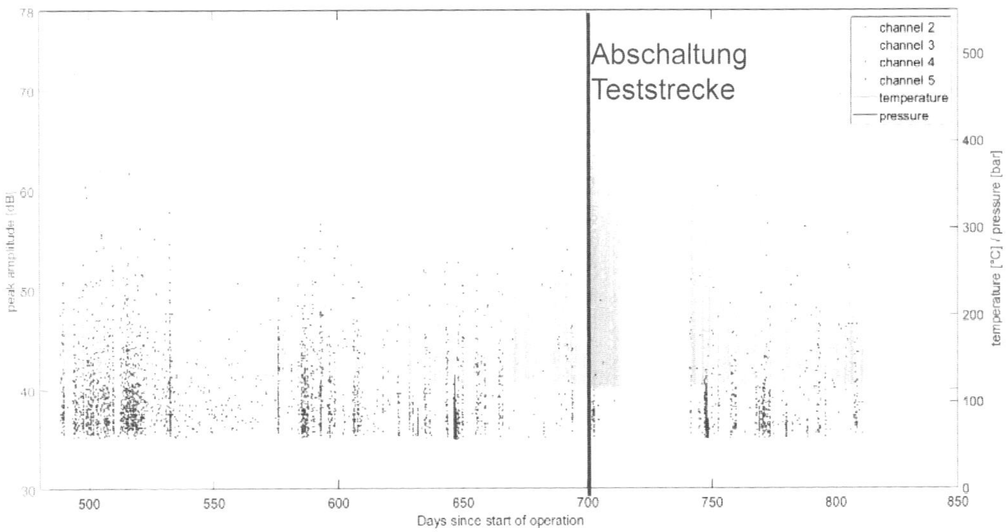

Universität Stuttgart SCHALL21 virtuell, 25.02.2021 - 11

Gefilterte Daten auf Jacket + Betriebsdaten

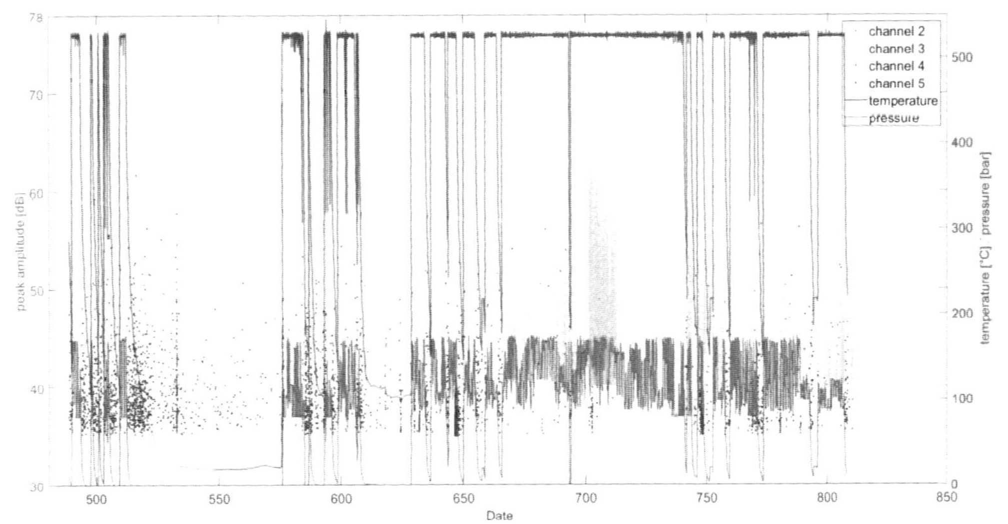

Universität Stuttgart SCHALL21 virtuell, 25.02.2021 - 12

Gefilterte Daten auf Jacket + Betriebsdaten

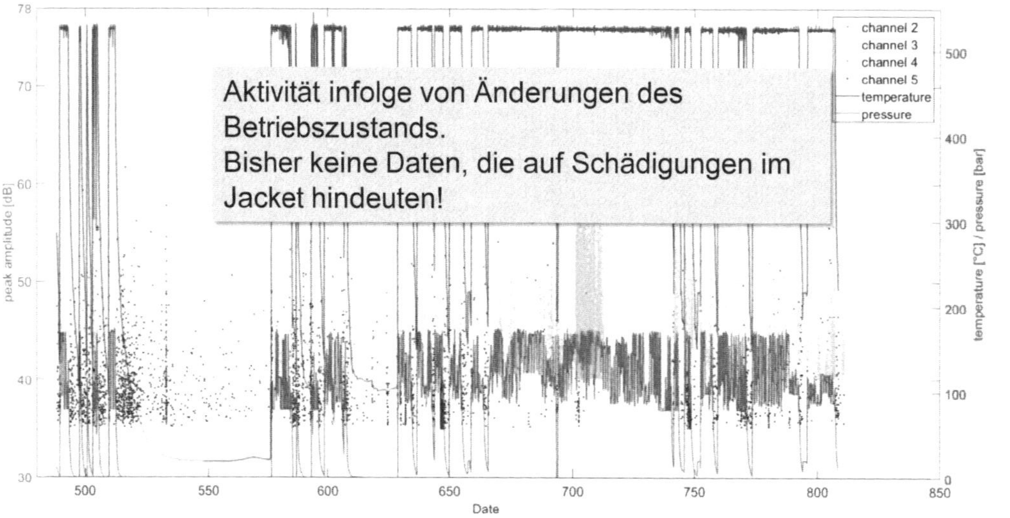

Aktivität infolge von Änderungen des Betriebszustands.
Bisher keine Daten, die auf Schädigungen im Jacket hindeuten!

Warum bisher keine Schädigungen?

Betriebsstunden über Versuchsdauer:

~ 9500 h über 500°C

~ 3200 h über 150 bar

- Herstellungsbedingt existiert zwischen Liner und Jacket ein Spalt
- Um den Spalt zu überwinden sind **~ 0,3 %** Kriechdehnung notwendig
- Gemessene Kriechdehnung im Liner nach 2,5 Jahren Betrieb $\boldsymbol{\varepsilon_{t,1,creep}} = \mathbf{0{,}129\ \%}$

⇒ Das Jacket trägt bisher keine Last

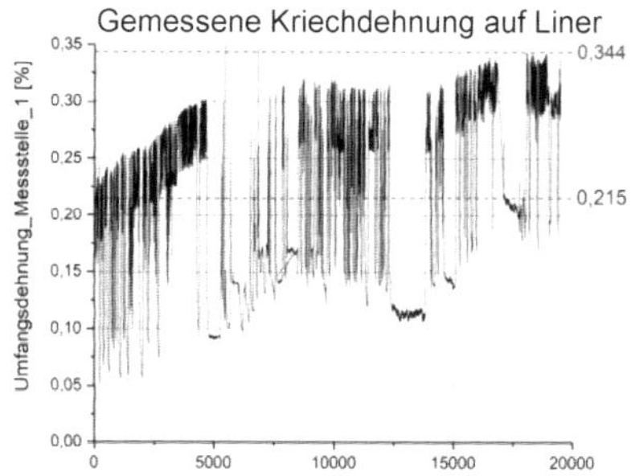

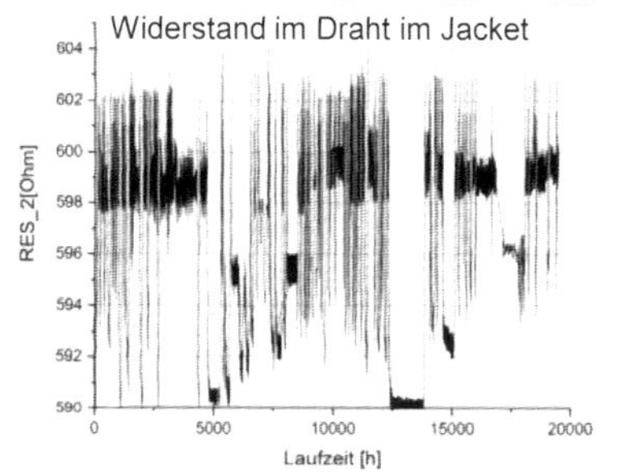

2,5 Jahre Bauteilversuch in Zahlen

- 30 Datenabholungen, d.h. im Schnitt eine pro Monat
- 150 GB Daten aufgezeichnet
- 3 teilweise längere Aufzeichnungsunterbrechungen
- mehrere getauschte Monitore, 1 getauschter Messrechner
- 2 gebrochene Widerstandsdrähte

Was wir nicht wissen:

- Sind die SEP-Sensoren noch fest auf den Oberflächen?
- Erreichen wir bis Versuchsende (09/2021) die nötige Kriechdehnung, dass der Liner trägt?

Zusammenfassung

Bauteilversuch im Realmaßstab mit neuem Werkstoffverbund für Hochtemperaturanwendungen

- Herstellung eines Rohrbogens und Bewicklung mit Keramikfaserverbund
- Installation des Rohrbogens als Bypass einer Frischdampfleitung
- Instrumentierung mit Widerstandsdrähten, HT-DMS und Schallemissionssensoren

Auswertung der Daten:

⇒ Schallemissionsdaten sind auf betriebsbedingte Geräusche zurückzuführen

⇒ Auch nach 2,5 Jahren Versuchsdauer zeichnen unsere Systeme zuverlässig Daten auf

⇒ Das Jacket trägt bei der aktuellen Kriechdehnung keine Last

Fragen.!?

Dr.-Ing. Anne Jüngert

Materialprüfungsanstalt Universität Stuttgart
Zerstörungsfreie Prüfung

Supported by:

Federal Ministry
for Economic Affairs
and Energy

on the basis of a decision
by the German Bundestag

AUTHOR INDEX